大型矿山地下开采巷道变形破坏特征与力学机理

王宗勇　吴　浩　王孟来　著

中国矿业大学出版社
·徐州·

内 容 提 要

本书以云南磷化集团有限公司昆阳磷矿二矿为工程背景，针对复杂地质条件下巷道围岩破坏失稳难题，综合运用理论分析、室内试验、数值模拟及现场试验等手段，系统研究了磷矿巷道变形破坏特征与力学机理。通过矿岩物理力学参数测定与岩体地质属性评判，获得了矿岩基本力学特性、节理裂隙发育程度和岩体质量等级；创新性地提出了基于复变函数理论的区域岩体地应力反演测量方法，阐明了矿区地应力分布规律；结合爆破振动监测与松动圈测试及流固耦合分析，研究了地下水对巷道围岩稳定性的水化作用，探明巷道开挖扰动下围岩变形破坏特征，并构建三心拱形巷道采动应力解析模型，从力学机制角度揭示了不同墙高巷道的变形破坏机理。本书研究成果丰富了磷矿地下开采巷道支护设计基础理论，为滇池地区磷资源安全高效绿色开发提供了科学依据，可助力解决矿产资源开发与环境保护矛盾突出难题。

本书兼具学术价值与工程实践意义，适用于采矿、土木工程领域科研人员及现场管理和技术工作者参考。

图书在版编目(CIP)数据

大型矿山地下开采巷道变形破坏特征与力学机理 / 王宗勇，吴浩，王孟来著. — 徐州 ：中国矿业大学出版社，2025.8. — ISBN 978 - 7 - 5646 - 6814 - 3

Ⅰ. TD263

中国国家版本馆 CIP 数据核字第 20256XU120 号

书　　名　大型矿山地下开采巷道变形破坏特征与力学机理
著　　者　王宗勇　吴　浩　王孟来
责任编辑　宋　晨　邓天慈
出版发行　中国矿业大学出版社有限责任公司
（江苏省徐州市解放南路　邮编 221008）
营销热线　(0516)83885370　83884103
出版服务　(0516)83995789　83884920
网　　址　http://www.cumtp.com　**E-mail**:cumtpvip@cumtp.com
印　　刷　江苏淮阴新华印务有限公司
开　　本　787 mm×1092 mm　1/16　**印张** 15　**字数** 286 千字
版次印次　2025 年 8 月第 1 版　2025 年 8 月第 1 次印刷
定　　价　63.00 元

前 言

战略性矿产是关系国计民生、国家稳定并在资源系统中具支配作用的重要矿产资源。目前，我国共有战略性矿产 24 种，其中能源矿产有 6 种（煤、石油、天然气、页岩气、煤层气、铀）、金属矿产有 14 种（铁、铬、铜、铝、金、镍、钨、锡、钼、锑、钴、锂、稀土、锆）、非金属矿产有 4 种（磷、钾盐、石墨、萤石）。近几十年来，粗放式的过度开发造成浅部矿产资源日益枯竭，矿产资源开发逐步向深部化、大型化方向发展，一批规模大、埋藏深的矿山被逐步探明并进入开发阶段。可见，井工开采已成为当前我国矿产资源开发的主要方式。井工开采通常需要开掘大量的井巷工程通达矿体，继而实现矿床开拓和矿块的采准、切割及回采工作。据统计，目前我国地下矿山每年新掘各类巷道长约 5 000 m，一个中型矿山基建阶段的井巷工程量一般达 5×10^4～10×10^4 m^3，生产阶段中矿石采切比约为 20.8 m/kt，井巷工程占矿山建设总工程量的 50%～70%。显然，巷道施工和运维在地下矿山生产中占有极其重要的地位。在岩体中进行巷道开挖时，原岩应力平衡状态遭到破坏，围岩应力重分布导致应力集中或卸荷。当工程地质和水文地质条件比较复杂以及岩体质量较差时，二次应力作用下巷道围岩稳定性不足以自承载，即便在支护作用下也易发生冒顶、片帮、大变形和岩爆、突水灾害等事故。

磷矿作为一种极具特色的稀缺性矿产资源，常被用来制造磷肥、黄磷、磷酸、磷化物及磷酸盐，广泛应用于农业、化工、食品、医药和国防等领域。全球磷矿资源储量为 7.4×10^{10} t，我国持 3.7×10^9 t 位居世界第二，但我国磷矿分布不均衡，主要集中在湖北（30.1%）、四川（20.3%）、贵州（18.2%）和云南（18.1%）四省，著名的磷矿聚集区包括云南滇池—抚仙湖地区、镇雄羊场—芒部地区，贵州开阳地区、瓮福地区，四川金河—清平地区、马边地区，湖北宜昌地区、胡集地区、保康地区等。相关文献显示，我国 85% 的磷矿石为沉积岩型磷块岩，平均品位仅为 16.9%，且多为难采选的薄及中厚缓倾斜矿体。全国磷矿石年产 1×10^8 t 左右，约占世界磷矿总产量的一半。磷矿在我国属于小众矿种，地下开采企业不多且各矿地质条件不一，磷矿地下开发成熟经验不多，且业内缺乏专门的磷矿开采技术规范和规程，采矿技术和工艺主要借鉴金属矿山或者煤矿及隧道建设经验。由于磷矿体的硬度介于煤炭、铝土矿等软岩矿体和金矿、铁矿等硬岩矿体之间，其成矿机理和赋存形态以及地质条件与其他矿种存在一定差异，因而照搬其他矿产的开采技术与工艺进行直接应用存在一定局限性，磷矿地下开发过程中存在许多亟待解决和完善的问题。

本书以云南磷化集团有限公司首座地下矿山——昆阳磷矿二矿为工程背景，该矿是云南磷化集团有限公司磷矿石产能接续的关键和贯彻“绿水青山就是金山银山”发展理念的具体实践，被定位为云南省磷矿地下开采的标杆。矿山采用“竖井＋胶带斜井＋辅助斜坡道”联合开拓、主-分支胶带＋无轨设备运输、对角式通风、伪倾斜条带开采法采矿和全尾砂胶结充填的开采方式。矿山靠近滇池保护区且地质条件较为复杂，区内不仅分布有断层、褶皱，而且存在大量隐伏溶洞和破碎带，岩体节理裂隙和水文地质较为发育，涌水量较大。另外，矿区岩层岩性多变且互为夹杂，局部产状不稳定，岩体揭露后易发生风化和遇水软化现象；加之矿山施工采用钻爆法，强烈的爆破振动效应导致质量较差的岩体极易发生失稳冒落。因而，在矿山基建过程中巷道冒顶、塌方事故时有发生，如辅助斜坡道“2·20 塌方事件”和“3·29 塌方事件”、1 890 m 中段胶带巷道“3·3 塌方事件”、6# 盘区斜坡道“12·10 冒顶事件”以及 1 980 m 充填回风巷西“7·22 冒顶事件”。鉴于此，有必要分析昆阳磷矿二矿井巷围岩的变形破坏特征，研究复杂地质条件下巷道失稳机理，为云南磷矿山巷道支护设计和围岩灾变防治提供科学依据及理论支撑，助力破解滇池区域磷矿资源开发与生态保护矛盾突出难题。

基于上述研究目的，在国家自然科学基金(52204160)、中国博士后科学基金和云南省博士后科研基金(2022MD713814，2023T160555)、江苏省高层次创新创业人才引进计划(JSSCBS20221519)和江苏省青年科技人才托举工程(JSTJ-2024-393)等项目的联合资助下，采用理论分析、室内试验、数值模拟和现场试验等方法进行了研究攻关，获得了一系列理论成果，为本书内容的架构奠定了坚实基础。一直以来，我们时刻以解决工程实际问题为导向，始终坚持基础与应用相结合，试验与理论相结合，试验与现场相结合，这种思想引领我们长期扎根矿山一线，为科研水平的提升不断蓄势赋能。本书在撰写过程中得到了云南磷化集团有限公司、云南云天化股份有限公司、湖南涟邵建设工程(集团)有限责任公司、铜陵有色金属集团铜冠矿山建设股份有限公司、中国华冶科工集团有限公司、中蓝长化工程科技有限公司、长沙华星建设监理有限公司、中国有色金属工业昆明勘察设计研究院有限公司、矿冶科技集团有限公司、中南大学、昆明理工大学、南华大学、中国矿业大学等单位各级领导、技术人员以及科研人员的大力支持、倾心相助和深刻启迪，在此表示衷心感谢。此外，在本书撰写过程中还参阅了大量的国内外文献，在此谨向文献作者致以崇高的敬意。

由于作者水平有限，书中难免有疏漏之处，恳请各位读者批评指正和不吝赐教。

著　者

2025 年 7 月

目　　录

1　绪论 …… 1
　1.1　研究背景与意义 …… 1
　1.2　国内外研究现状与发展动态分析 …… 4
　1.3　研究目标和内容 …… 15

2　矿岩基本物理力学性质 …… 17
　2.1　矿岩取样和试样加工 …… 17
　2.2　矿岩物理性质 …… 21
　2.3　单轴压缩试验 …… 31
　2.4　巴西劈裂试验 …… 41
　2.5　变角剪切试验 …… 49
　2.6　岩体力学参数确定 …… 57
　2.7　本章小结 …… 66

3　岩体地质属性评判和分类 …… 67
　3.1　岩体地质属性影响因素及分类方法 …… 67
　3.2　岩体节理裂隙调查与分析 …… 73
　3.3　岩体地质属性可拓学评价方法及应用 …… 83
　3.4　本章小结 …… 93

4　地应力反演测量及分布规律 …… 94
　4.1　地应力测量原则和影响因素 …… 94
　4.2　地应力测量常用方法 …… 98
　4.3　区域地应力复变反演测量方法 …… 99
　4.4　孔洞围岩应力复变函数解析理论 …… 105
　4.5　工程应用及结果分析 …… 118
　4.6　本章小结 …… 145

5 巷道变形破坏特征与失稳机理 …… 147
5.1 巷道变形破坏特征 …… 147
5.2 巷道变形破坏影响因素 …… 149
5.3 巷道钻爆开挖振动监测 …… 151
5.4 巷道围岩松动圈厚度测量 …… 162
5.5 巷道变形破坏力学响应 …… 174
5.6 巷道破裂失稳力学机理 …… 192
5.7 巷道变形破坏的水化作用 …… 211
5.8 本章小结 …… 215

6 结论与展望 …… 218
6.1 主要结论 …… 218
6.2 研究展望 …… 219

参考文献 …… 220

1 绪　论

1.1 研究背景与意义

矿产资源是国民经济建设和社会发展的重要物质基础，是人类一次能源、工业原料和农业生产资料的主要来源。磷矿作为一种极具特色的稀缺性战略矿产资源，常被用来制造磷肥、黄磷、磷酸、磷化物及其他磷酸盐，广泛应用于农业、工业、食品、医药等领域。据美国地质调查局统计[1]，全球磷矿资源储量达 7.4×10^{10} t，且分布极不均衡，仅摩洛哥就占 5.0×10^{10} t，中国以 3.7×10^{9} t 的储量位居世界第二。我国的磷矿资源集中分布在湖北(30.1%)、四川(20.3%)、贵州(18.2%)和云南(18.1%)四省，平均品位为 16.9%，且多为缓倾斜～倾斜的薄及中厚矿体。我国磷矿形成类型包括北方地区易选的低品位岩浆岩型磷灰石、苏皖鄂地区含泥高的变质岩型磷灰岩、云贵川鄂湘地区难采选的沉积岩型磷块岩和表生的鸟粪型及风化型磷矿床，分别占全国储量的 7.0%、7.6%、85.0% 和 0.4%。全国磷矿资源聚集区主要有云南滇池—抚仙湖地区、镇雄羊场—芒部地区，贵州开阳地区、瓮福地区，四川金河—清平地区、马边地区，湖北宜昌地区、胡集地区、保康地区 9 个。2024 年，我国磷矿石产量达 1.14×10^{8} t，占全球磷矿石总产量(2.40×10^{8} t)的 47.5%，主要产自湖北(4 533.34 万 t)、云南(2 883.41 万 t)、贵州(2 446.60 万 t)和四川(1 589.40 万 t)，其中 65% 源自井工方式开采。长期以来，粗放式的过度开发造成浅部磷矿资源日益枯竭，磷矿山逐步由露天转入地下、由浅部迈入深部并呈现集中化、规模化开发趋势。显然，井工开采已成为当前我国磷矿开发的主要方式。井工开采通常需要开掘大量的井巷工程通达矿体，继而实现矿床开拓和矿块的采准、切割及回采工作。目前我国已发现矿产 173 种，建设地下矿山 3 万多座，每年新掘各类巷道长达 1.5 万 km。显然，巷道施工和运维在地下开采中占有极其重要的地位。在岩体中进行巷道开挖时，原岩应力平衡状态遭到破坏，围岩应力重新分布导致应力集中或瞬态卸荷。当巷道围岩稳定性不足以自承载时，若不能进行及时有效的支护则极易引起巷道冒顶、片帮、大变形、岩爆、突水等灾害事故。可见，巷道支护是保持巷道畅通和围岩稳定的关键，对矿山实现安全高效开采意义重大。

云南磷化集团有限公司(以下简称“公司”)是云南云天化股份有限公司的控股子公司，经过60年的发展目前已成为集地质勘查、矿山建设、技术研发、磷矿采选、磷化工、现代农业为一体的国家高新技术企业。公司所在地是全国九大磷矿分布区和三大磷矿生产基地之一，公司的发展定位为“国际一流磷矿采选企业、国内绿色饲料添加剂领军者和云南省固废资源化利用先行者”。公司依托雄厚的磷矿资源建有昆阳磷矿、晋宁磷矿和尖山磷矿 3 座大型露天绿色矿山及 1 座地下矿山——昆阳磷矿二矿，磷矿产能 1 150 万 t/a。近年来，随着国家和地方环保政策日益趋紧，位于滇池保护区周边的露天矿面临前所未有的生存压力，表现为露采环境负面效应大、深凹采矿成本高、高陡边坡安全性差、土地复垦和生态恢复投入大、剥采/排土征地难、矿山固废处置利用率低等。可见，实施地下开采是破解公司磷矿资源开发与滇池流域生态保护矛盾的有效手段。昆阳磷矿二矿正是融合公司环境效益、社会效益、资源效益和企业效益“四效”并举方针和贯彻“绿水青山就是金山银山”发展理念的具体实践，是公司实施“露天＋地下”双轮驱动开采新模式的首座地下矿山。该矿成立于 2022 年 1 月，东邻昆阳磷矿一至四采区，西接肖家营磷矿，北部为海口磷矿，昆阳磷矿二矿位置见图 1-1。昆阳磷矿二矿矿权面积为 7.66 km^2，开采深度范围为标高 2 350～1 620 m (以 64 线为界，东区设计开采 1 890 m 中段和 1 800 m 中段，西区设置 1 800 m 一个中段)，保有资源储量为 4 209 万 t，设计产能 200 万 t/a。采用“竖井＋胶带斜井＋辅助斜坡道”联合开拓、主-分支胶带＋无轨设备运输、对角式通风、伪倾斜条带采矿和全尾砂胶结充填的开采方式。

昆阳磷矿二矿地质构造较为发育，区内不仅分布有断层、褶皱，还存在大量隐伏溶洞和破碎带。矿山岩层为沉积岩，岩性多变且互为夹杂，包括白云岩、灰岩、页岩、砂岩、泥岩和磷块岩等 10 余组。设计范围内(58～74 线)矿体平均倾角为 15°，上矿层平均厚度为 6.70 m，P_2O_5 平均含量为 22.48%；下矿层平均厚度为 5.67 m，P_2O_5 平均含量为 26.90%。矿体中间夹层为黏土质页岩，分布在矿区西南部(63～74 线之间)，平均厚度为 1.01 m。矿体直接顶板为白云岩，厚 0～2.80 m(仅在 61 线北西部有缺失)；间接顶板为粉砂质页岩，厚 27.70～46.33 m。直接底板为厚度大于 100 m 的白云岩。矿区水文地质较为发育，浅部白云岩层和深部磷矿层及下盘白云岩层均富含岩溶裂隙水，涌水量较大，且页岩、泥岩等软岩极易发生风化及遇水软化，导致岩体稳定性变差且难以进行喷混凝土和锚杆支护，这无疑给井巷施工和围岩控制增加了难度。此外，矿山井巷多采用钻爆法和掘进机法施工，强烈的机械冲击和爆破振动严重影响围岩稳定性。现场实践表明，矿山初步设计的锚网喷支护工艺无法适应井下各类地质条件，难

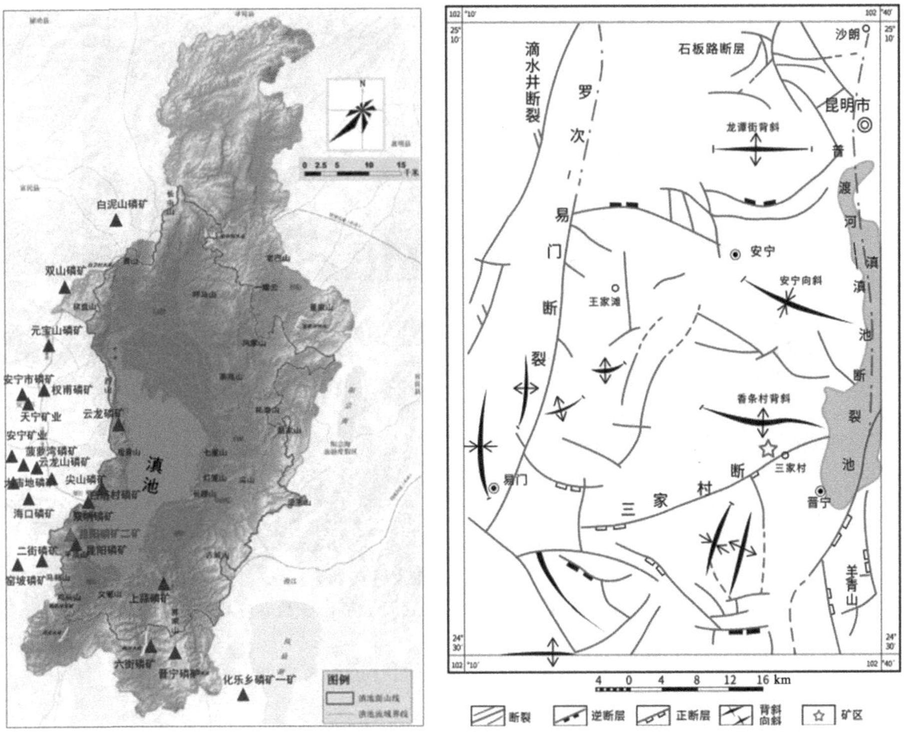

图 1-1 昆阳磷矿二矿位置图

以有效控制围岩稳定性，以致井巷围岩变形破坏现象频发，机理不清，诱因不明，昆阳磷矿二矿不同巷道破坏类型见图 1-2。

综上所述，昆阳磷矿二矿地质条件较为复杂且岩体质量变化较大，显然不同地段、不同开挖方式、不同断面尺寸和不同功能及服务期限巷道的支护工艺不尽相同。若采用的支护方式及参数不合理，不仅导致掘进进度慢，而且还表现为：a. 支护强度过大造成材料浪费，增加了施工成本和工期。b. 支护强度不足引起巷道围岩变形破坏，继而出现顶板脱落掉渣、下沉、冒顶以及片帮、底鼓、大变形和岩爆等灾变现象，矿山安全高效作业难以保障。另外，大范围的巷道冒顶垮塌还有可能引发突水、覆岩移动和地表下沉变形，不仅破坏了水、土、植被等生态环境的平衡，而且还容易诱发滑坡、崩塌、泥石流等地质灾害。然而，施工单位目前采用的几种巷道支护方案未能充分考虑矿区内复杂地质条件、地层岩性变化、巷道使用寿命与用途、地下水作用和开挖扰动等因素影响，以致支护效果不理想且支护成本较高，巷道作业安全和施工进度受到严重威胁。鉴于此，有必要分析昆阳磷矿二矿井巷围岩的变形破坏特征，研究复杂

(a) 斜坡道穿过溶洞冒顶坍塌

(b) 1 980 m 充填回风巷遇断层冒顶

(c) 1 890 m 胶带巷遇破碎带围岩冒落

(d) 1 890 m 无轨巷穿越褶皱局部冒顶

图 1-2　昆阳磷矿二矿不同巷道破坏类型

地质条件下巷道失稳机理并采用与巷道围岩地质属性匹配的适宜性支护方式，构建昆阳磷矿二矿标准化支护技术体系。本书重点围绕磷矿山巷道变形破坏特征和力学机理进行研究。

1.2　国内外研究现状与发展动态分析

1.2.1　磷矿山巷道围岩变形破坏机理研究进展

目前，针对煤巷等软岩巷道围岩的变形破坏特征及机理研究已取得突破性进展，不仅建立了成熟的围岩控制理论体系，而且研发了相应的成套技术及装备[2]。由于金属、非金属矿山矿岩普遍偏硬，围岩自稳能力强，因而大范围的巷道冒顶坍塌事故极少发生。长期以来，非煤矿山的支护工作未引起足够的重视，以致磷矿山巷道围岩控制理论与技术发展相对缓慢。近年来，随着浅部易采富磷资源逐渐枯竭，磷矿开发不得不向深部矿体和复杂地质条件下的难采矿体进军。然而，深井开采矿压显现较为剧烈，且复杂地质条件矿山通常隐伏大量不良地段，加之目前磷矿山巷道支护缺乏相应的行业规程与规范而多借鉴不适宜的隧道施工方法,因而井巷围岩失稳破坏现象愈发显著,巷道稳定性问题俨然已成为制约磷矿山安全高效发展的瓶颈之一。本书国内外研究现状与发展动态分析部分主要从开挖卸荷下岩石变形破坏行为、不同加载方式下含孔洞岩石破裂演化规律和磷矿巷道围岩稳定性影响因素与应力分布特征三个方面进行综述。

1.2.1.1 *开挖卸荷下岩石变形破坏行为研究*

岩体中巷道开挖在力学上属于一种卸荷行为,研究巷道围岩破坏机理的前提是掌握相应岩石在开挖卸荷路径下的变形破坏行为。鉴于此,Swansson等[3]基于常规三轴仪率先开展了卸围压试验,旨在探索加卸载路径对岩石强度的影响。随后,国内学者也证实了应力路径的影响作用,如李建林等[4]针对常规三轴试验提出6种应力路径,发现岩石卸荷破坏比加载破坏更为剧烈。为了降低岩石工程灾害风险,实践中通常采用减缓巷道开挖进度的方法,其实质是减小围岩卸荷速率。对此,Huang等[5]借助MTS815岩石试验系统发现增轴压卸围压路径下花岗岩强度随卸荷速率的增大而减小,而邱士利等[6]发现大理岩在横轴压卸围压路径下呈现相反的结论。黄达等[7]、张黎明等[8]和Zhao等[9]分析了不同应力路径下岩石力学参数和能量演化的围压及卸荷速率效应。实际上,地下岩体还可能承受开挖扰动的反复影响,其受力形式可视为循环加卸载作用。鉴于此,杨小彬等[10]、尤明庆等[11]研究了不同围压下轴向循环加卸载和单轴循环加卸载路径下岩石的损伤变形演化规律,进一步丰富了卸荷岩石力学理论。

地下原岩多处于三向不等压应力状态,显然研究岩石在真三轴条件下的卸荷行为更具有工程价值。为此,He等[12]设计了一套三面六向加载多功能试验系统,通过岩石最小主应力方向的单面卸荷实现了岩爆的室内模拟,巷道岩爆发生过程示意图见图1-3。苏国韶等[13]和尹光志等[14]分别进行了单面临空真三轴加载及加卸载试验,认为岩石耗散能随加卸载速率的增大而减小。张俊文等[15]借助多功能真三轴流固耦合装置揭示了脆性砂岩在双向单面卸荷真三轴加卸载等路径下的强度和变形特征。Manouchehrian等[16]模拟了中间主应力和试样高宽比对硬岩非稳定破坏的作用。Feng等[17]系统考察了5种加卸载应力路径下岩石的力学响应,发现卸载路径下试样承载能力同比加载路径下的承载能力要强。此外,关于卸荷岩石的渗流、蠕变等特性和损伤本构模型及环境等因素对其影响也有些许报道。考虑到巷道围岩还受周边采动作用影响,赵光明等[18]对煤系砂岩进行了单面卸荷真三轴加卸载低频扰动试验,得出岩石强度随扰动幅值及频率的增大而减小的结论。另外,李夕兵[19]还利用自主研发的TRW3000真三轴设备对花岗岩、砂岩和水泥砂浆体开展了快速卸载和动载扰动组合作用下的力学试验，应力路径如图 1-4 所示，证实特定条件下硬岩会发生板裂和岩爆破坏。此外，他们还利用 SHPB 试验系统探究了不同轴(围)压和卸荷速率下一维动静组合卸轴压及三维动静组合单独卸围(轴)压下各类岩石的力学特性和能量耗散规律，加深了对爆破扰动下卸荷岩体破坏机理的理解。另外，关于卸荷岩石的渗流、蠕变等特性和损伤本构模型及环境等因素对其影响也有些许报道。以往研究在开展室内试验时，往往还辅以声发射系统、红外热像仪和电镜扫描仪及核磁共振仪等设备分析岩石微细观破裂特征，为岩石宏观破坏机理的解释提供了有力的支撑。

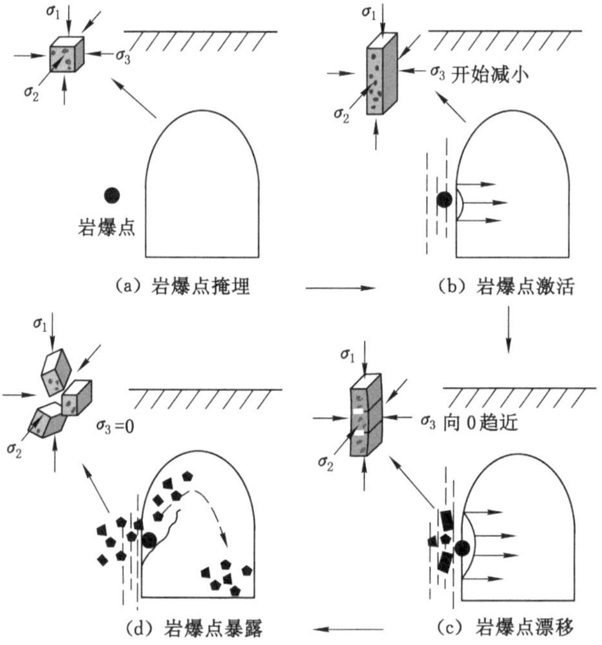

图 1-3　巷道岩爆发生过程示意图

可知，岩石加卸载试验存在多种应力路径且力学行为呈现很大差异，因而准确把握实际工况下岩体的受力模式至关重要。在岩石巷道爆破开挖过程中，顶板围岩在竖直方向上出现卸载、在水平方向上产生加载，而两帮围岩的受力情况则相反。除此之外，围岩还受爆破及周边动力灾害产生的瞬时强动载作用。因此，围岩应力路径应为多种组合形式下的“加卸载＋动力扰动”。因此，有必要测定矿岩的物理力学参数，为研究采动作用下岩石的脆性破坏特征提供基础数据，继而为磷矿巷道围岩破坏规律及灾变机制研究奠定理论基础。

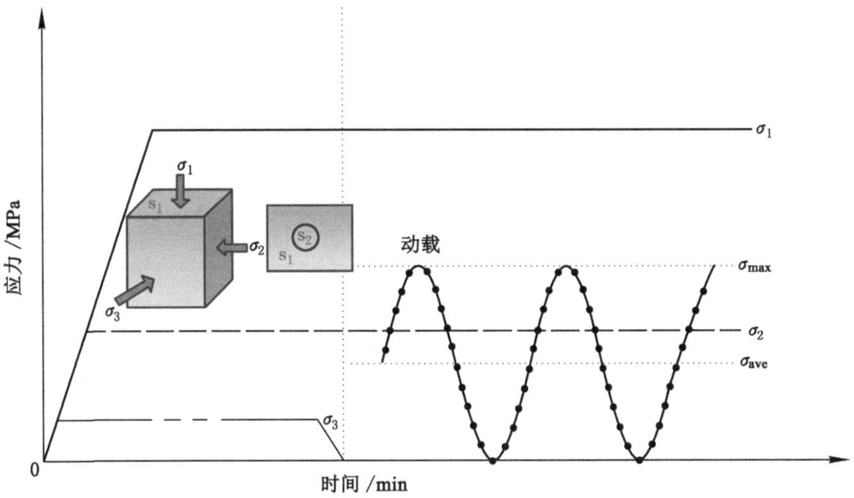

图 1-4 真三轴卸载动载扰动试验应力路径

1.2.1.2 不同加载方式下含孔洞岩石破裂演化规律

由于岩石巷道围岩完整性相对较好，通常可将其视为平面应变问题进行处理。对此，为了揭示地下巷道围岩的变形破坏规律，研究人员通常将岩石巷道及围岩简化为小尺度的含有孔洞的立方体或板状岩石试样，分析不同加载方式下孔洞周边裂纹的演化规律，以此反映巷道的渐进破坏过程。受深部硬岩巷道出现 V 形破坏现象的启发，Hoek[20]率先对含有一个圆形孔洞的花岗岩试样进行单轴和低侧压双轴压缩光弹试验，发现孔洞周边出现初始拉伸裂纹、剥落裂纹和远场裂纹 3 种裂纹，见图 1-5。随着侧压力的增大，孔洞顶底部的初始拉伸裂纹受到抑制逐渐消失，而两侧帮的剥落破坏则愈发显著。Wong 等[21]研究了试样宽度和圆孔孔径对单轴下试样劈裂破坏行为的影响，发现初始拉伸裂纹在宽度小和孔洞尺寸大的试样中更容易传播。Dzik 等[22]进一步分析了初始拉伸裂纹传播速度的孔径效应，认为孔径大于 40 mm 时裂纹呈现非稳定传播。Carter 等[23]在圆孔周边粘贴了大量的应变片，粗略捕捉了三类裂纹的起裂应力。胡一珩[24]采用 PFC 软件模拟了湖北后坪磷矿含圆形孔洞立方体磷块岩在单轴、双轴和三轴加载方式下的力学特性及破裂特征，并初步分析了中间主应力的影响效应，发现孔洞和围压主导试样呈现不同的破坏模式。另外，Wang 等[25]、Mellor 等[26]及 Li 等[27-28]分别探索了一维动载和动静组合加载及动/静劈裂拉伸方式下圆孔周边裂纹的扩展行为，增进了对圆形巷道破坏机理的理解，见图 1-6。

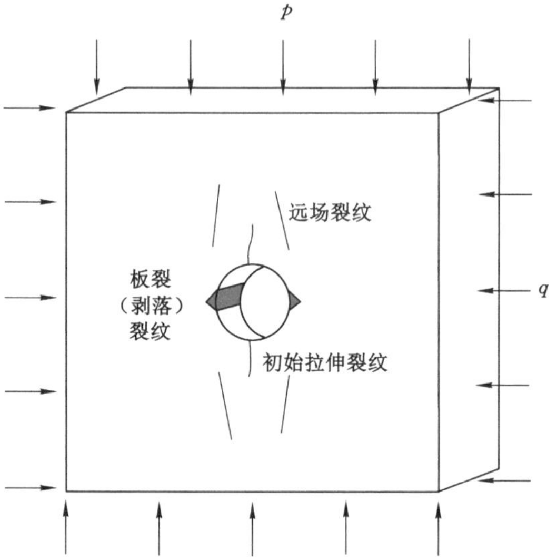

图 1-5　双轴压缩下圆形孔洞围岩裂纹

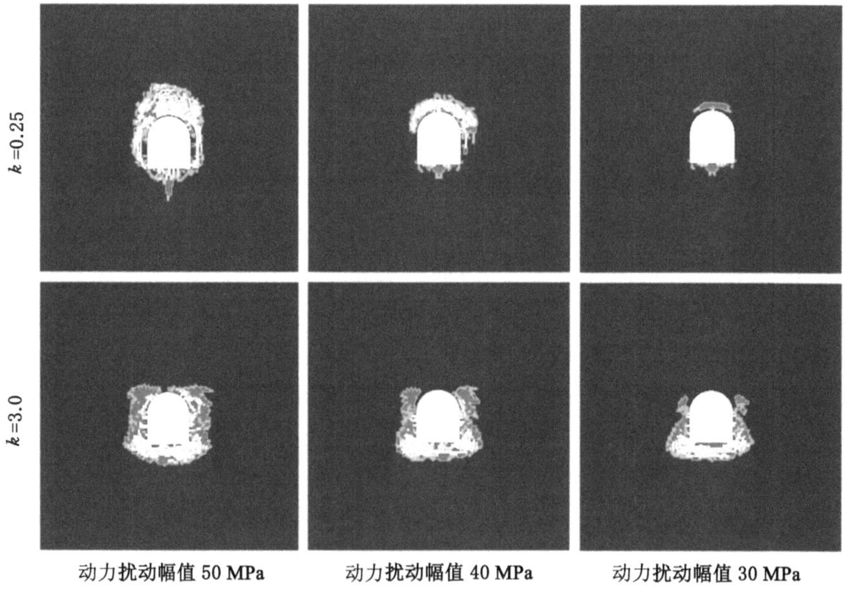

图 1-6　动力扰动下拱形巷道围岩破坏特征

由于矿山中巷道断面形状多为拱形、梯形和矩形等，所以研究含有非圆形孔洞试样的破裂演化行为更具有现实意义。鉴于此，Wang 等[29]、Janeiro 等[30]、Zhu 等[31]分析了单轴和双向压缩作用下孔洞形状对岩石力学强度变形特性和破裂特征的影响，发现圆形孔洞试样的强度和裂纹起裂应力最大。Weng 等[32]阐明了一维动静组合加载下含方形孔洞花岗岩试样的裂纹起裂应力、破坏模式、裂纹发育与预静载和孔洞方位的关系。Gong 等[33]对含不同形状孔洞花岗岩和红砂岩进行真三轴加载试验，再现了矩形和直墙拱形隧硐围岩的破坏过程，但忽略了边界效应的影响。考虑到井下巷道布置密集，巷道的稳定性受邻近巷道的相互作用影响。对此，国内外学者还对含有两个以上圆形孔洞试样的裂纹传播和贯通行为进行了深入研究，但涉及非圆形孔洞的研究并不多见[34]。此外，以往研究中还考虑了温度、均质性、不连续性和孔洞充填情况等因素的影响作用，采用的裂纹监测手段主要有电测法、数字照相量测法、声发射法、核磁共振法、热成像法、CT 法及数字散斑图像法等，为巷道围岩破裂全过程的认识提供了重要保障[35]。

上述研究表明，以往研究为巷道围岩破裂特征的认识提供了新的思路，但对孔洞岩石施加的应力条件尚不能全面反映巷道受力情形，以致难以科学揭示巷道围岩的破坏机理。事实上，硬岩巷道近场围岩不仅受初始地应力的静载作用，而且受爆破等产生的瞬时强动载作用。为了充分掌握深部巷道围岩的破裂特征，有必要在矿岩力学参数测定的基础上结合数值模拟手段对巷道进行地应力静载条件下的动态加载试验，继而科学揭示巷道变形破坏机理。

1.2.1.3 *磷矿巷道围岩稳定性影响因素与应力分布特征*

磷矿巷道围岩的变形破坏受主客观因素影响，边振辉[36]最早指出，岩石类型、水文地质条件和地质构造发育程度是影响巷道围岩稳定性的主要因素，他从结构和构造角度对巩山磷矿 10 个岩组的稳定性进行了分析。周麟等[37]采用块体理论及有限元数值分析方法研究了地质构造破坏对宜昌神农磷矿巷道稳定性的影响，提出了采用锚杆支护坍塌块体防止构造发生破坏的控制方法。符军[38]认为，巷道围岩失稳和岩体结构类型密切相关，通过调查勉县磷矿破坏巷道实例将围岩结构分为散体结构、破裂结构、层状破裂结构 3 种类型，提出了合理避让、二次支护、加强地质勘查和选择合理支护类型的策略。蒙光林[39]分析了马路坪矿中磷巷道失稳机理，确定影响巷道稳定性的主要因素有构造应力、矿岩性质、采深、暴露时间、地下水、巷道形状及开采技术等，巷道二次应力影响范围为 $\sqrt{20r}$（r 为巷道半径），当二次应力超过岩体强度极限或屈服极限时，围岩出现裂隙或变形直至发生失稳破坏。刘昌涛等[40]基于矿体平衡理论认为结构面强度不足导致结构体运动是巷道围岩冒顶片帮的原因，采用赤平极射-实体比例投影图解方法对清平磷矿 1 200 m 大巷围岩稳定性进行了评判。张寿[41]采用 3DEC 模拟了马路坪矿深部红页岩巷道开挖力学响应，获得了巷道围岩应力、位移和塑性区分布规律。陈冲等[42]利用 FLAC 探究了开阳磷矿不同应力水平和侧压系数下圆形、矩形和半圆拱形巷道断面围岩的位移、应变分布和塑性破坏体积，发现矩形巷道易产生失稳破坏。李夕兵等[43]采用 PFC 探索了不同动力扰动下用沙坝矿深部三心拱形红页岩巷道围岩力学响应，得出了动载下巷道顶底板应力、位移和塑性区同比静载下增大且增幅与动载成正比。阎要锋等[44]采用 ANSYS/LS-DYNA 模拟了倒梯形磷矿巷道周边不同距离爆源爆破下围岩动应力响应，获得相邻巷道的合理间距为 14～18 m。姜增国等[45]测定了清平磷矿原岩应力分布特征，从围岩稳定性最优角度确定了巷道最佳方位和断面分别为 156°和椭圆形。刘沐宇等[46]建立了巷道围岩变形的灰色理论预测模型，揭示了清平磷矿巷道收敛位移随时间的变化规律。

磷矿巷道围岩不仅产生冒顶、片帮、大变形外，还会出现岩爆等非常规破坏现象(图 1-7)。陈赞宇[47]以湖北兴发瓦屋Ⅳ矿段为工程背景，评价了矿岩的岩爆倾向性，并借助 FLAC 软件模拟了巷道围岩应力和应变能分布特征，发现顶板处的单元体在开挖后其能量值超过 10^5 J，由此解释了顶板岩爆发生机理。邓天赐等[48]结合后坪矿磷块岩巷道破坏情况，认为岩爆宏观上是岩石崩落、弹出，微观上是岩石在应力作用下裂隙发展、贯通直至破坏崩裂的过程。吝曼卿等[49]基于协同开采思想从应力转移、应力防控和岩性改善的角度提出了磷矿巷道岩爆防治策略，即钻孔卸压、围岩注水、减小进尺、梯形断面和吸能锚杆支护。

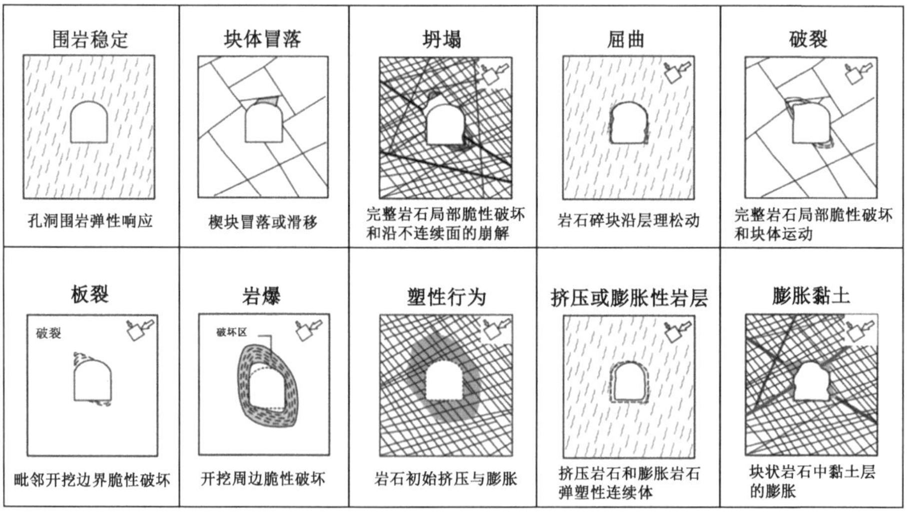

图 1-7　地下开采巷道围岩主要破坏类型

应力是引起岩体变形和破坏的根本作用力，巷道围岩破裂失稳正是在高应力驱动下裂纹萌生、扩展和相互贯通形成宏观断裂的渐进过程。巷道围岩脆性破坏形式与原岩应力状态密切相关(图 1-8)。另外，巷道围岩应力分布特征不仅是巷道支护设计的重要参考依据，而且对巷道围岩裂纹起裂机制有重要指导价值。截至目前，国内外学者对围岩应力的确定进行了大量的理论分析、数值模拟和室内试验及现场实测研究[50-51]。现场实测法最为准确、直接，包括应力解除法、水压致裂法和声发射法等。如 Ouyang 等[52]基于空心包体应力解除法测得了北洺河铁矿巷道采动应力大小并对围岩进行了分区。Maxwell 等[53]及 Qiu 等[54]还分别尝试采用微震方法和电磁辐射方法测定巷道围岩应力的变化。与现场实测法相比，物理模拟具有可人为控制、可改变试验条件及能弥补现场不便观测等优点，目前被广泛用于煤矿岩层移动变形规律研究，但将其用于非煤矿山巷道围岩应力场研究中仍较为鲜见。此外，还有学者基于光弹试验(应力冻结试验)对围岩应力场可视化进行研究，但光弹材料制作要求高，且加载条件复杂难以实现[55]。另外，作为一种成本低、周期短和结果直观的研究方法，数值模拟被广泛用于围岩动静应力分布研究，但受网格单元尺寸、本构模型、边界及动力条件等因素影响，误差往往较大，通常作为辅助研究手段来定性说明问题。

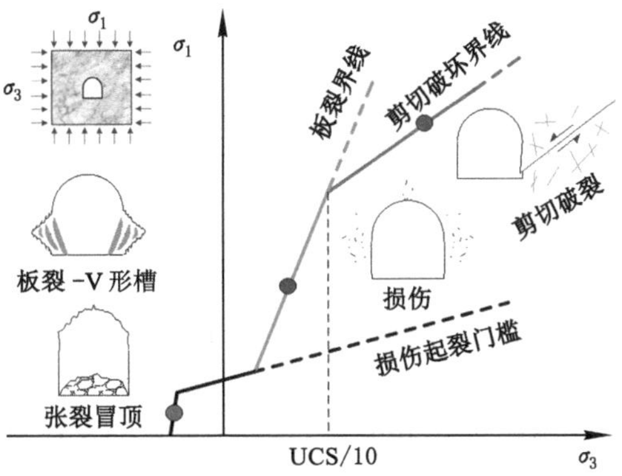

图 1-8　巷道围岩脆性破裂包络线

当巷道轴线和水平主应力方向之一平行时，可将巷道围岩应力求解视为平面应变问题，继而可利用数学和力学方法对岩石力学孔口问题进行快速准确求解。如付建军等[56]基于黏弹性理论建立了考虑时效性的圆形巷道围岩应力场和位移场的数学表达式。然而，自从圆形孔口应力的基尔施方程(Kirsch 方程)被提出以来，关于非圆形巷道围岩应力的理论解析进展缓慢，主要是因为复杂的孔洞边界条件导致应力函数难以确定，直至复变函数理论被引入弹性力学领域才取得一定进展。对此，Manh 等[57]借助复变函数中的保角变换方法推导了任意形状隧道围岩应力的解析解。在此基础上，笔者采用复合形优化方法确定了5 种常见孔洞的映射函数，解析获得了不同地应力下巷道周边应力分布规律（图 1-9），并得到了初始拉伸裂纹的起裂应力及扩展长度的理论解[58]。此外，Tao 等[59-60]还采用波函数展开法获得了半正弦平面波加载下圆形和椭圆形孔洞周边动态应力分布规律，充分解释了冲击加载作用下圆形孔洞的动态破坏特征。

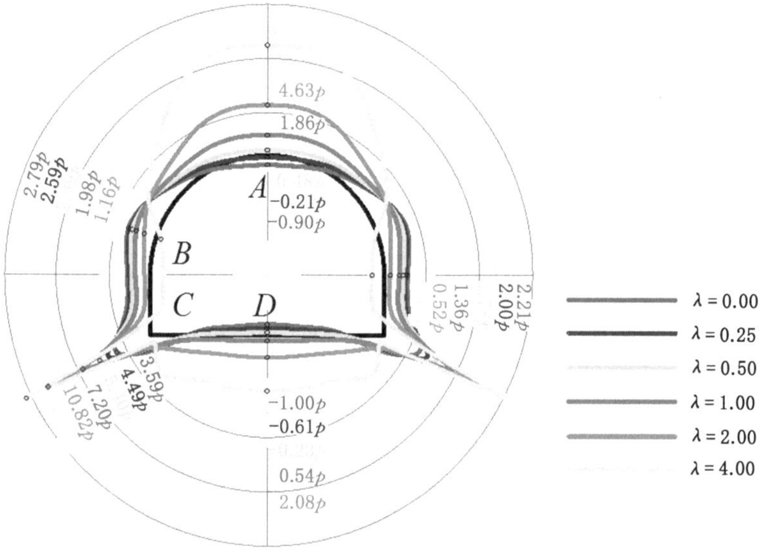

图 1-9　拱形巷道围岩应力分布规律

综上所述，目前针对常规巷道围岩应力的分布已获得很多规律性的认识，对于复杂断面巷道如三心拱形巷道围岩应力空间分布特征尚不清晰。可见，有必要研究开挖扰动下昆阳磷矿二矿巷道围岩应力场的分布规律。因此，亟须测量昆阳磷矿二矿地应力分布规律，在此基础上研究三心拱形巷道的映射函数求解方法，采用复变函数理论对不同断面尺寸的三心拱巷道围岩应力进行快速解析，继而为分析昆阳磷矿二矿巷道围岩破裂失稳机理提供科学依据。

1.2.2　磷矿山巷道围岩支护技术研究进展

针对磷矿山巷道围岩支护技术，国内外学者进行了大量的探索。浦市磷矿对节理裂隙发育的页岩和白云岩巷道（$f=6\sim10$）率先进行了锚喷支护实践，取得了良好效果[61]。冯朝富[62]将开阳磷矿原生破碎带分为层状碎裂（软弱）结构、碎裂结构和散体结构三类，针对性地设计了相应的巷道支护工艺，即喷

(70 mm)锚(砂浆锚杆)网、锚网喷(C20,100～150 mm)、发碹支护,并提出了巷道变形破坏防治的几种措施:上方矿柱爆破松动卸载、侧帮钻孔卸压、巷道底板反拱或锚底(帮)、初期和二次支护先柔后刚、锚注网喷浆。王其胜[63]针对马路坪磷矿深埋页岩巷道变形破坏显著且难以控制的特点,总结了巷道破坏类型,提出了用钢纤维混凝土加树脂锚杆代替混凝土的锚网喷支护形式,减少了作业工序,提高了支护效率。林业[64]采用 ANSYS 和 Midas 对马路坪矿高应力红页岩软岩巷道锚杆支护参数(锚杆长度和底锚角度)进行了优化,并研发了一种深部软岩大变形地段支护的新型理想吸能锚杆,取得了良好的应用效果。Wang 等[65]系统研究了红页岩的力学特征和水化特性,采用超声波测试仪测定了马路坪矿红页岩巷道围岩松动圈厚度,并针对该类软岩巷道设计了锚网喷支护方式。鉴于马路坪矿深部斜坡道巷道开裂脱层等现象,王汝井[66]发明了长锚索加钢筋网的支护形式,该支护形式比砂浆锚网喷支护方式的效果更好。蒙光林等[67]针对沙坝土矿红页岩巷道围岩表现出的高应力软岩特征,设计了用树脂锚杆替换管缝式锚杆的支护方案,有效控制了围岩变形。贵州青菜冲磷矿还研发了水泥锚杆锚网喷技术,相比以往锚喷木材加密支护,该支护方式能更好地控制顶板浮石且降低成本[68]。邓天赐[69]以后坪磷矿为背景,采用 FLAC 研究了不同侧压系数下磷矿岩巷道围岩应力分布及变形破坏规律,提出了顶底板采用锚网喷支护、底板同时设置反拱、边帮采用锚杆+喷射混凝土的联合支护方案。任红岗等[70]针对江家墩磷矿缓倾斜中厚矿体条带高进路应用了顶板短锚、帮部接长锚杆锚网喷的支护工艺,有效提高了高应力下破碎围岩的稳定性。丁万奇[71]基于相似物理模拟试验,借助数字散斑系统和红外热像仪研究了平安磷矿二矿采矿对底板红页岩巷道稳定性的影响,采用 FLAC 软件模拟并提出了"浅孔注浆+格栅拱架+小孔径锚索"支护替代原管缝式锚杆支护方式,现场控制效果良好。部分磷矿山失稳巷道返修支护工艺见表 1-1[72-77]。

对于巷道穿越不良地质段和岩爆破坏区围岩的支护技术,研究人员也进行了一定的探索。王梅等[78]对过溶洞巷道围岩控制技术进行了研究,根据开磷矿区岩溶发育特征和所处方位提出了锚喷支护、钢拱支护、砌边墙、管棚超前支护等支护形式。戴杰[79]提出了采用箱型钢拱架预先支护,浇灌边墙、喷射混凝土方式回填至巷道顶部的支护方案,有效治理了用沙坝磷矿下盘脉外砂岩转运平巷塌方难题。唐建华[80]针对宿松磷矿破碎围岩巷道提出了超前管棚的支护方法。王沛[81]以挑水河磷矿不良地区巷道为研究对象,总结了巷道变形破坏特征,从力学角度分析了巷道失稳机理,采用数值模拟方法探讨了穿越断层带巷道和软弱夹层顶板巷道的支护形式,发现锚喷支护对于前者具有较好的控制效果,衬砌锚杆联合支护方法较适合后者。湖北杉树垭磷矿还针对断层构造发育和顶

表 1-1　部分磷矿山巷道返修支护工艺

矿山名称	巷道名称	巷道围岩岩性	地质条件	巷道断面和尺寸	原支护方式	破坏特征	新支护方案	参考文献
开阳磷矿	南延工程主斜坡道	矿体下盘碎裂结构的强风化红页岩	节理裂隙发育，滴水，红页岩遇水和空气易风化	三心拱(4.2 m×3.6 m)	锚网喷(管缝锚杆挂网临时支护，再初喷 3～5 cm，复喷 5～7 cm)	底鼓(50 cm)，巷帮大变形(7 mm/d)	改为马蹄形断面，锚注一体双筋网喷(200 mm)	谭志忠[72]
瓮福磷矿	某软岩巷道	深灰色砂质泥岩和灰色薄层状粉砂岩	节理裂隙发育	三心拱 9.2 m^2，净宽 2.6 m，墙高 1.4 m	砌碹支护，厚度为 350 mm	初期两帮移近量 20 mm/d，底鼓量 350 mm	初支：锚网喷(100 mm)＋双液注浆；二支：复喷 50～70 mm、复注	甄云军[73]
马路坪矿	640 m 中段南大巷	红叶岩，局部见砂岩	层理较发育	三心拱	锚网喷(初喷 50 mm，树脂锚杆挂网，复喷 70 mm)	片帮、开裂	锚网喷(初喷 50 mm，吸能锚杆挂网，复喷 70 mm)	李文成等[74]
矾山磷矿	419 m 水平大巷	黑云母磷灰石岩	节理裂隙发育，不含水	三心拱	锚网喷(砂浆锚杆，喷混凝土 90 mm)	两帮收敛量达 300～450 mm，最大底鼓量达 400～500 mm	喷锚网索(初喷，增大锚杆规格，减小网格距离，锚索二次支护)	程宏[75]
肖家河磷矿	669 m 中段穿脉	砂砾屑粉晶云岩	顶板软弱结构面发育	梯形巷道(顶 3.5 m，高 2.8 m，75°)	锚网支护(管缝锚杆)	局部顶板掉渣，锚杆腐蚀失效	(玻璃钢锚杆)锚网支护	叶义成等[76]
平安磷矿二矿	844 m 中段运输巷道	红页岩	层理构造发育	直墙拱形(4.5 m×3.4 m)	锚网喷支护(管缝锚杆)	巷道顶部开裂、底鼓严重，顶底移近量 500～700 mm	初喷＋管缝锚杆挂网＋高强锚注＋格栅拱架＋小孔径锚索＋复喷	张东岳等[77]

板破碎巷道提出了便携式单体支柱与柔性网联合支护技术[82]。米德剑等[83]分析了晒旗河磷矿硬岩巷道岩爆特征，根据岩爆烈度等级和巷道用途针对性地提出了素喷、锚支、锚网、锚网喷、喷网钢拱架喷、喷锚网喷等支护方式。韩瑞庭[84]调研了瓦屋Ⅳ矿段 790 m 中段巷道岩爆情况，发现随着开采工作面的靠近，岩爆的发生频数逐渐增多同时岩爆的等级也明显增强，由此提出了喷锚网索支护方法。

综上所述，国内外学者在磷矿巷道失稳机理及控制技术方面做了大量研究，解决了大量的工程难题，但由于磷矿巷道赋存环境和地质条件千差万别，影响巷道围岩失稳的关键因素不尽相同，在磷矿巷道控制理论与技术方面仍需进一步创新和突破。鉴于此，本书以昆阳磷矿二矿为研究对象，分析矿区地质条件，研究不同开采条件下巷道变形破坏机理，旨在基于适宜性支护理念研发与巷道地质属性相匹配的支护工艺，建立巷道标准化支护技术体系，继而为昆阳磷矿二矿安全、高效、绿色建设保驾护航以及为云南磷化集团有限公司磷矿石保供提供重要保障。

1.3 研究目标和内容

1.3.1 研究内容

本书针对云南磷化集团有限公司昆阳磷矿二矿矿岩岩体质量差异和变化大、隐伏地质构造多、富水性强等复杂地质特点，围绕开挖扰动作用下巷道围岩力学环境，采用了文献调查、现场调研、室内试验、数值模拟、理论分析及工业试验相结合的方法对大型矿山地下开采巷道变形破坏特征与力学机理进行攻关研究，主要研究内容如下：

(1) 矿岩物理力学行为和岩体地质属性评判

在现场不同地点进行岩块取样并进行岩石试样加工，测定磷矿岩和顶底板不同岩层自然岩体的密度、微观结构、波速和拉压剪强度等物理力学性能，分析各类岩石的破裂形态及破坏模式。调查昆阳磷矿二矿不同区域岩体节理裂隙发育情况和地下水出水状态，确定岩体质量评价指标并建立岩体质量评价指标体系，评判各岩层岩体地质属性等级。

(2) 矿区三维地应力测试与巷道围岩应力分布规律

通过资料收集与现场勘查的方法，分析矿区构造形迹和岩层产状，确定矿山地应力分量方向；在井下不同水平和地点设置巷道围岩应力监测站，在设计位置施工地应力监测钻孔并安装地应力传感器，定期监测测点的地应力分量数据，研究矿区地应力分布规律；探索复杂孔洞保角变换映射函数的确定方法，推导不同断面巷道围岩应力复变函数解析解，在地应力测量结果的基础上，解析获得斜坡道、胶带斜井和中段巷道等不同尺寸三心拱形巷道围岩应力定量分布特征。

（3）磷矿巷道围岩矿压显现特征及变形破坏机理

在矿山基础数据测量的基础上，考虑主要巷道所处的不同层位构建三维数值模型，模拟研究代表性三心拱形巷道开挖围岩的力学响应，分析巷道围岩收敛变形、塑性区分布和围岩应力的分布规律；现场测量巷道钻爆法施工爆破振动信号和巷道围岩采动裂隙发育范围，计算爆破振动速度和安全允许距离以及围岩松动圈厚度，研究巷道围岩矿压显现特征；分析巷道矿压显现规律，判定矿山围岩稳定性主控因素，研究揭示磷矿巷道失稳破坏机理。

1.3.2 研究目标

① 测定矿岩常规物理力学参数，查明矿区岩层节理裂隙发育程度、地下水状态及地质构造条件，分析岩体地质属性影响因素，基于 Hoek-Brown 广义准则，采用改进的强度折减法获得各岩层岩体力学参数，为后续理论分析和数值模拟提供基础数据。此外，建立岩体质量评价指标体系，提出昆阳磷矿二矿岩体地质属性评判方法，确定岩体地质属性等级。

② 阐述地应力测量原则和影响因素，研发制作与地应力传感器匹配的安装工具，获得不同地段测点围岩应力大小和方向，通过反演计算掌握矿区三维地应力分布规律，提出一种复杂形状巷道映射函数优化求解方法，解析开挖作用下巷道围岩应力场的空间分布规律。

③ 探究矿区巷道围岩收敛变形规律、塑性区分布范围、松动圈厚度和钻爆法施工巷道爆破振动信号特征和水化作用，阐明巷道变形破坏特征，结合矿山地质条件基于围岩应力分布规律揭示磷矿巷道围岩变形破坏机理。

2 矿岩基本物理力学性质

采矿是将矿物从地壳岩层中采出并集中运送到地面的过程,其中不可避免地涉及岩体的开挖和支护。显然,超前掌握岩体在地应力、外部荷载和特定环境条件下发生变形和破坏的力学规律显得尤为重要。研究岩体的物理力学性质是弄清岩体力学行为的基本前提,测定矿岩的基本物理力学参数极其必要,它不仅是采矿工程设计和施工的重要依据,而且为矿岩稳固性评价、采矿方法选择、矿山支护设计、采场结构参数确定、爆破参数优化、矿山地压管理以及数值分析提供了基础数据。基于室内试验和理论分析,本章主要确定了矿岩的物理力学性质。

2.1 矿岩取样和试样加工

2.1.1 现场取样

昆阳磷矿二矿地层由新至老主要为第四系、二叠系下统倒石头组、石炭系中统威宁组、石炭系下统大塘组、泥盆系上统宰格组、泥盆系中统海口组、寒武系下统沧浪铺组、筇竹寺组、中谊村组及渔户村组。

昆阳磷矿二矿综合地层柱状图详见图 2-1[85]。由上至下地层岩性特征如下。

(1) 第四系

主要岩性为残坡积物、灰岩、砂质页岩等,厚度小于 20.00 m,与下伏地层角度不整合接触。

(2) 二叠系下统倒石头组

分布于矿区南东角和南西角,主要岩性为铝土岩、铝土质页岩或砂页岩,厚度为 3.50～16.50 m,与下伏地层假整合接触。

(3) 石炭系中统威宁组

分布于矿区南东角和南西角,主要岩性为灰岩,生物碎屑泥粉晶灰岩、鲕状灰岩、内碎屑泥粉晶灰岩,厚度为 25.00～30.00 m,与下伏地层整合接触。

系	统	组	厚度/m	柱状图	岩性描述
第四系			0～20.00		残坡积层，为黄褐色腐植黏土、砂质黏土及垮塌堆积物
二叠系	下统	倒石头组	3.50～16.50		深灰、绿黄色铝土岩，铝土质页岩或砂页岩
石炭系	中统	威宁组	25.00～30.00		灰白色、浅灰色中厚层状生物灰岩块，生物碎屑泥粉晶灰岩，鲕状灰岩，内碎屑泥粉晶灰岩
	下统	大塘组	9.00～28.00		下部为灰白、浅灰等杂色砂岩，页岩，煤线，铝土页岩，夹白云岩 上部为浅灰～深灰色中厚层状晶粒白云岩、砾状角砾状白云岩、含燧石结核砾状角砾状白云岩，夹少量薄层砂页岩及泥晶纯灰岩透镜体，具水平微细层理，层面具波痕
泥盆系	上统	宰格组	40.41～153.52		上部为灰色、粉红色中～厚层状角砾状灰岩，角砾直径 2～30 cm，均呈棱角状，角砾成分为灰质，主要矿物为方解石及白云石，并含少量赤铁矿及褐铁矿。下部为灰黑色薄层～厚层状白云质灰岩，层理清晰，具粗晶及细晶结构，底部夹薄层绿色钙质页岩，层理清晰，底部夹灰黑色钙质页岩（厚约 30 cm）
	中统	海口组	5.16～28.93		浅黄色薄～中厚层状中～粗粒含泥质石英砂岩，夹黄绿色泥质粉砂岩薄层。近底部粗度较粗，常含细砾石。上部以灰绿色、灰白色及黄褐色泥岩、粉砂质泥岩为主，夹少量细～粉砂岩薄层
寒武系	下寒武统	沧浪铺组	10～66.89		灰、灰白色中～厚层状细粒长石石英砂岩夹少量灰绿、黄绿色页岩。砂岩中的石英呈次棱角状，并含有少量海绿石及云母碎片。上为灰黄色、粉红色泥质粉砂岩及页岩
		筇竹寺组	53.45～113.02		灰绿色页岩夹灰黄色中厚层状粉～细砂岩薄层16～20层（层厚 5～30 cm）。页岩层理清晰，常风化成碎片，成分以泥巴质为主，含有石英、海绿石及白云母碎片。砂岩层面多呈波状起伏
			11.67～29.33		灰黑～黑色粉砂质页岩。网络状破碎及球状风化显著，风化后常成棕、淡黄色、黄绿色碎片。受层间挤压作用，局部形成层间揉皱
			28.90～83.77		主要为深灰色薄～中厚层状白云质粉砂岩，夹少量细砂岩。地表风化后常呈淡黄绿色，成分以石英粉砂岩为主，并有少量粒状绿泥石及云母碎片、泥质及铁质胶结。该层球状风化明显
			27.70～46.33		以黑色薄层状粉砂质页岩为主，局部为泥质粉砂岩。风化后呈淡黄色薄片状，少数呈偏球状，中部夹薄～中厚层细砂岩数层，层面多见波状起伏。底部有 5～20 cm 厚的一层含海绿石结核状磷块岩，其底面有 1～5 cm 的侵蚀面
		中谊村组	0～2.80		
			2.54～13.37		上部主要为蓝灰色薄～厚层状鲕状磷块岩。致密坚硬，层面清晰。顶部为灰白色厚层状白云质磷块岩，底部为白云质硅质条带状磷块岩。中部为黄白、灰白色黏土质页岩，层理不明显，风化后呈土状物。含磷品位一般2%～3%，局部含磷达8%以上。该层个别地段尖灭，呈不连续现象。下部主要由蓝灰、灰白色条带状磷块岩，砂屑状磷块岩及砾屑状磷块岩组成。该顶部为鲕状磷块岩，鲕粒直径为 0.1～1.5 mm，形状与结核相同，夹灰黑色燧石条带 2～4层
			0～3.80		
			0.32～10.51		
		渔户村组			上部灰、灰白色中～厚层状白云岩，夹黑色硅质条带及团块。中部灰、灰白色薄～中厚状条纹状粉晶白云岩，夹数层薄层粉砂质页岩。下部紫红、灰绿色薄层～中厚层状砂质白云岩夹同色白云质粉砂岩、砂质白云岩夹同色白云质粉砂岩及砂页岩。底部含海绿石，呈断续条带状沿层分布

图 2-1　地层柱状图

(4) 石炭系下统大塘组

上部岩性为白云岩，夹少量薄层砂页岩及灰岩透镜体，具水平微细层理，层面具波痕。下部岩性为砂岩、页岩，夹白云岩。该层厚度为 9.00～28.00 m，与下伏地层假整合接触。

(5) 泥盆系上统宰格组

出露于矿区南部。上部岩性为角砾状灰岩，角砾直径为 2～30 cm，均呈棱角状，角砾成分为灰质。下部岩性为白云质灰岩，层理清晰，底部夹灰黑色钙质页岩(厚约 30 cm)。该层厚度为 40.41～153.52 m，与下伏地层整合接触。

(6) 泥盆系中统海口组

主要岩性为含泥石英砂岩，夹泥质粉砂岩薄层，底部常含细砾石。厚度为 5.16～28.93 m。与下伏寒武系下统筇竹寺组假整合接触。

(7) 寒武系下统沧浪铺组

分布于矿区南西部，岩性为长石石英砂岩夹少量页岩，砂岩中的石英呈次棱角状，并含有少量海绿石及云母碎片。该层厚度为 10.00～66.89 m，与下伏筇竹寺组整合接触。

(8) 寒武系下统筇竹寺组

根据岩性、岩相组合特征，由上至下可分为 4 个岩性段。

① 暗绿色页岩段。主要岩性为灰绿色页岩，夹砂岩薄层。页岩层理清晰，地表常风化成碎片，成分以泥质为主，层面多呈波状起伏。该层厚度为 53.45～113.02 m。

② 黑色页岩段。主要岩性为灰黑～黑色粉砂质页岩，地表球状风化显著。受层间挤压作用，局部形成层间揉皱。该层厚度为 11.67～29.33 m。

③ 白云质粉砂岩段。主要岩性为白云质粉砂岩，夹少量细砂岩，地表球状风化明显。该层厚度为 28.90～83.77 m。

④ 黑色粉砂岩段。以黑色粉砂质页岩为主，局部为泥质粉砂岩。风化后呈淡黄色薄片状，少数呈扁球状。该层厚度为 27.70～46.33 m，与下伏地层整合或局部平行不整合接触。

(9) 寒武系下统中谊村组

根据岩性、岩相的变化，由上至下可分为两个岩性段。

① 上白云岩段。岩性主要为白云岩，夹硅质团块。该层厚度为 0～2.80 m (仅在 61 线北西部有缺失)，与下伏地层整合接触，界线清楚，层间具溶蚀现象，但无大溶洞。

② 磷块岩段。磷块岩段又可细分为上矿层、下矿层及中部夹层共 3 层。

a. 上矿层：岩性主要为磷块岩，顶部为白云质磷块岩，底部为白云质硅质条带状磷块岩。该层厚度为 2.54～13.37 m。

b. 夹层：岩性主要为灰白色凝灰质黏土岩层(黏土质页岩)，俗称白泥层，层理不明显，风化后呈土状物，遇水易崩解。该层分布不连续，主要分布在矿区南西部，矿区东部零星分布，厚度为 0～3.08 m。

c. 下矿层：岩性主要为带状磷块岩、砂屑状磷块岩及砾屑状磷块岩。顶部时夹灰黑色燧石条带。该层厚度为 0.32～10.51 m，与下伏渔户村组假整合接触，具明显的冲刷面。

(10) 寒武系下统渔户村组

由上至下可分为 3 个岩性段。

① 上部硅质条带状白云岩段。岩性主要为白云岩、夹黑色硅质条带及团块，沿接触面或层间常见溶蚀空洞，其间充填石英晶簇及水晶。

② 中部条纹状白云岩段。岩性主要为粉晶白云岩，夹数层薄层粉砂质页岩。

③ 下部紫、灰绿色页岩段。岩性主要为砂页岩，砂质白云岩及夹白云质粉砂岩。下部含海绿石，呈断续条带状沿层分布。与下伏灯影组假整合接触。

由于矿山采掘活动主要集中在脉内外，因此掌握矿层及主要顶底板的基本物理力学性质至关重要。鉴于此，在矿山井巷掘进过程中在不同地点选取了 6 层岩层的若干大块岩体，分别为矿体顶板黑色粉砂质页岩(取样地点：中部井进风石门)、矿体顶板白云岩(取样地点：中部井进风石门)、上矿层磷块岩(取样地点：1 980 m 充填回风巷道东侧)、夹层凝灰质黏土岩(取样地点：接 1 980 m 充填回风巷道)、下矿层磷块岩(取样地点：辅助斜坡道)、底板白云岩(取样地点：辅助斜坡道)。为了减少开挖扰动对岩体的损伤，巷道迎头现场尽量收集块度较大的岩体，采集的各岩层岩块见图 2-2。需要说明的是，由于夹层为凝灰质黏土岩，岩石极为破碎，呈泥土状，现场难以收集到块度较大的岩块。

(a) 顶板粉砂质页岩　(b) 顶板白云岩　(c) 上矿层磷块岩

(d) 夹层凝灰质黏土岩　(e) 下矿层磷块岩　(f) 底板白云岩

图 2-2　采集的各岩层岩块

2.1.2　岩石试样制备

为了开展常规岩石物理力学试验(单轴压缩试验、巴西劈裂拉伸试验、变角剪切试验、密度和波速测试试验),首先需要将各岩层岩块运输到专业的岩石力学实验室加工成一定规格的标准岩石试样。采用 Hz-20 型混凝土钻孔取芯机进行取芯,DQ-4 型自动岩石切割机被用以立方体切割加工和端面打磨,见图 2-3。根据《工程岩体试验方法标准》(GB/T 50266—2013)和《岩石物理力学性质试验规程》(DZ/T 0276—2015),单轴压缩试验所需的试样需加工为圆柱形,规格为 ϕ50 mm×h100 mm,每类岩层各加工 3 个;巴西劈裂试验所需的试样加工为圆柱形,规格为 ϕ50 mm×h100 mm,每类岩层同样加工 3 个;变角剪切试验所需的试样加工为正方体,规格为 50 mm×50 mm×50 mm,鉴于现场岩体裂隙发育导致岩石试样加工难度较大,每类岩层各加工 2 个。岩石试样加工精度满足如下要求:端面不平行度误差不得大于 0.05 mm,端面不平整度误差不大于 0.02 mm,垂直于轴线的两端面偏离轴线允许偏差不超过 0.25°。由于夹层黏土岩较为破碎,室内无法加工成标准试样,其余 5 类岩层岩块加工后的标准岩石试样见图 2-3(c)。

(a) Hz-20型混凝土钻孔取芯机　(b) DQ-4型自动岩石切割机　(c) 不同岩层岩石试样

图 2-3　岩石试样制备

2.2　矿岩物理性质

2.2.1　化学成分测试

岩石是由矿物或岩屑在地质作用下按一定规律聚集而形成的自然物体。掌握岩石的化学成分和品位对于矿山生产至关重要。研究中,在国家磷资源开发利用工程技术研究中心对各类岩层化学成分进行了测定,具体包括采用型号为 ARL™ PERFORM′X 的 X 射线荧光光谱仪测定常量元素如磷、铝、铁、镁、硅、钙、钠、钾，采用 iCAP 6000ICP-OES 全谱直读等离子体发射光谱仪测定重金属和微量元素，采用化学法测定枸溶 P_2O_5。测试前采用颚式破碎机和振动磨机对各类岩层进行破碎和研磨，加工试验所需的粉状试样，制备的试样和设备见图 2-4，不同岩层化学成分见表 2-1。

(a) **粉状岩样**　　(b) **X 射线荧光光谱仪**　　(c) **全谱直读等离子体发射光谱仪**

图 2-4　岩石试样制备和试验仪器

表 2-1　不同岩层化学成分　　单位：mg/kg

类别	顶板粉砂质页岩/%	顶板白云岩/%	上矿层磷块岩/%	夹层凝灰质黏土岩/%	下矿层磷块岩/%	底板白云岩/%
P_2O_5	5.82	2.25	21.39	3.65	27.14	1.81
MgO	3.65	15.18	3.54	3.28	1.82	16.39
Fe_2O_3	0.89	0.71	0.78	2.21	0.73	0.76
Al_2O_3	16.63	1.49	1.43	12.15	0.95	1.57
SiO_2	41.27	15.98	43.27	55.28	20.21	14.65
CaO	12.95	25.45	25.33	11.34	39.93	26.68
Na_2O	2.50	0.17	0.26	5.72	0.01	0.65
K_2O	0.26	ND	ND	ND	ND	ND
枸溶 P_2O_5	0.094 5	0.997 5	1.188 0	0.601 7	1.510 0	0.203 2
类别	顶板粉砂质页岩/(mg/kg)	顶板白云岩/(mg/kg)	上矿层磷块岩/(mg/kg)	夹层凝灰质黏土岩/(mg/kg)	下矿层磷块岩/(mg/kg)	底板白云岩/(mg/kg)
As	12.00	13.00	13.94	38.46	13.75	5.277
Cd	ND	ND	0.017 1	0.270 9	0.062 9	0.218 0
Co	5.00	1.00	41.29	8.639	23.41	23.43
Cr	9.00	8.00	11.67	2.421	9.313	5.025

表 2-1(续)

类别	顶板粉砂质页岩/(mg/kg)	顶板白云岩/(mg/kg)	上矿层磷块岩/(mg/kg)	夹层凝灰质黏土岩/(mg/kg)	下矿层磷块岩/(mg/kg)	底板白云岩/(mg/kg)
Cu	15.00	5.00	5.159	5.862	5.936	5.761
Hg	ND	ND	1.134	ND	ND	ND
Ni	ND	ND	ND	ND	ND	1.636
Pb	16.00	0.00	5.844	17.43	12.37	81.41
Zn	56.00	23.00	23.96	7.947	12.59	66.44
F	0.07	0.97	1.04	0.42	1.03	0.19

注:ND 表示未检出。

由表 2-1 可以看出,各岩层中成分含量大致相同,表明属于未变质的地台型沉积岩。岩层有益成分为 P_2O_5,有害成分为 MgO、Fe_2O_3、Al_2O_3、CaO、Na_2O 和 F 等,为选矿工作带来了一定难度。各岩层中只有顶板粉砂质页岩中含有 K 元素,其余几类岩层中均未检出。受沉积作用和成矿机制影响,各类岩层均含有 P 元素,下矿层的含磷品位高于上矿层的。两矿层主要矿物成分是胶磷矿(呈粒屑状、砾状、浑圆形,大致沿层面定向排列,见下述微观结构),次为微-细晶磷灰石、粉晶凝粒状或微粒状的白云石及少量石英为主的陆源碎屑,可见胶磷矿多为氟磷灰石及细晶磷灰石。上矿层中 Si 元素含量最高,达 43.27%,属于典型的硅质矿物,夹层凝灰质黏土岩成分也呈现类似的特征;下矿层中 Ca 元素含量最高,达 39.93%,属于典型的钙质矿物,底板白云岩也呈现类似的特征。除了常规元素外,各岩层试样还含有 As、Cu、Pb、Zn、F 等微量元素,一般含量较低,无综合利用价值。

2.2.2 微观结构测试

研究中选取块度较小的各岩层岩块进行微观结构测试,设备选用赛默飞 Quanta 650 环境扫描电镜,各岩层微观结构电镜扫描图如图 2-5、图 2-6 所示。

由化学成分测定结果和微观结构电镜扫描图可知:

底板白云岩为灰白色中~厚层状粉晶白云岩,夹硅质条带及团块,其成分较纯。具有鸟眼构造,斜层理,交错层理,透镜状层理及干裂构造等类型,为潮上坪相高能环境及间歇性低能环境产物。

矿层成分为粒屑磷块岩,下矿层中下部粒屑磷块岩中胶磷矿颗粒尺寸为 0.01~0.20 mm,含量达 70%左右。泥晶胶磷矿胶结,薄层状,具有水平层理、包

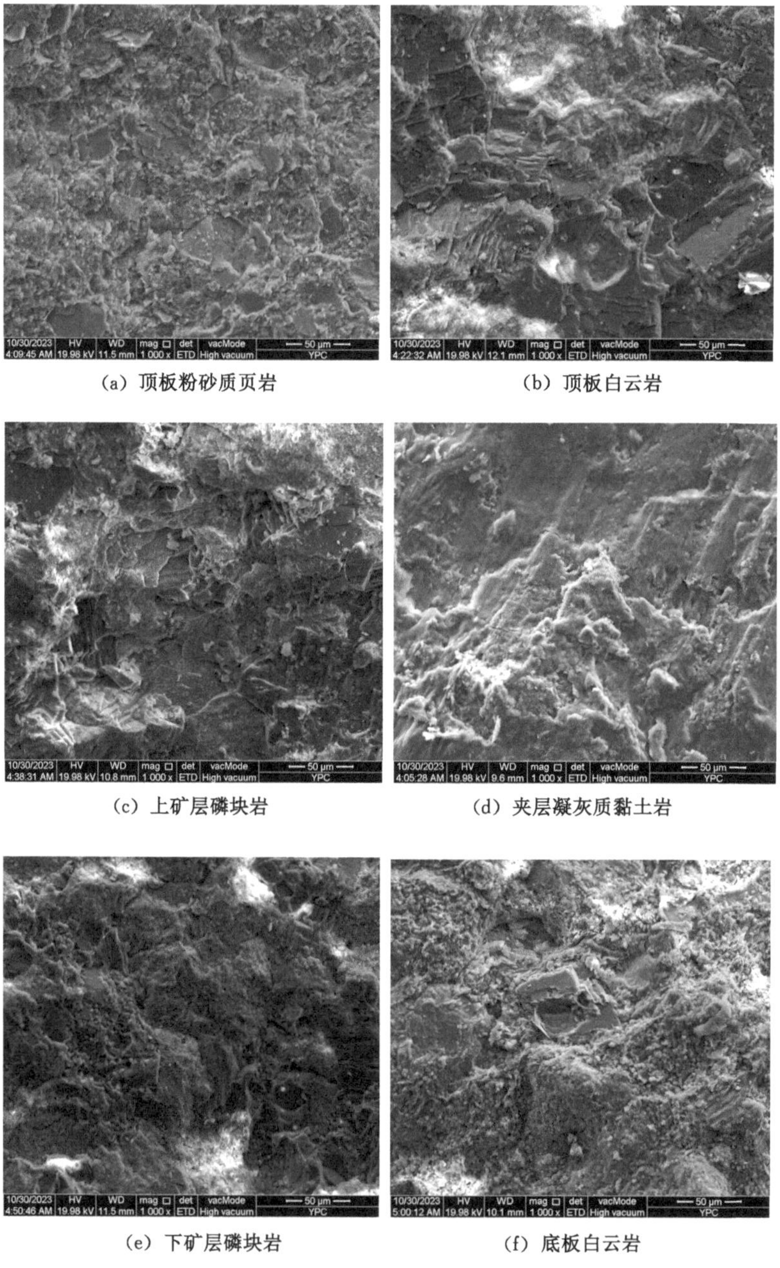

(a) 顶板粉砂质页岩　　(b) 顶板白云岩

(c) 上矿层磷块岩　　(d) 夹层凝灰质黏土岩

(e) 下矿层磷块岩　　(f) 底板白云岩

图 2-5　各岩层微观结构电镜扫描图(放大 1 000 倍)

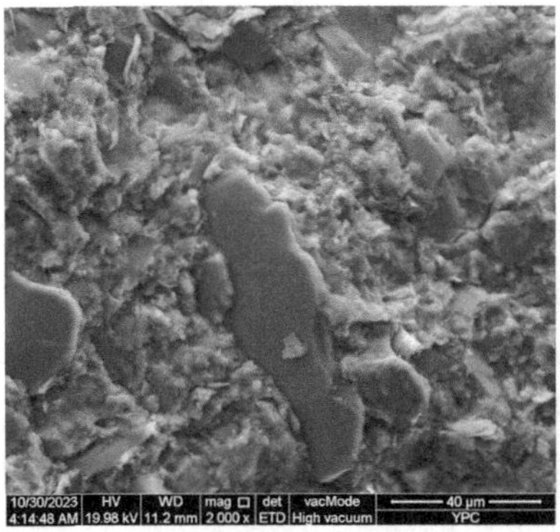

(a) 顶板粉砂质页岩

(b) 顶板白云岩

(c) 上矿层磷块岩

(d) 夹层凝灰质黏土岩

(e) 下矿层磷块岩

(f) 底板白云岩

图 2-6　各岩层微观结构电镜扫描图(放大 2 000 倍)

卷层理及砂球状包裹体，底部具冲刷面，为台凹相对平静的海湾浅滩环境的产物；顶部粒屑磷块岩夹硅质条带，胶磷矿颗粒尺寸为 0.1～0.5 mm，含量大于70%，鲕粒少，矿石结构类型为粒屑结构。胶结物粒度为泥晶至淀晶，成分为硅质及胶磷矿，中厚层状，厚 0.2 m 左右，具水平层理及条带状（硅质）构造，为潮下浅滩高能环境的产物。

夹层凝灰质黏土岩层为灰白色凝灰质黏土岩，微层状～叶片状构造，具水平层理，形成于台地水体较深部位——台地深水相。

上矿层底部的粒屑磷块岩夹硅质条带，特征与下矿层顶部的一致，但硅质条带宽，厚度可达 0.5～1.0 m，也是潮下高能环境产物。中下部粒屑磷块岩中胶磷矿，颗粒尺寸为 0.1～0.5 mm，下部含不同形态的鲕粒（0.5～1.0 mm），含量大于80%，胶结物大部分为微晶～粉晶胶磷矿，局部为泥晶胶磷矿。矿石结构类型为粒屑结构和鲕状结构。上矿层构造类型包括中厚层及薄层互层状构造，层间具冲刷痕，斜层理、波状层理、包卷层理均有分布。反应沉积环境为潮下台凹浅滩相高能环境及潮下浅滩相高能与间歇性低能环境相间。上部为条带状磷块岩～白云质磷块岩。条带状磷块岩是粒屑磷块岩向白云质磷块岩相变的过渡类型。条带宽 0.5～1.0 cm 不等，条带间多具微型冲刷面，有时具干裂纹，顶部磷质条带消失，变为白云质磷块岩，有时缺失该层。白云质磷块岩中磷质为粒屑状或块状，略显定向排列，胶结物为粉晶～细晶白云石。局部磷质对集中，形成顶部粒屑磷块岩，多见层间冲刷痕及内砾屑结构。这个阶段成矿环境为台地潮间潮汐相和潮间凹地相。

顶板白云岩为灰、灰白色硅质白云岩夹硅质团块，多含铁锰质，厚度变化大。硅质团块质纯、色浅、具空洞状和泡状构造。薄层状～中厚层状，具水平层理，透镜状层理等，属于潮上-潮间凹地相沉积产物。

顶板粉砂质页岩为黑色薄层～微层状泥质粉砂岩，夹微晶白云岩或白云质结核，结核中常见收缩干裂纹及方解石充填物，底部为厚约 10 cm 的瘤状、姜状海绿石质磷块岩，沉积环境由半封塞海湾相转化为浅海陆棚相（浅水）。

2.2.3 岩石密度

岩石密度是指单位体积的岩石质量，即岩石试样质量 m 与其体积 V 的比值。根据试样的含水情况，岩石密度分为干密度、饱和密度和天然密度，本次测量岩石密度为井下自然状态下的天然密度。采用游标卡尺（精度为 0.02 mm）测量上述各岩层系列标准试样（包括用以单轴压缩试验的圆柱形试样、巴西劈裂试验的圆盘形试样和变角剪切试验的立方体试样）的尺寸，采用天平（精度为0.01 g）测量其相应重量，各类岩层密度取试样的加权平均值，见

表 2-2～表 2-6。

表 2-2 顶板粉砂质页岩试样尺寸和密度

类别	试样编号	规格/mm	质量/g	实测密度/(kg/m³)	平均密度/(kg/m³)
单轴压缩试验试样	1-CT-A	49.10×100.30	515.11	2 712.35	2 718.80
	1-CT-B	49.20×59.50	301.10	2 661.79	
	1-CT-C	49.10×60.10	307.54	2 702.55	
巴西劈裂试验试样	1-TT-A	49.10×38.00	195.00	2 710.18	
	1-TT-B	49.10×25.30	128.94	2 691.62	
	1-TT-C	49.16×38.50	198.13	2 711.29	
变角剪切试验试样	1-S50-A	52.90×53.10×53.10	407.29	2 730.61	
	1-S50-B	52.90×53.10×53.40	410.73	2 738.20	
	1-S55-A	52.90×53.10×53.00	406.04	2 727.36	
	1-S55-B	53.20×53.10×53.20	404.13	2 689.08	
	1-S60-A	53.10×53.40×53.30	407.13	2 693.83	
	1-S60-B	53.20×53.20×53.10	406.78	2 706.71	
	1-S65-A	52.90×53.10×53.20	408.36	2 732.63	
	1-S65-B	53.30×53.20×54.00	416.60	2 720.74	
	1-S70-A	53.20×53.20×53.10	418.19	2 782.63	
	1-S70-B	53.10×53.20×53.10	418.40	2 789.27	

注：由于岩块节理裂隙发育以及岩石较脆，钻孔取芯极易发生破断，以致难以获得完全标准尺寸的圆柱形试样。

表 2-3 顶板白云岩试样尺寸和密度

类别	试样编号	规格/mm	质量/g	实测密度/(kg/m³)	平均密度/(kg/m³)
单轴压缩试验试样	2-CT-A	49.20×100.30	531.63	2 787.97	2 768.79
	2-CT-B	49.20×100.20	521.35	2 736.79	
	2-CT-C	49.20×99.90	524.96	2 764.02	
巴西劈裂试验试样	2-TT-A	49.25×38.60	206.84	2 812.84	
	2-TT-B	49.20×37.90	199.21	2 764.72	
	2-TT-C	49.20×38.20	198.42	2 732.13	

表 2-3(续)

类别	试样编号	规格/mm	质量/g	实测密度/(kg/m³)	平均密度/(kg/m³)
变角剪切试验试样	2-S50-A	52.70×53.10×52.80	409.02	2 768.25	2 768.79
	2-S50-B	53.30×53.00×53.30	416.63	2 767.07	
	2-S55-A	52.40×53.00×52.80	404.04	2 755.39	
	2-S55-B	52.80×52.80×52.40	405.34	2 774.73	
	2-S60-A	52.70×53.50×52.50	406.11	2 743.59	
	2-S60-B	53.00×53.00×53.00	417.39	2 803.59	
	2-S65-A	52.80×52.90×53.20	415.23	2 794.39	
	2-S65-B	52.70×53.00×52.90	407.65	2 758.96	
	2-S70-A	53.20×52.80×53.30	413.63	2 762.74	
	2-S70-B	52.80×52.70×53.10	409.80	2 773.53	

表 2-4 上矿层磷块岩试样尺寸和密度

类别	试样编号	规格/mm	质量/g	实测密度/(kg/m³)	平均密度/(kg/m³)
单轴压缩试验试样	3-CT-A	49.20×90.40	480.42	2 795.33	2 776.96
	3-CT-B	49.00×99.20	528.35	2 824.41	
	3-CT-C	49.10×97.80	536.13	2 895.20	
巴西劈裂试验试样	3-TT-A	49.10×36.20	191.33	2 791.40	
	3-TT-B	49.30×37.20	198.00	2 788.29	
	3-TT-C	49.20×37.20	194.29	2 747.18	
变角剪切试验试样	3-S50-A	53.30×53.30×53.10	418.81	2 776.31	
	3-S50-B	53.40×53.10×53.10	418.52	2 779.62	
	3-S55-A	53.20×53.20×53.30	418.41	2 773.65	
	3-S55-B	53.50×53.70×53.20	417.71	2 732.97	
	3-S60-A	53.60×53.60×53.50	425.42	2 767.80	
	3-S60-B	53.50×53.30×53.20	421.91	2 781.17	
	3-S65-A	53.10×53.00×53.10	411.42	2 753.09	
	3-S65-B	53.20×53.50×53.80	417.53	2 726.72	
	3-S70-A	53.20×53.00×53.10	413.29	2 760.41	
	3-S70-B	53.90×53.20×53.20	417.66	2 737.86	

表 2-5 下矿层磷块岩试样尺寸和密度

类别	试样编号	规格/mm	质量/g	实测密度/(kg/m³)	平均密度/(kg/m³)
单轴压缩试验试样	4-CT-A	48.90×99.40	515.25	2 760.09	2 790.50
	4-CT-B	49.20×90.80	511.76	2 964.56	
	4-CT-C	48.80×67.70	351.68	2 777.34	
巴西劈裂试验试样	4-TT-A	48.80×31.20	159.71	2 736.83	
	4-TT-B	49.10×33.00	178.16	2 851.30	
	4-TT-C	49.20×30.20	154.99	2 699.46	
变角剪切试验试样	4-S50-A	53.50×53.50×53.30	423.76	2 777.70	
	4-S50-B	53.00×53.10×52.80	416.14	2 800.50	
	4-S55-A	53.10×53.00×53.20	403.62	2 695.82	
	4-S55-B	53.50×53.00×53.30	427.58	2 829.18	
	4-S60-A	53.20×53.40×53.10	405.55	2 688.42	
	4-S60-B	53.40×53.20×53.80	430.33	2 815.57	
	4-S65-A	53.40×53.20×53.20	418.80	2 771.04	
	4-S65-B	53.30×52.90×53.00	423.00	2 830.62	
	4-S70-A	53.00×52.80×53.30	419.65	2 813.52	
	4-S70-B	53.40×53.00×53.00	425.41	2 836.06	

表 2-6 底板白云岩试样尺寸和密度

类别	试样编号	规格/mm	质量/g	实测密度/(kg/m³)	平均密度/(kg/m³)
单轴压缩试验试样	5-CT-A	49.10×100.10	528.36	2 787.68	2 770.80
	5-CT-B	49.10×85.50	447.78	2 765.96	
	5-CT-C	49.00×83.10	435.62	2 779.87	
巴西劈裂试验试样	5-TT-A	49.00×37.10	194.03	2 773.40	
	5-TT-B	49.20×39.10	206.60	2 779.29	
	5-TT-C	49.20×37.30	187.81	2 648.44	

表 2-6(续)

类别	试样编号	规格/mm	质量/g	实测密度/(kg/m³)	平均密度/(kg/m³)
变角剪切试验试样	5-S50-A	52.90×52.70×52.90	411.58	2 790.82	2 770.80
	5-S50-B	52.80×52.70×52.70	412.64	2 813.95	
	5-S55-A	52.90×52.80×52.80	404.97	2 745.99	
	5-S55-B	52.80×52.70×52.90	409.00	2 778.58	
	5-S60-A	52.80×52.80×52.70	408.77	2 782.28	
	5-S60-B	52.90×52.80×52.90	411.95	2 788.04	
	5-S65-A	52.60×52.70×52.80	400.33	2 735.19	
	5-S65-B	53.00×53.20×53.00	418.02	2 797.27	
	5-S70-A	53.30×52.80×53.20	418.66	2 796.33	
	5-S70-B	52.80×52.80×52.60	406.15	2 769.70	

由于夹层凝灰质黏土岩较为破碎,难以制作成规格形状,所以研究中采用天平先称重量,然后借助量筒采用排水法获得不规则试样的体积(图 2-7),试验重复 3 次,密度取平均值。鉴于凝灰质黏土岩遇水易崩解,放入盛有一定体积水的量筒中时需要快速记录水位增大后的体积数值。密度测量结果见表 2-7。

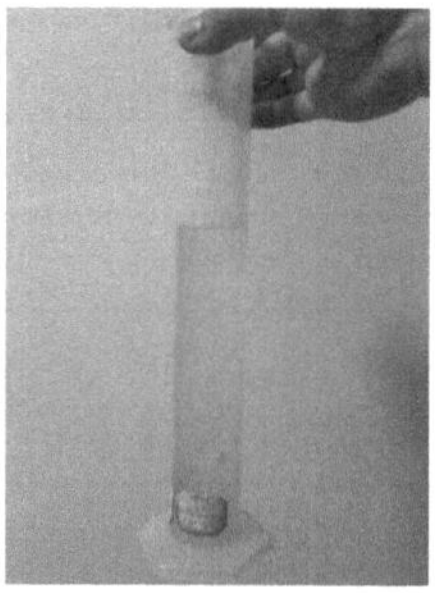

(a) 岩样置入量筒前水体积

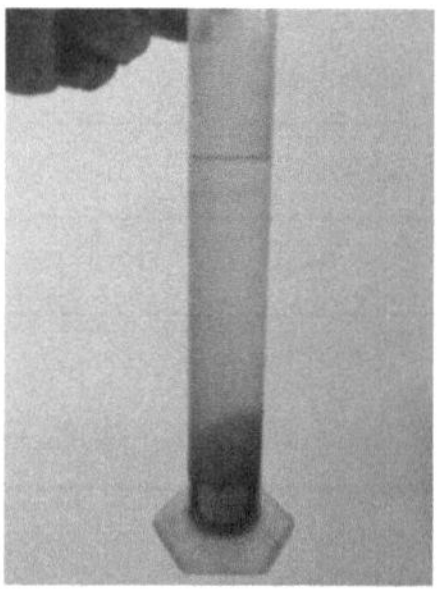

(b) 岩样置入量筒后水体积

图 2-7 夹层凝灰质黏土岩体积测量

表 2-7 夹层凝灰质黏土岩密度

类别	试样重量/g	量筒水初始体积/mL	量筒水增大后体积/mL	实测密度/(kg/m³)	平均密度/(kg/m³)
1	52.70	150	171.5	2 451.16	2 444.61
2	45.70	150	169.0	2 405.26	
3	38.40	150	165.0	2 477.42	

2.2.4　岩石波速

纵波为质点振动方向与传播方向平行的波。根据《岩石物理力学性质试验规程 第24部分:岩石声波速度测试》(DZ/T 0276.24—2015)中的要求,研究中采用美国物理声学公司(Physical Acoustics Corporation,PAC)研制的PCI-2声发射装置测定各试样纵波速度(图2-8)。利用制备好的圆柱形试样进行波速测试,试样上下端涂抹凡士林与2个声发射探头充分耦合,试样高度与声波接收时间的比值即纵波波速大小,各试样重复测量3次取平均值,顶板粉砂质页岩、顶板白云岩、上矿层磷块岩、下矿层磷块岩和底板白云岩的纵波波速分别为3 716.70 m/s、5 018.50 m/s、5 532.80 m/s、5 527.80 m/s和5 271.10 m/s。

图2-8　PCI-2声发射装置

由于夹层凝灰质黏土岩难以制备规格试样,不规则试样表面难以与声发射探头完全耦合接触,因而未能测定该岩层波速。

2.3　单轴压缩试验

2.3.1　测试方法和仪器

参照《工程岩体试验方法标准》(GB/T 50266—2013)和《岩石物理力学性质试验规程 第18部分:岩石单轴抗压强度试验》(DZ/T 0276.18—2015)要求,采用英国英斯特朗公司的Instron 1346电液伺服万能试验机对制备的各岩层圆柱形试样依次开展单轴压缩试验(图2-9)。该电液伺服万能试验机最大输出垂直荷载为2 000 kN、水平载荷为250 kN,围压为70 MPa,可以进行拉、压、弯、剪等力学性能测试,如室温～500 ℃单轴压缩、三轴常温压缩、三轴渗流、巴西劈裂、直接剪切和变角度剪切以及垂直/水平方向卸载和循环加载等系列岩石力学试验。系统载荷精度±0.5%，活塞行程±50 mm，控制方式为位移、载荷、应变控制。本次单轴压缩试验中采用位移控制方式加载，加载速率为 0.1 mm/min。为了消除刚度效应，精确获得试样的竖向压缩变形，在试验机 2 个加载盘之间放置一个 LVDT 位移传感器实时拾取试样竖向变形量。试验前在试样圆柱表面中央粘贴一对垂直和水平的两毗邻应变片，与 DH3817 动静态电阻应变仪相连用以测量试样泊松比。根据获得的载荷 位移曲线，结合试样尺寸可获得各岩层试样的实时应力-应变曲线。

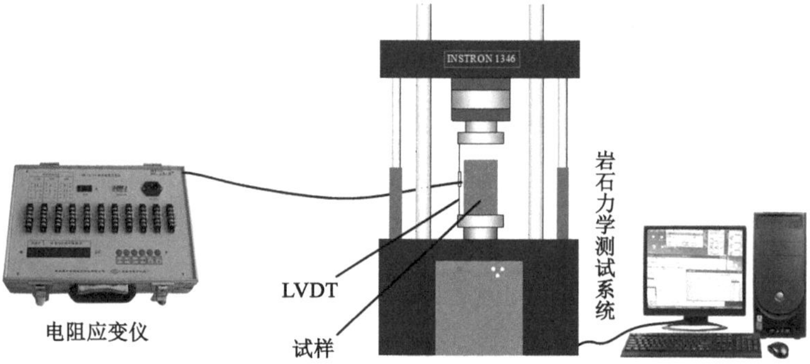

图 2-9　Instron 1346 电液伺服万能试验机

岩石单轴抗压强度 σ_c 计算公式如下：

$$\sigma_c = \frac{P}{A} \tag{2-1}$$

式中，P 为岩石试件破坏时承受的荷载，N；A 为岩石试件的截面积，m^2。

通过试验可得各岩层试样应力与应变之间关系曲线，岩石平均弹性模量和泊松比可分别由式(2-2)、式(2-3)计算：

$$E = \frac{\sigma_b - \sigma_a}{\varepsilon_{lb} - \varepsilon_{la}} \tag{2-2}$$

$$\mu = \frac{\varepsilon_{db} - \varepsilon_{da}}{\varepsilon_{lb} - \varepsilon_{la}} \tag{2-3}$$

式中，E 为岩石的弹性模量，GPa；μ 为岩石的泊松比；σ_a、σ_b 分别为应力-应变曲线上直线段部分始点和终点的纵向应力值，MPa；ε_{la}、ε_{lb} 分别为应力为 σ_a、σ_b 时的纵向应变值；ε_{da}、ε_{db} 分别为应力为 σ_a、σ_b 时的横向应变值。岩石弹性模量和泊松比在实际计算中直接对岩石轴向应力-轴向应变曲线弹性段和岩石横向应变-纵向应变曲线弹性段进行线性拟合。

2.3.2　测试结果

2.3.2.1　顶板粉砂质页岩

单轴压缩下顶板粉砂质页岩的轴向应力-轴向应变曲线见图 2-10，图中拟合方程为该曲线弹性段线性拟合函数，旨在求解试样的弹性模量。由于井下岩层中节理裂隙发育，完整岩石试样难以从现场岩块中取出，因而制备的试样尺寸很难完全统一且内部仍存有节理裂隙。本组中 1-CT-B 和 1-CT-C 试样因制样困难（岩块内部存在大量节理裂隙）其高度未达到标准高度，图 2-10 中 1-CT-C试样单轴抗压强度较小且呈现显著的塑性，显然试样中存在大尺度裂隙，该试样试验结果不计在内。其余两组试样强度也呈现一定的离散性，这和试样的不均质性有关。总体可见，试样应力-应变曲线可分为裂隙压密闭合阶段、弹性变形阶段、塑性变形阶段和峰后阶段典型的 4 个阶段。相关教材中已有试样在上述 4 个阶段中变形破坏特征的描述，在此不赘述。从应力-应变曲线同样可以看出，1-CT-A 和 1-CT-B 试样峰后阶段较短，载荷迅速降为 0，表明试样呈现较显著的脆性特征。横向应变-纵向应变曲线中函数为曲线弹性阶段拟合的线性方程（图 2-11），旨在获得试样的泊松比大小，1-CT-C 离散性较大，同样不计入加权求解平均值。该岩层试样的力学特性参数见表 2-8。此外，单轴压缩下试样破坏为剪切裂隙主导的剪切破坏，见图 2-12。

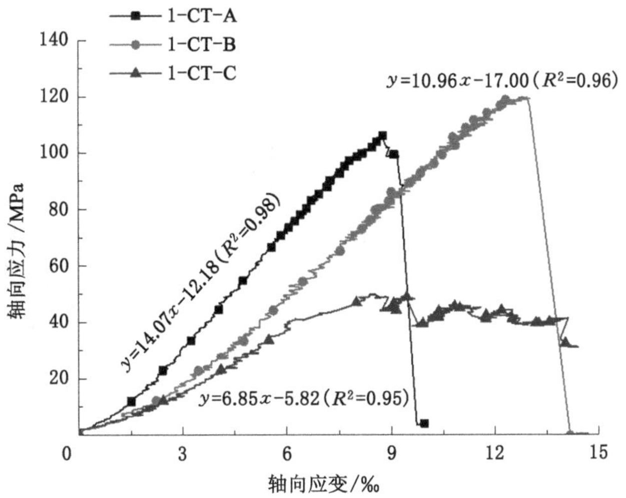

图 2-10　顶板粉砂质页岩轴向应力-轴向应变曲线

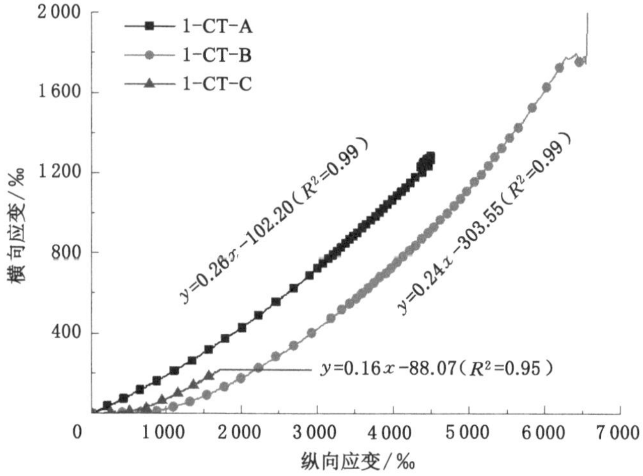

图 2-11　顶板粉砂质页岩横向应变-纵向应变曲线

表 2-8　顶板粉砂质页岩力学特性参数

试样	峰值应变/10^{-3}	峰值荷载/kN	单轴抗压强度/MPa		弹性模量/GPa		泊松比	
			单值	平均值	单值	平均值	单值	平均值
1-CT-A	8.85	201.42	106.38	113.09	14.07	12.52	0.26	0.25
1-CT-B	12.93	227.74	119.79		10.96		0.24	
1-CT-C	8.53	94.38	49.74		7.80		0.16	

注：试样 1-CT-C 有明显裂隙，结果离散性较大，岩层力学参数求均值时不计在内。

图 2-12　顶板粉砂质页岩单轴压缩下的破坏形态

2.3.2.2　顶板白云岩

单轴压缩下顶板白云岩的轴向应力-轴向应变曲线见图 2-13，试样的变形破坏过程和黑色粉砂质页岩的变形破坏过程类似，峰前曲线出现了振荡现象，表明裂纹突然产生，试样发生破坏较为剧烈。峰后阶段曲线斜率较陡，即试样也呈现较显著的脆性。根据应力-应变曲线可进一步拟合求出各试样弹性模量，各试样弹性模量拟合方程见图 2-13。根据动静态应变测试系统测量的试样中央部位纵、横应变随加载时间的变化，可绘出横向应变-纵向应变曲线并拟合求出试样泊松比大小，拟合函数见图 2-14，力学特性参数见表 2-9。顶板白云岩单轴压缩下的破坏形态见图 2-15，由此可见，试样破坏类型为剪切破坏。

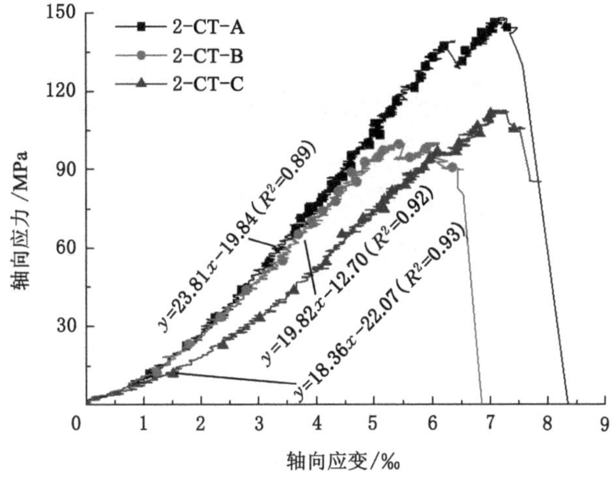

图 2-13　顶板白云岩轴向应力-轴向应变曲线

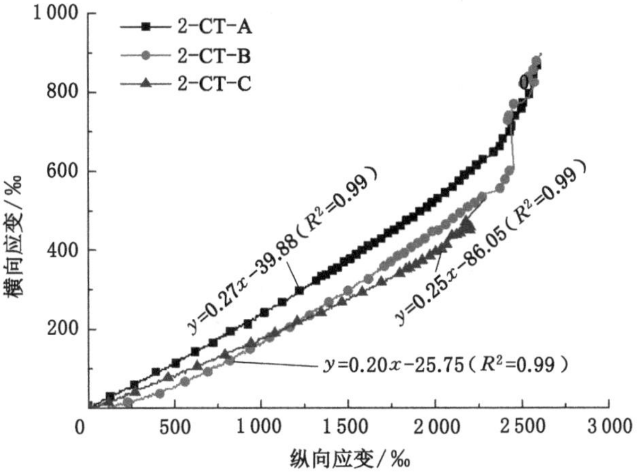

图 2-14　顶板白云岩横向应变-纵向应变曲线

表 2-9　顶板白云岩力学特性参数

试样	峰值应变/10^{-3}	峰值荷载/kN	单轴抗压强度/MPa		弹性模量/GPa		泊松比	
			单值	平均值	单值	平均值	单值	平均值
2-CT-A	7.17	281.15	147.88	120.10	23.81	20.66	0.27	0.24
2-CT-B	6.03	190.13	100.01		19.82		0.25	
2-CT-C	7.29	213.71	112.41		18.36		0.20	

图 2-15　顶板白云岩单轴压缩下的破坏形态

2.3.2.3　*上矿层磷块岩*

上矿层磷块岩应力-轴向应变曲线见图 2-16，试样的弹性模量和泊松比均可以通过各试样弹性段的应力-应变曲线和横向应变-纵向应变曲线线性拟合求解，计算得该组试样的平均单轴抗压强度为 123.33 MPa，平均弹性模量为 18.61 GPa，平均泊松比为 0.24。由试样的横向应变-纵向应变曲线（图 2-17）可以看出，试样 3-CT-A 和试样 3-CT-B 的曲线呈现波折形变化趋势，主要是因为采用应变片法测量泊松比存在一定的难度，如试样外表面受载产生碎片剥落和

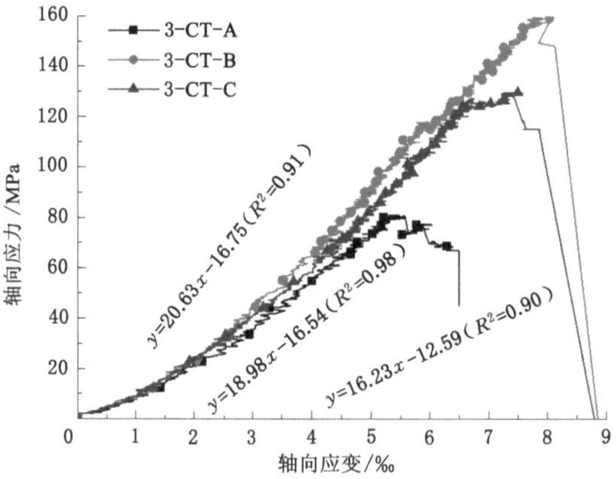

图 2-16　上矿层磷块岩轴向应力-轴向应变曲线

试样不均质性较大时，测量的横向应变和纵向应变往往无法反映试样轴向和环向的整体应变。因此，采用 MTS815 岩石试验系统的环向和轴向应变计（铰接链条）测量法得出的结果更加准确。试样的破坏类型为剪切破坏，见图 2-18。岩石的力学特性参数见表 2-10。

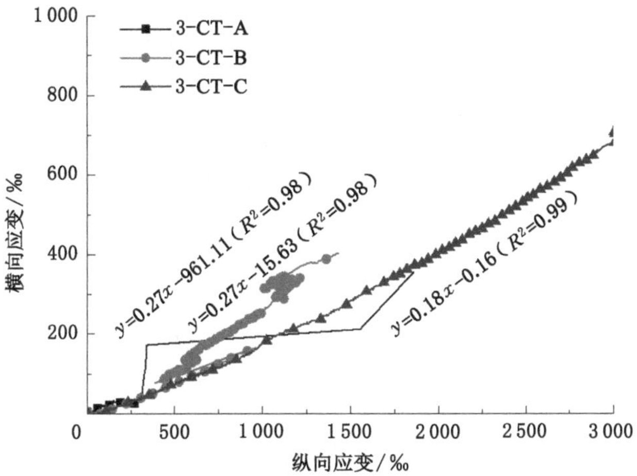

图 2-17　上矿层磷块岩横向应变-纵向应变曲线

图 2-18　上矿层磷块岩单轴压缩下的破坏形态

表 2-10　上矿层磷块岩力学特性参数

试样	峰值应变 $/10^{-3}$	峰值荷载 /kN	单轴抗压强度/MPa		弹性模量/GPa		泊松比	
			单值	平均值	单值	平均值	单值	平均值
3-CT-A	5.37	153.81	80.90	123.33	16.23	18.61	0.27	0.24
3-CT-B	7.75	300.45	159.33		20.63		0.27	
3-CT-C	7.49	245.67	129.75		18.98		0.18	

2.3.2.4 下矿层磷块岩

下矿层磷块岩在单轴压缩下的轴向应力-轴向应变曲线见图 2-19，岩石的变形特征呈现相对硬-塑性特征，峰后曲线斜率较其他几类岩石的相对较小，表明其脆性程度比其他岩层的要低。由图 2-19 可知，试样 4-CT-A 呈现出了显著离散性，可能和试样内部异常的金属矿物成分有关。其余两组试样的平均单轴抗压强度为 99.58 MPa，应力-应变曲线弹性段拟合得出的平均弹性模量为 14.21 GPa。图 2-20 表明试样粘贴应变片部位产生了剥落，因而纵、横应变呈现非规律性变化，可拟合试样横向应变-纵向应变曲线的弹性段获得试样的平均泊松比为 0.33。试样的破坏同样是由压缩剪切造成的，破坏形态见图 2-21，试样的力学特性参数见表 2-11。

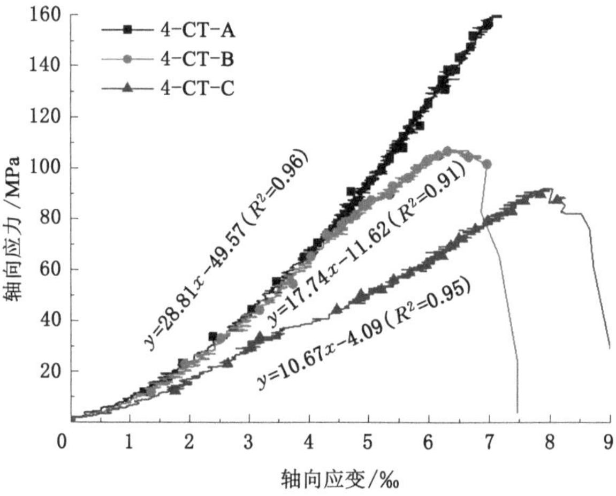

图 2-19 下矿层磷块岩轴向应力-轴向应变曲线

表 2-11 下矿层磷块岩力学特性参数

试样	峰值应变 /10^{-3}	峰值荷载 /kN	单轴抗压强度/MPa		弹性模量/GPa		泊松比	
			单值	平均值	单值	平均值	单值	平均值
4-CT-A	9.72	447.13	238.08	99.58	28.81	14.21	0.20	0.33
4-CT-B	6.45	203.67	107.13		17.74		0.33	
4-CT-C	7.91	172.12	92.03		10.67		0.32	

注：试样 4-CT-A 数据离散性较大，岩层力学参数求均值时不计在内。

2.3.2.5 底板白云岩

单轴压缩下底板白云岩的轴向应力-轴向应变曲线见图 2-22，曲线也呈典型

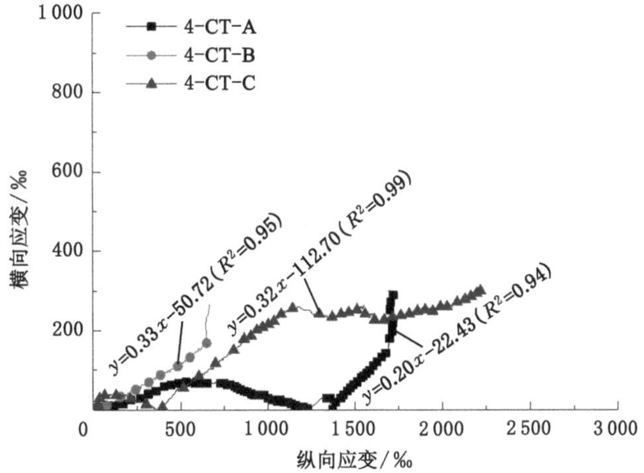

图 2-20 下矿层磷块岩横向应变-纵向应变曲线

图 2-21 下矿层磷块岩单轴压缩下的破坏形态

的 S 形曲线，即变形过程可分为裂隙压密闭合阶段、弹性变形阶段、塑性变形阶段和峰后阶段，峰后曲线斜率较小，表明试样脆性相对其他几组岩层没那么显著。岩石的平均单轴抗压强度为 123.91 MPa，试样的强度较大。通过对曲线直线段进行线性拟合计算求出其平均弹性模量为 17.93 GPa，较小的弹性模量数值再次表明该岩层试样同比其他岩层具有一定塑性，试样的平均泊松比为 0.27。试样的横向应变-纵向应变曲线(图 2-23)呈现振荡的原因同样在于试样外表应变片粘贴处出现碎屑剥落，以致应变数值出现显著变化。岩石破坏类型为剪切破坏，见图 2-24，力学特性参数见表 2-12。

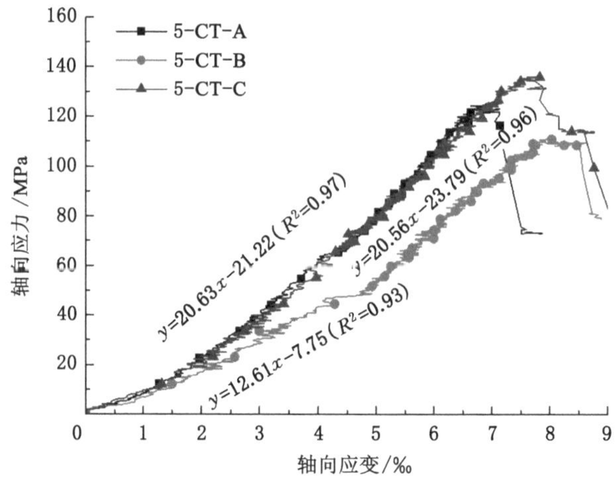

图 2-22 底板白云岩轴向应力-轴向应变曲线

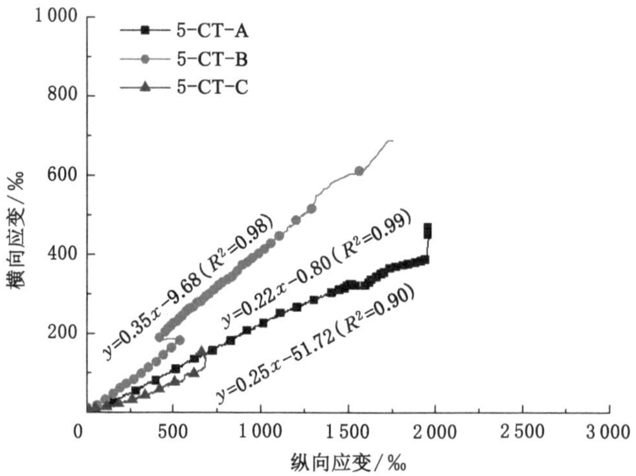

图 2-23 底板白云岩轴向应变-纵向应变曲线

表 2-12 底板白云岩力学特性参数

试样	峰值应变/10^{-3}	峰值荷载/kN	单轴抗压强度/MPa		弹性模量/GPa		泊松比	
			单值	平均值	单值	平均值	单值	平均值
5-CT-A	6.63	235.41	124.33	123.91	20.63	17.93	0.22	0.27
5-CT-B	7.98	210.54	111.19		12.61		0.35	
5-CT-C	7.60	256.85	136.21		20.56		0.25	

图 2-24　底板白云岩单轴压缩下的破坏形态

2.4　巴西劈裂试验

岩石力学性质是研究岩石工程问题的基础，由于岩体抗拉强度远小于其剪切强度和抗压强度，工程中岩体极易发生拉伸破坏。因此，掌握岩石的抗拉强度至关重要。测定岩石拉伸强度一般采用间接拉伸法，即将试样制作为长方体形试样或者圆盘形试样进行单轴压缩下的劈裂拉伸试验，原因在于圆柱形或者长方体形试样两端不易直接被夹持且在拉伸过程中易产生应力集中导致试样端部被提前破坏，因而直接拉伸法存在一定的局限性，需要特制的夹具或胶水。本研究采用巴西劈裂试验方法进行试样抗拉强度的测定。

2.4.1　测试方法和仪器

巴西劈裂试验法或劈裂法是巴西一位名叫费迪南德·罗伯·卡内罗(Ferdinand·Lobo·Carneiro)的研究人员于 1943 年发明的一种测试方法，用来测试混凝土的抗拉强度，即在混凝土圆盘试样的直径方向上施加线性载荷，使试样沿该直径方向发生断裂，继而求出混凝土(岩石)的抗拉强度。巴西劈裂试验不同加载装置通常有直接加载盘法、钢针(柱)加载盘法、垫片加载盘法和圆弧加载盘法(图 2-25)，本次试验采用传统的钢针加载盘法，即在圆盘试样直径方向上对称各放置一根细钢针，加载时钢针对准试验机上下加载盘，使试样承受的载荷为线性载荷。试样的抗拉强度通过式(2-4)计算：

$$\sigma_t = \frac{2P_t}{\pi D t} \tag{2-4}$$

式中，P_t 为试验的峰值荷载，N；D 为圆盘形试样直径，m；t 为试样厚度，m。

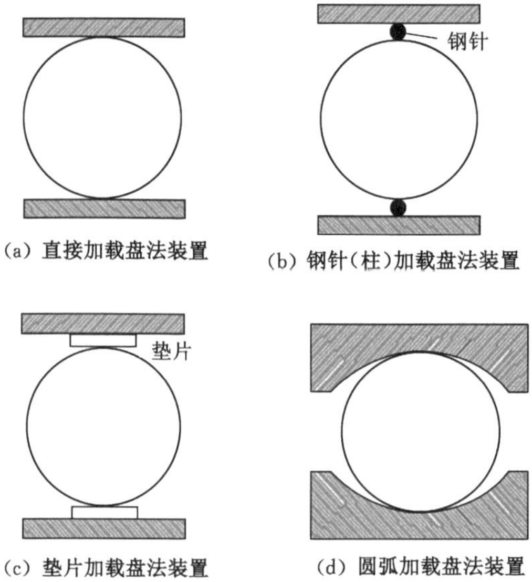

图 2-25　巴西劈裂试验不同加载装置示意图

参照《工程岩体试验方法标准》(GB/T 50266—2013)和《岩石物理力学性质试验规程 第 21 部分:岩石抗拉强度试验》(DZ/T 0276.21—2015),试样制备规格标准为 D50 mm×t25 mm,每类岩层取样制备 3 个,抗拉强度取平均值。采用英国英斯特朗公司生产的 Instron 1342 万能试验机针对制备的各岩层圆盘试样进行巴西劈裂试验。该设备可进行材料的低周疲劳特性以及拉、压、剪、弯、断裂等力学性能测试。该设备的主要性能参数:载荷测量精度±0.5%;最大载荷±250 kN;载荷测量精度±0.5%;高温炉温度范围室温～500 ℃;动态频率范围为 20 Hz 以内。试验中试样加载速率为 0.1 mm/min。巴西劈裂试验仪器、试样及加载示意图见图 2-26。

2.4.2　试验结果

2.4.2.1　顶板粉砂质页岩

顶板粉砂质页岩的轴向载荷-轴向位移曲线见图 2-27,根据曲线可得试样的峰值载荷和轴向变形位移量,结合试样的尺寸根据式(2-4)可计算出试样的抗拉强度平均值为 6.26 MPa,轴向位移量为 0.35～0.45 mm,圆盘形试样沿加载方向上发生劈裂拉伸破坏(图 2-28)。顶板粉砂质页岩劈裂拉伸力学特性参数见表 2-13。

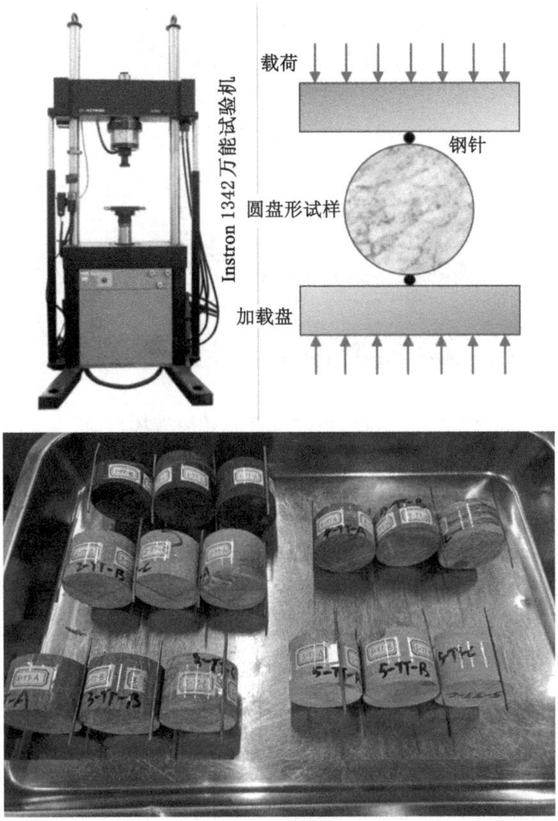

图 2-26　巴西劈裂试验仪器、试样准备及加载示意图

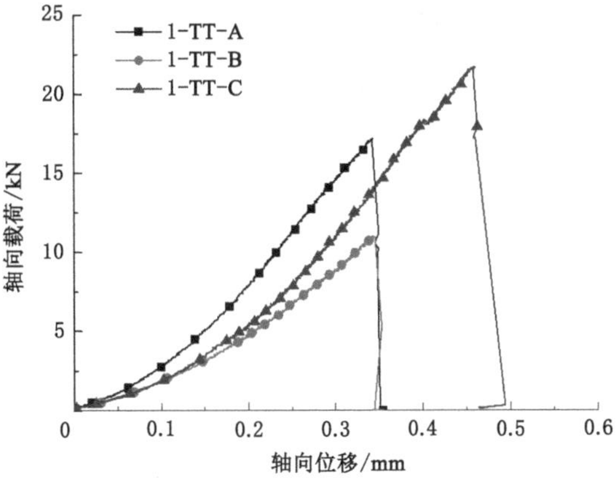

图 2-27　顶板粉砂质页岩轴向载荷-轴向位移曲线

图 2-28　顶板粉砂质页岩劈裂破坏形态

表 2-13　顶板粉砂质页岩劈裂拉伸力学特性参数

类别	试样尺寸/mm		峰值载荷/kN	抗拉强度/MPa	
	直径	厚度		数值	平均值
1-TT-A	49.10	38.00	17.19	5.86	6.27
1-TT-B	49.10	25.30	11.00	5.64	
1-TT-C	49.16	38.50	21.70	7.30	

2.4.2.2　顶板白云岩

顶板白云岩的轴向载荷-轴向位移曲线见图 2-29，根据曲线可得试样的峰值载荷和轴向位移，结合试样的尺寸根据式(2-4)计算出试样的抗拉强度平均值为 6.94 MPa，轴向位移量为 0.32～0.42 mm，圆盘形试样沿加载方向上发生劈裂拉伸破坏(图 2-30)。顶板白云岩劈裂拉伸力学特性参数见表 2-14。

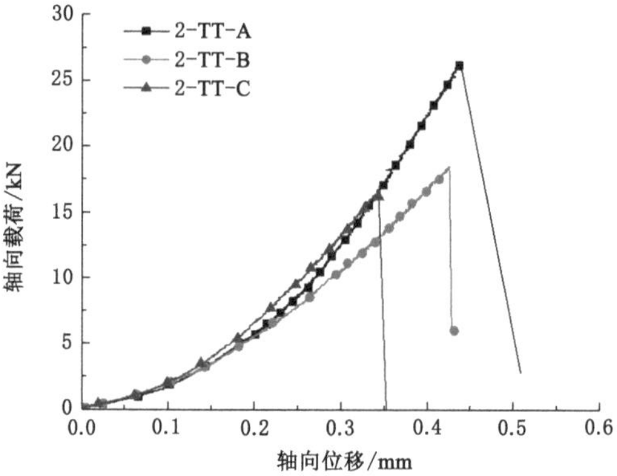

图 2-29　顶板白云岩轴向载荷-轴向位移曲线

图 2-30　顶板白云岩劈裂破坏形态

表 2-14　顶板白云岩劈裂拉伸力学特性参数

类别	试样尺寸/mm		峰值载荷/kN	抗拉强度/MPa	
	直径	厚度		数值	平均值
2-TT-A	49.25	38.60	26.34	8.82	6.94
2-TT-B	49.20	37.90	18.49	6.31	
2-TT-C	49.20	38.20	16.79	5.69	

2.4.2.3　*上矿层磷块岩*

上矿层磷块岩的轴向载荷-轴向位移曲线见图 2-31，根据曲线可得试样的峰值载荷和轴向位移，结合试样的尺寸根据式(2-4)计算出试样的抗拉强度平均值为 6.55 MPa，轴向位移量为 0.28～0.43 mm，圆盘试样沿加载方向上发生劈裂拉伸破坏，见图 2-32。上矿层磷块岩劈裂拉伸力学特性参数见表 2-15。

表 2-15　上矿层磷块岩劈裂拉伸力学特性参数

类别	试样尺寸/mm		峰值载荷/kN	抗拉强度/MPa	
	直径	厚度		数值	平均值
3-TT-A	49.10	36.20	17.84	6.39	6.55
3-TT-B	49.30	37.20	22.14	7.69	
3-TT-C	49.20	37.20	16.06	5.58	

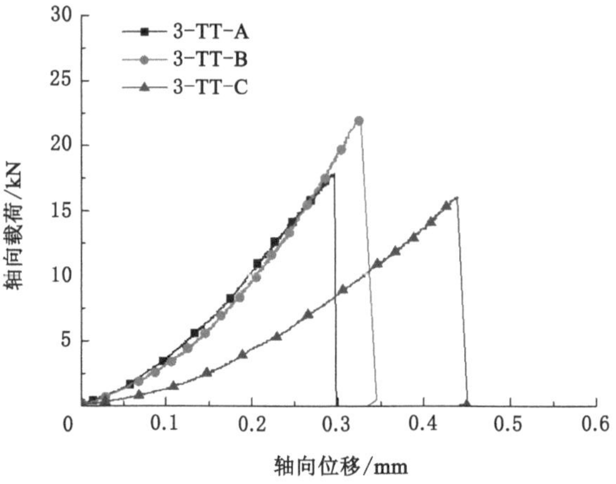

图 2-31　上矿层磷块岩轴向载荷-轴向位移曲线

图 2-32　上矿层磷块岩劈裂破坏形态

2.4.2.4　*下矿层磷块岩*

下矿层磷块岩轴向载荷-轴向位移曲线见图 2-33，根据曲线可得试样的峰值载荷和轴向位移，结合试样的尺寸根据式(2-4)计算出试样的抗拉强度平均值为 9.23 MPa，轴向位移量为 0.38～0.55 mm，圆盘试样沿加载方向上发生劈裂拉伸破坏，见图 2-34。下矿层磷块岩劈裂拉伸力学特性参数见表 2-16。

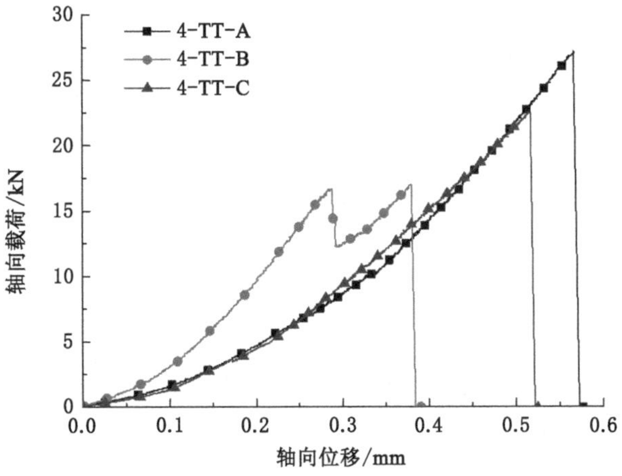

图 2-33 下矿层磷块岩轴向载荷-轴向位移曲线

图 2-34 下矿层磷块岩劈裂破坏形态

表 2-16 下矿层磷块岩劈裂拉伸力学特性参数

类别	试样尺寸/mm		峰值载荷/kN	抗拉强度/MPa	
	直径	厚度		数值	平均值
4-TT-A	48.80	31.20	27.18	11.36	9.23
4-TT-B	49.10	33.00	16.99	6.68	
4-TT-C	49.20	30.20	22.49	9.64	

2.4.2.5　底板白云岩

底板白云岩的轴向载荷-轴向位移曲线见图 2-35，根据曲线可得试样的峰值载荷和轴向位移，结合试样的尺寸根据式(2-4)计算出试样的抗拉强度平均值为 8.06 MPa，轴向位移量为 0.36～0.43 mm，圆盘形试样沿加载方向上发生劈裂拉伸破坏，见图 2-36。底板白云岩劈裂拉伸力学特性参数见表 2-17。

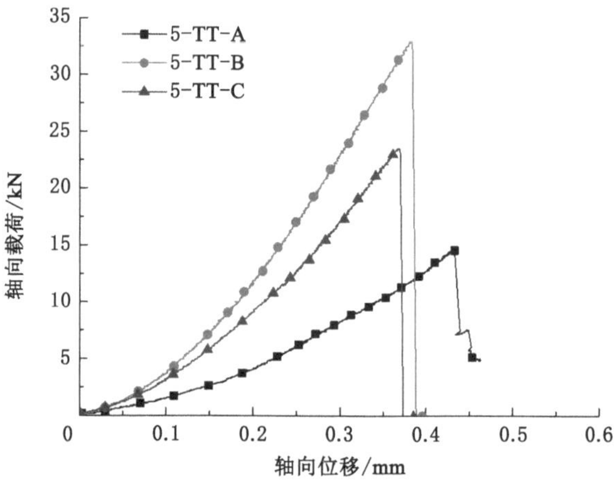

图 2-35　底板白云岩轴向载荷-轴向位移曲线

图 2-36　底板白云岩劈裂破坏形态

表 2-17　底板白云岩劈裂拉伸力学特性参数

类别	试样尺寸/mm		峰值载荷/kN	抗拉强度/MPa	
	直径	厚度		数值	平均值
5-TT-A	49.00	37.10	14.59	5.11	8.06
5-TT-B	49.20	39.10	32.96	10.91	
5-TT-C	49.20	37.30	23.51	8.16	

2.5　变角剪切试验

工程中岩体除了发生拉伸破坏外，压剪破坏也是岩体常见的一种破坏形式。因此，掌握岩体的剪切破坏特性尤其重要，岩体剪切试验是揭示岩体抗剪切力学行为的重要手段。目前，测定岩石抗剪强度的方法分为直接剪切试验和压剪试验（变角剪切试验）及三轴试验。由莫尔-库仑强度准则可知，若知道岩石不同剪切角度下剪切面上的剪应力和法向应力，根据线性拟合可获得试样的内聚力和内摩擦角。因此，本研究对各岩层试样开展了不同剪切角度的剪切试验，旨在获得各岩层试样的内聚力和内摩擦角。

2.5.1　试验方法和仪器

基于变角剪切装置（图 2-37），采用 Instron 1346 电液伺服万能试验机对 5 种主要岩层的试样进行变角剪切试验，加载速度 0.9 mm/min，剪切角度设置 50°、55°、60°、65°和 70° 5 种。每个剪切角度重复开展试验 2 次（主要是岩块内部存在大量弱面，取样制样较为困难），试样尺寸设计为 50 mm×50 mm×50 mm，基于莫尔-库仑强度准则，试样沿剪切面发生剪切破坏。根据各剪切角度下试样剪切面上的受力特征，剪切面上的剪应力 τ、法向应力 σ 与载荷的关系等由式(2-5)计算。基于莫尔-库仑曲线（图 2-38）上的散点数据，再通过线性拟合可获得试样的莫尔-库仑曲线，即可得出试样的内聚力 c 和内摩擦角 φ。

$$\begin{cases} \sigma = \dfrac{P_s}{S}(\cos\alpha + f\sin\alpha) \\ \tau = \dfrac{P_s}{S}(\sin\alpha - f\cos\alpha) \end{cases} \tag{2-5}$$

式中，σ 和 τ 为岩石剪切破坏时剪切面上的法向应力和剪应力（抗剪强度），MPa；α 为剪切角度，(°)；P_s 岩石剪切破坏时施加的最大载荷，kN；S 为剪切破坏面的面积，mm^2；f 为滚轴间的摩擦系数，本研究滚动摩擦系数忽略不计，数值为 0。

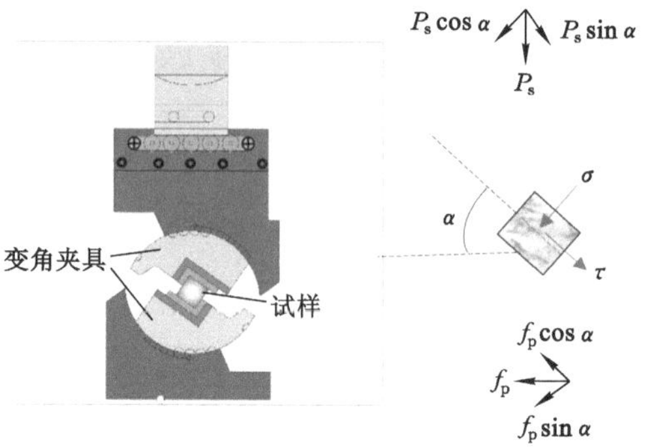

图 2-37　变角剪切装置及试样受力示意图

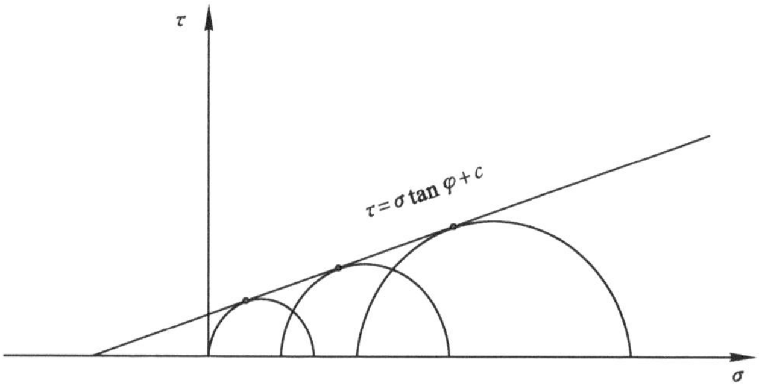

图 2-38　莫尔-库仑曲线

2.5.2　试验结果

2.5.2.1　顶板粉砂质页岩

顶板粉砂质页岩试样尺寸及其在 5 种剪切角度下的剪切力学特性参数见表 2-18，试样均发生剪切破坏(图 2-39)，剪切载荷为试验机压缩过程中的最大压缩载荷，结合试样剪切断面面积根据式(2-5)可求出试样剪切破坏面上的法向应力和剪应力大小。根据获得的破坏面上 10 组应力散点数据，采用 Origin 软件对其进行线性拟合，得出的线性函数方程(图 2-40，相关系数为 0.92)为莫尔-库仑曲线，由此可进一步求出内聚力 c 为线性方程的截距，内摩擦 φ 的正弦值为线性方程的斜率。最终得出该岩层试样的内聚力为 18.29 MPa，内摩擦角为 42.52°。

表 2-18　顶板粉砂岩变角剪切力学特性参数

类别	尺寸/(mm×mm×mm)	剪切面面积/mm²	剪切角度/(°)	峰值载荷/kN	法向应力/MPa	剪应力/MPa
1-S50-A	52.90×53.10×53.10	2 808.99	50	241.97	55.37	65.99
1-S50-B	52.90×53.10×53.40	2 824.86	50	233.58	53.15	63.34
1-S55-A	52.90×53.10×53.00	2 803.70	55	245.14	50.15	71.62
1-S55-B	53.20×53.10×53.20	2 830.24	55	135.85	27.53	39.32
1-S60-A	53.10×53.40×53.30	2 830.23	60	142.52	25.18	43.61
1-S60-B	53.20×53.20×53.10	2 824.92	60	90.77	16.07	27.83
1-S65-A	52.90×53.10×53.20	2 814.28	65	138.73	20.83	44.68
1-S65-B	53.30×53.20×54.00	2 878.20	65	79.98	11.74	25.18
1-S70-A	53.20×53.20×53.10	2 824.92	70	86.86	10.52	28.89
1-S70-B	53.10×53.20×53.10	2 819.61	70	92.51	11.22	30.83

图 2-39　顶板粉砂质页岩剪切破坏形态

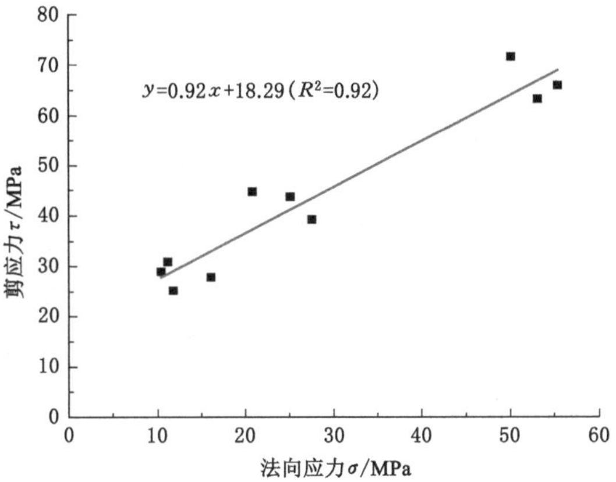

图 2-40　顶板粉砂质页岩莫尔-库仑曲线拟合

2.5.2.2 顶板白云岩

顶板白云岩试样尺寸及其在5种剪切角度下的剪切力学特性参数见表2-19，试样均发生剪切破坏(图2-41)，剪切载荷为试验机压缩过程中的最大压缩载荷，结合试样剪切断面面积根据式(2-5)可求出试样剪切破坏面上的法向应力和剪应力大小。根据获得的破坏面上10组应力散点数据，采用Origin软件对其进行线性拟合，得出的线性函数方程(图2-42，相关系数为0.91)为莫尔-库仑曲线，由此可进一步求出内聚力 c 为线性方程的截距，内摩擦角 φ 的正弦值为线性方程的斜率。最终得出该岩层试样的内聚力为25.20 MPa，内摩擦角为41.70°。

表2-19 顶板白云岩变角剪切力学特性参数

类别	尺寸/(mm×mm×mm)	剪切面面积/mm^2	剪切角度/(°)	峰值载荷/kN	法向应力/MPa	剪应力/MPa
2-S50-A	52.70×53.10×52.80	2 782.56	50	248.08	57.31	68.30
2-S50-B	53.30×53.00×53.30	2 840.89	50	342.65	77.53	92.40
2-S55-A	52.40×53.00×52.80	2 766.72	55	181.74	37.68	53.81
2-S55-B	52.80×52.80×52.40	2 766.72	55	273.56	56.71	80.99
2-S60-A	52.70×53.50×52.50	2 766.75	60	171.25	30.95	53.60
2-S60-B	53.00×53.00×53.00	2 809.00	60	239.36	42.61	73.80
2-S65-A	52.80×52.90×53.20	2 808.96	65	158.39	23.83	51.10
2-S65-B	52.70×53.00×52.90	2 787.83	65	109.09	16.54	35.46
2-S70-A	53.20×52.80×53.30	2 835.56	70	102.26	12.33	33.89
2-S70-B	52.80×52.70×53.10	2 803.68	70	111.98	13.66	37.53

图2-41 顶板白云岩剪切破坏形态

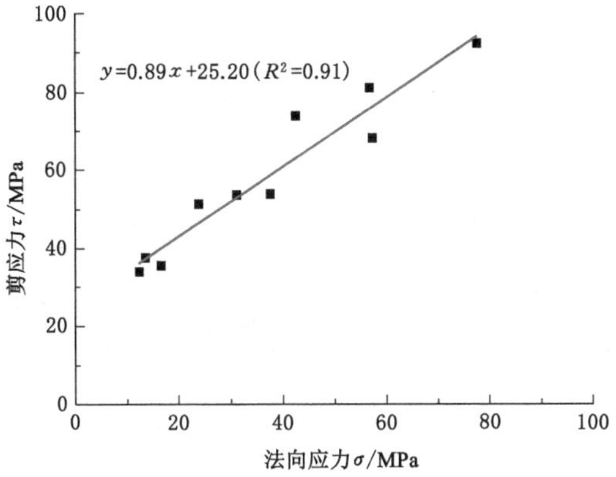

图 2-42　顶板白云岩莫尔-库仑曲线拟合

2.5.2.3　*上矿层磷块岩*

上矿层磷块岩试样的尺寸及其在 5 种剪切角度下的剪切力学特性参数见表 2-20，试样均发生剪切破坏（图 2-43），剪切载荷为试验机压缩过程中的最大压缩载荷，结合试样剪切断面面积根据式（2-5）可求出试样剪切破坏面上的法向应力和剪应力大小。根据获得的试样剪切破坏面上 10 组应力散点数据，采用 Origin 软件对其进行线性拟合，得出的线性函数方程（图 2-44，相关系数为0.93）为莫尔-库仑曲线，由此可进一步得出试样的内聚力 c 为线性方程的截距，内摩擦角 φ 的正弦值为线性方程的斜率。最终得出该岩层试样的内聚力为 19.25 MPa，内摩擦角为 45.11°。

表 2-20　上矿层磷块岩变角剪切力学特性参数

类别	尺寸/(mm×mm×mm)	剪切面面积/mm^2	剪切角度/(°)	峰值载荷/kN	法向应力/MPa	剪应力/MPa
3-S50-A	53.30×53.30×53.10	2 830.23	50	330.36	75.03	89.42
3-S50-B	53.40×53.10×53.10	2 835.54	50	226.98	51.45	61.32
3-S55-A	53.20×53.20×53.30	2 835.56	55	290.19	58.70	83.83
3-S55-B	53.50×53.70×53.20	2 846.20	55	278.78	56.18	80.23
3-S60-A	53.60×53.60×53.50	2 867.60	60	120.07	20.94	36.26
3-S60-B	53.50×53.30×53.20	2 846.20	60	198.28	34.83	60.33
3-S65-A	53.10×53.00×53.10	2 819.61	65	143.15	21.46	46.01
3-S65-B	53.20×53.50×53.80	2 862.16	65	145.69	21.51	46.13
3-S70-A	53.20×53.00×53.10	2 824.92	70	59.51	7.21	19.80
3-S70-B	53.90×53.20×53.20	2 867.48	70	85.95	10.25	28.17

图 2-43　上矿层磷块岩剪切破坏形态

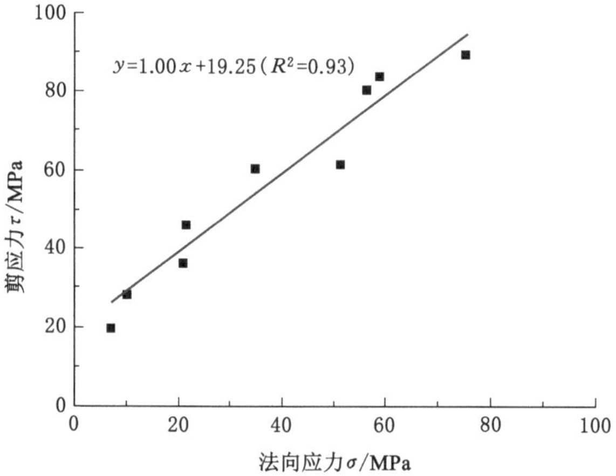

图 2-44　上矿层磷块岩莫尔-库仑曲线拟合

2.5.2.4　*下矿层磷块岩*

下矿层磷块岩试样的尺寸及其在 5 种剪切角度下的剪切力学特性参数见表 2-21，试样均发生剪切破坏（图 2-45），剪切载荷为试验机压缩过程中的最大压缩载荷，结合试样剪切断面面积根据式（2-5）可求出剪切破坏面上的法向应力和剪应力大小。根据获得的剪切破坏面上 10 组应力散点数据，采用 Origin 软件对其进行线性拟合，得出的线性函数方程（图 2-46，相关系数为 0.85）为莫尔-库仑曲线，由此可得出试样的内聚力 c 为线性方程的截距，内摩擦角 φ 的正弦值为线性方程的斜率。最终得出该岩层试样的内聚力为 20.35 MPa，内摩擦角为 46.81°。

表 2-21 下矿层磷块岩变角剪切力学特性参数

类别	尺寸/(mm×mm×mm)	剪切面面积/mm^2	剪切角度/(°)	峰值载荷/kN	法向应力/MPa	剪应力/MPa
4-S50-A	53.50×53.50×53.30	2 851.55	50	248.99	56.13	66.89
4-S50-B	53.00×53.10×52.80	2 798.40	50	292.79	67.25	80.15
4-S55-A	53.10×53.00×53.20	2 824.92	55	388.16	78.81	112.56
4-S55-B	53.50×53.00×53.30	2 851.55	55	198.37	39.90	56.98
4-S60-A	53.20×53.40×53.10	2 824.92	60	312.5	55.31	95.80
4-S60-B	53.40×53.20×53.80	2 872.92	60	188.4	32.79	56.79
4-S65-A	53.40×53.20×53.20	2 840.88	65	119.42	17.77	38.10
4-S65-B	53.30×52.90×53.00	2 824.90	65	86.69	12.97	27.81
4-S70-A	53.00×52.80×53.30	2 824.90	70	167.49	20.28	55.71
4-S70-B	53.40×53.00×53.00	2 830.20	70	92.18	11.14	30.61

图 2-45 下矿层磷块岩剪切破坏形态

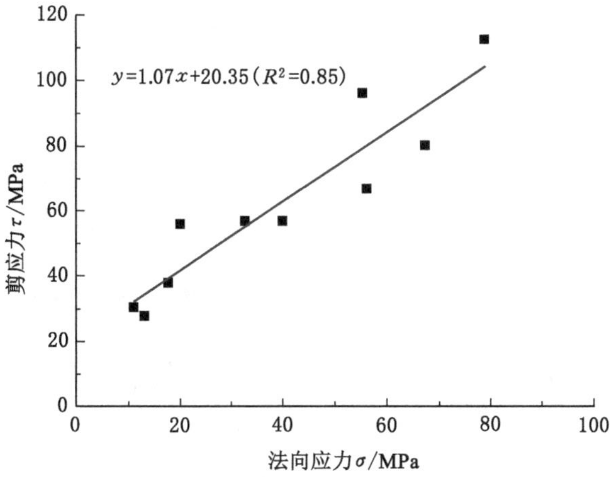

图 2-46 下矿层磷块岩莫尔-库仑曲线拟合

2.5.2.5　底板白云岩

底板白云岩试样的尺寸及其在5种剪切角度下的剪切力学特性参数见表2-22,试样均发生剪切破坏(图2-47),剪切载荷为试验机压缩过程中的最大压缩载荷,结合试样剪切断面面积根据式(2-5)可求出剪切破坏面上的法向应力和剪应力大小。根据获得的剪切破坏面上10组应力散点数据,采用Origin软件对其进行线性拟合,得出的线性函数方程(图2-48,相关系数为0.91)为莫尔-库仑曲线,由此可进一步得出试样的内聚力 c 为线性方程的截距,内摩擦角 φ 的正弦值为线性方程的斜率。最终得出该岩层试样的内聚力为25.24 MPa,内摩擦角为44.90°。

表2-22　底板白云岩变角剪切力学特性参数

类别	尺寸/(mm×mm×mm)	剪切面面积/mm²	剪切角度/(°)	峰值载荷/kN	法向应力/MPa	剪应力/MPa
5-S50-A	52.90×52.70×52.90	2 798.41	50	400.78	92.06	109.71
5-S50-B	52.80×52.70×52.70	2 782.56	50	325.71	75.24	89.67
5-S55-A	52.90×52.80×52.80	2 793.12	55	332.31	68.24	97.46
5-S55-B	52.80×52.70×52.90	2 793.12	55	312.93	64.26	91.77
5-S60-A	52.80×52.80×52.70	2 782.56	60	285.83	51.36	88.96
5-S60-B	52.90×52.80×52.90	2 798.41	60	257.82	46.07	79.79
5-S65-A	52.60×52.70×52.80	2 777.28	65	60.18	9.16	19.64
5-S65-B	53.00×53.20×53.00	2 809.00	65	168.04	25.28	54.22
5-S70-A	53.30×52.80×53.20	2 835.56	70	120.42	14.52	39.91
5-S70-B	52.80×52.80×52.60	2 777.28	70	120.19	14.80	40.67

图2-47　底板白云岩剪切破坏形态

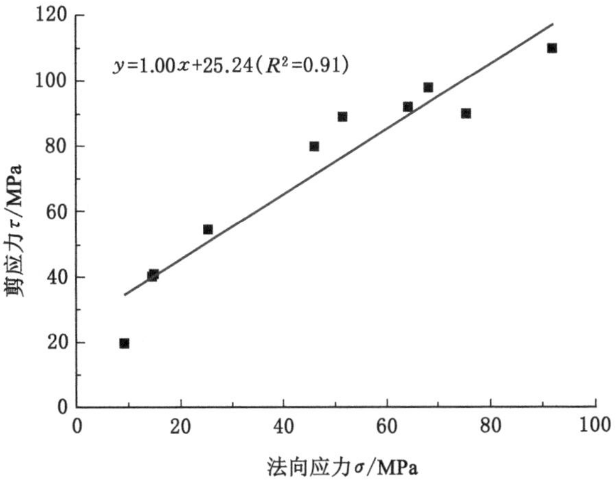

图 2-48 底板白云岩莫尔-库仑曲线拟合

2.6 岩体力学参数确定

岩体虽由岩石组成,但它是由系列结构面及被结构而切割成的结构体所组成的复杂介质。受地质成矿作用和后期构造运动影响,岩体内部通常含有大量的微细观结构面,如节理、裂隙、层理、断层、褶皱和溶洞等,大尺度岩体的力学性能同比岩石呈现显著的劣化。因而,将室内岩石力学试验获得的力学参数直接应用于岩体工程计算是不妥的。虽然现场岩体试验可获得岩体的力学参数,但需耗费大量的财力和人力且实施难度较大。另外,获取岩体力学参数的方法、设备、手段与岩体的工程实际状态紧密相关,即使是现场原位岩体力学试验得出的结果在代表性、可靠性方面仍存在一定的局限。因此,岩石力学参数应用于岩体工程时,需考虑岩石与岩体的差别,根据岩石和岩体之间的关系准则对测定的岩石力学参数进一步折减,继而获得比较接近岩体工程实际的力学性能参数。

2.6.1 Hoek-Brown 折减方法

2.6.1.1 Hoek-Brown 公式

由上述章节可得出昆阳磷矿二矿主要岩层的力学参数,见表 2-23。

表 2-23 昆阳磷矿二矿岩石力学参数

类别	密度/(kg/m³)	波速/(m/s)	单轴抗压强度/MPa	抗拉强度/MPa	弹性模量/GPa	内聚力/MPa	内摩擦角/(°)	泊松比
顶板粉砂质页岩	2 718.80	3 716.70	113.09	6.27	12.52	18.29	42.52	0.25
顶板白云岩	2 768.79	5 018.50	120.10	6.94	20.66	25.20	41.70	0.24
上矿层磷块岩	2 776.96	5 532.80	123.33	6.55	18.61	19.25	45.11	0.24
夹层黏土岩	2 444.61	—	11.25*	—	—	1.82*	36.5*	—
下矿层磷块岩	2 790.50	5 527.80	99.58	9.23	14.21	20.35	46.81	0.33
底板白云岩	2 770.80	5 271.10	123.91	8.06	17.93	25.24	44.90	0.27

注：*为饱和岩石数值，引自《云南磷化集团有限公司昆阳磷矿二矿地下开采 200 万 t/a 建设项目水文地质勘查报告》[86]。

岩体的力学参数主要包括弹性模量、泊松比、单轴抗压强度、抗拉强度等。为获取满意的岩体力学参数，目前已发展了多种方法对岩石力学参数进行处理。岩体参数的折减方法主要有费森科法、M. Georgi 法、Hoek-Brown 法、经验折减法、莫尔-库仑法等。Hoek 和 Brown 在分析 Griffith 理论和修正的 Griffith 理论的基础上，凭借自己在岩石力学方面深厚的理论功底和丰富的实践经验，通过对大量岩石三轴试验资料和岩体现场试验成果的统计分析，于 1980 年用试验法导出了岩块和岩体破坏时极限主应力之间的关系式，即狭义的 Hoek-Brown 强度准则[87]：

$$\sigma_1 = \sigma_3 + \sqrt{m_b \sigma_c \sigma_3 + s\sigma_c^2} \tag{2-6}$$

式中，σ_1 为岩体破坏时的最大主应力，MPa；σ_3 为作用岩体上的最小主应力，MPa；σ_c 为岩石的单轴抗压强度，MPa；m_b、s 均为岩体材料常数，取决于岩体性质。

此后，在工程应用中 Hoek-Brown 准则不断得到改进并逐渐完善。Hoek 等于 1994 年和 1995 年结合地质强度指标 GSI，提出了适用性更广的广义的 Hoek-Brown 强度准则[88]：

$$\sigma_1 = \sigma_3 + \sigma_c\left(m_b \frac{\sigma_3}{\sigma_c} + s\right)^a \tag{2-7}$$

式中，σ_1、σ_3、σ_c 的意义与狭义 Hoek-Brown 强度准则中的一致；a 为与岩体特性有关的材料常数。

对于受开挖扰动影响的岩体，在广义 Hoek-Brown 强度准则的基础上，2002 年版的 Hoek-Brown 准则考虑爆破损伤和应力释放对围岩强度的影响，引入岩体扰动系数 D 对特征常数 m_b、s、a 进行修正，其计算式如下：

$$\begin{cases} m_b = m_i \exp\left(\dfrac{GSI - 100}{28 - 14D}\right) \\ s = \exp\left(\dfrac{GSI - 100}{9 - 3D}\right) \\ a = \dfrac{1}{2} + \dfrac{1}{6}(e^{-GSI/15} - e^{-20/3}) \end{cases} \tag{2-8}$$

式中，D 为岩体扰动系数，取 0～1，未扰动为 0，严重扰动取 1；GSI 为地质强度指标值；s 反映岩体破碎程度；m_i 反映岩体的软硬程度，为组成岩体的完整岩块的 Hoek-Brown 常数。

2.6.1.2　Hoek-Brown 准则基本参数

当用 Hoek-Brown 准则估计节理化岩体强度与力学参数时，需用几个基本参数：组成岩体的完整岩块的单轴抗压强度 σ_c（通过岩石室内单轴压缩试验即可获得）、组成岩体的完整岩块的 Hoek-Brown 常数 m_i、爆破效应对岩体扰动程度 D、岩体的地质强度指标 GSI。

（1）常数 m_i 确定

m_i 根据室内试验结果确定，即：当岩石仅受拉时，将 $\sigma_1 = 0$，$\sigma_3 = -\sigma_t$（岩石单轴抗拉强度）代入 Hoek-Brown 广义准则公式(2-7)，因为是完整岩石，$s = 1$，GSI＝100，因此 $m_i = m_b$：

$$m_i = \frac{\sigma_c}{\sigma_t}\left[1 - \left(\frac{\sigma_t}{\sigma_c}\right)^{\frac{1}{a}}\right] \tag{2-9}$$

（2）扰动系数 D 确定

m_i 根据爆破效应对岩体扰动系数 D 值确定：扰动参数 D 表示开挖爆破等施工措施对岩体的扰动影响，孙金山等[89]提出了基于声波传播速度的扰动参数 D 的确定方法，但现场岩体波速离散性大且原位测量缺乏代表性和可靠性[90]。Hoek-Brown 准则(2002 版)中建议，对质量极好的岩体采用控制爆破或岩石掘进机开挖时 $D=0$；对质量较差的岩体采用人工撬挖或机械开挖时 $D=0$。若隧洞处于挤压地层且发生底鼓而未设置仰拱时 $D=0.5$。在硬岩隧洞中如爆破施工质量很差，爆破松动影响深度达 2～3 m 时 $D=0.8$。对岩石边坡而言，如小规模的边坡开挖且对围岩损伤一般时，如爆破施工质量差 $D=1.0$，如爆破施工质量较好 $D=0.7$；当进行大规模露天采矿而形成高边坡时，由于采矿生产采用大规模梯段爆破且开挖卸荷作用较为显著，围岩扰动程度一般较高，此时一般 $D=1.0$；采用机械开挖，则 $D=0.7$。以往研究多是针对露天边坡岩体，对此本书参照文献[91]和文献[92]取 $D=0.7$。

(3) 地质强度指标 GSI 确定

GSI 是由 Hoek、Kaiser 和 Brown 于 1995 年建立的，用来估计不同地质条件下的岩体强度。GSI 根据岩体所处的地质环境、岩体结构特性和表面特性来确定，但以往在岩体结构的描述或岩体结构的形态描述中缺乏定量化，难以准确确定岩体的 GSI 值。为使其描述定量化，引入岩体质量分级法(RMR)定量确定岩体质量等级。根据相关研究[93]，修正后的 RMR 指标值与 GSI 值具有等效关系，即 GSI＝RMR－5。

(4) RMR 值确定

RMR 是国内外比较通用的一种岩体质量分类方法，该方法由 Bieniawski 在 1976 年建立。目前众多改进的分级方法都是基于 RMR 建立的，如 IRMR 和 MRMR 法。RMR 通过给出一个总的岩体评分值(RMR)作为衡量岩体工程质量的综合特征值。岩体的 RMR 值取决于 5 个通用参数和 1 个修正参数，5 个通用参数分别为岩石抗压强度 R_1、岩石质量指标 R_2、节理间距 R_3、节理状态 R_4 和地下水状态 R_5，修正参数 R_6 则取决于节理方向对工程的影响。把上述各个参数的岩体评分值相加起来就得到岩体的 RMR 值：

$$\mathrm{RMR}=R_1+R_2+R_3+R_4+R_5+R_6 \tag{2-10}$$

RMR 分级法中 6 个基本指标及其评分标准见表 2-24，按总 RMR 总评分值确定的岩体级别及岩体质量评价见表 2-25。

表 2-24　RMR 法分类指标及其评分值标准

指标			指标参数和评分						
R_1	完整岩石强度	点载荷强度	>10	4～10	2～4	1～2	对强度较低的岩石宜采用单轴抗压强度		
		单轴抗压强度	>250	100～250	50～100	25～50	5～25	1～5	<1
	评分值		15	12	7	4	2	1	0
R_2	RQD/%		90～100	75～90	50～75	25～50	<25		
	评分值		20	17	13	8	3		
R_3	节理间距/cm		>200	60～200	20～60	6～20	<6		
	评分值		20	15	10	8	5		

表 2-24(续)

指标			指标参数和评分				
R_4	节理状态		节理面很粗糙,节理不连续,节理宽度为0,节理面岩石坚硬	节理面稍粗糙,宽度小于1 mm,节理面岩石坚硬	节理面稍粗糙,宽度小于1 mm,节理面岩石软弱	节理面光滑或含厚度小于5 mm的软弱夹层,张开1~5 mm,节理连续	含厚度大于5 mm的软弱夹层,张开度大于5 mm,节理连续
	评分值		30	25	20	10	0
	具体结构面分类指标	结构面长度/m	<1	1~3	3~10	10~20	≥20
		子分值一	6	4	2	1	0
		张开度/mm	无	<0.1	0.1~1	1~5	≥5
		子分值二	6	5	4	1	0
		粗糙程度	很粗糙	粗糙	微粗糙	光滑	擦痕
		子分值三	6	5	3	1	0
		充填物情况	无	硬充填物	硬充填物	软充填物	软充填物
		子分值四	6	4	2	2	0
		风化程度	未风化	微风化	中风化	高风化	崩解
		子分值五	6	5	3	1	0
R_5	地下水条件(选1项评价)	每10 m长的隧道涌水量/(L/min)	0	<10	10~25	25~125	≥125
		裂隙水压力与最大主应力之比	0	<0.1	0.1~0.2	0.2~0.5	≥0.5
		表现状态	干燥	潮湿	只有湿气(裂隙水)	形成水滴	形成水流
	评分值		15	10	7	4	0
R_6	节理产状		非常有利	有利	一般	不利	非常不利
	隧道和地下矿山		0	−2	−5	−10	−12
	地基		0	−2	−7	−15	−25
	边坡		0	−5	−25	−50	−60

表 2-25　RMR 法岩体质量对照级别及质量评价标准

总评分值	分级	质量描述	平均稳定时间	岩体内聚力/kPa	岩体内摩擦角/(°)
100～81	Ⅰ	非常好岩体	15 m 跨度 20 a	＞400	＞45
80～61	Ⅱ	好岩体	10 m 跨度 1 a	300～400	35～45
60～41	Ⅲ	一般岩体	5 m 跨度 7 d	200～300	25～35
40～21	Ⅳ	较差岩体	2.5 m 跨度 10 h	100～200	15～25
＜21	Ⅴ	非常差岩体	1 m 跨度 30 min	＜100	＜15

为了准确把握矿区水文地质特征，华北有色工程勘察院有限公司 2020 年在矿区南部采用 XY-4/44 型钻机施工了 3 个 ϕ89 mm 的水文地质工程地质钻孔，具体坐标点为：SK-1 钻孔（X＝18 247 422.76 m，Y＝2 735 073.95 m，H＝＋2 003.72 m，深度为 461.23 m）、SK-2 钻孔（X＝18 247 814.59 m，Y＝2 736 190.66 m，H＝＋2 050.67 m，深度为 335.48 m）、SK-3 钻孔（X＝18 249 465.37 m，Y＝2 735 924.48 m，H＝＋2 028.35 m，深度为 370.24 m）。根据钻孔抽水试验综合成果图得出各主要岩层 RQD 大小，见表 2-26。同时，根据岩层柱状图还获得了各岩层的裂隙密度，由此可计算顶板粉砂质页岩、上矿层磷块岩、下矿层磷块岩和底板白云岩岩层的平均节理(以与岩芯轴向垂直裂隙为准)间距为 0.176 5 m、0.25 m、0.25 m、0.230 8 m，顶板白云岩较破碎，岩芯较破碎，呈块状、碎块状，节理间距评分值取 8.00。另外，夹层黏土岩极为破碎，缺少相应指标参数实测值，其 RQD 值为 3%，初步判定其属于Ⅴ类岩体。

表 2-26　RMR 法岩石质量指标值和评价等级

类别		岩体类别				
		粉砂质页岩	顶板白云岩	上矿层磷块岩	下矿层磷块岩	底板白云岩
R_1	完整岩石强度/MPa	113.09	120.10	123.33	99.58	123.91
	评分值	12.33	12.79	12.99	11.37	13.01
R_2	岩石质量指标 RQD/%	49.67	9.67	7.33	12.33	19.33
	评分值	7.63	2.01	1.80	2.27	3.02
R_3	节理间距/cm	125.00	21.35	26.00	13.70	142.50
	评分值	10.52	8.00	11.75	11.75	11.47
R_4	节理状态	结构面粗糙，张开＜1 mm，充填情况一般	结构面粗糙，张开＜1 mm，充填情况一般	结构面粗糙，张开＜1 mm，充填情况一般	结构面粗糙，张开＜1 mm，充填情况一般	结构面粗糙，张开＜1 mm，充填情况一般
	评分值	27	27	27	27	27

表 2-26(续)

类别		岩体类别				
		粉砂质页岩	顶板白云岩	上矿层磷块岩	下矿层磷块岩	底板白云岩
R_5	地下水条件	潮湿	潮湿～湿	湿～滴水	滴水～流水	潮湿～湿
	评分值	10.00	8.50	5.50	2.00	8.50
R_6	节理产状修正评分	0	0	0	0	0
RMR 总分值		67.48	58.30	59.04	54.39	63.00
岩体分级		Ⅱ	Ⅲ	Ⅲ	Ⅲ	Ⅱ

2.6.2　岩体力学参数折算

2.6.2.1　岩体单轴抗压强度

由式(2-7)可知,σ_3 为 0 时,σ_1 为岩体单轴抗压强度 σ_{mc},即 $\sigma_{mc}=\sigma_c s^a$。

2.6.2.2　岩体单轴抗拉强度

由式(2-7)可知,当岩石试样 σ_1 为 0,$\sigma_3=-\sigma_{mt}$,岩体单轴抗拉强度 σ_{mt}可变为求解 σ_{mt}为未知数的多元一次方程:

$$\sigma_{mt}=\sigma_c\left(s-m_b\frac{\sigma_{mt}}{\sigma_c}\right)^a \tag{2-11}$$

2.6.2.3　岩体弹性模量

岩体弹性模量根据 Hoek-Diederichs 经验公式计算[94]:

$$E_m=E\left(0.02+\frac{1-D/2}{1+e^{\frac{60+15D-RMR}{11}}}\right) \tag{2-12}$$

式中,E_m 为岩体弹性模量,GPa;E 为岩石室内试验测定的弹性模量,GPa。

2.6.2.4　岩体抗剪强度参数

根据莫尔-库仑强度理论,岩体破坏面上的正应力 σ 和剪应力 τ 可按照下列公式计算:

$$\begin{cases}\sigma=\sigma_3+\dfrac{2(\sigma_1-\sigma_3)^2}{4(\sigma_1-\sigma_3)+m_b\sigma_c}\\[2ex]\tau=(\sigma-\sigma_3)\sqrt{1+\dfrac{m_b\sigma_c}{2(\sigma_1-\sigma_3)}}\end{cases} \tag{2-13}$$

将相应的 σ_1 和 σ_3 代入式(2-13)就能在 τ-σ 平面上得到莫尔包络线上 σ 与 τ 的关系点坐标。假定人工取一系列合适的 σ_3 值,那么根据式(2-7)即能求出对应的 σ_1,代入式(2-13),即可得出 n 个关系点坐标(τ_i,σ_i)。然后,对这些关系点数据进行回归处理即可确定岩体抗剪强度参数(内聚力 c_m、内摩擦角 φ_m)。在运用 Hoek-Brown 法计算岩体抗剪强度参数时,关键是选择 σ_3 的范围,其最优区间:$0<\sigma_3<0.25\sigma_c$,因此 σ_3 从 0,1,2,3,4,…,逐渐增大到 $\{[0.25\sigma_c]-1\}$,其中$[0.25\sigma_c]$表示取不超过 $0.25\sigma_c$ 的最大整数。由于岩体的抗剪强度,尤其是扰动岩体的抗剪强度多为非线性关系,故 Hoek 提出了非线性关系式:

$$\tau = A\sigma_c\left(\frac{\sigma}{\sigma_c} - T\right)^B \tag{2-14}$$

式中,A 和 B 为待定常数,数值根据得出的系列关系坐标点(τ_i,σ_i)代入式(2-14)求解。

将式(2-14)改写为二元一次方程,则变换为:

$$y = ax + b \tag{2-15}$$

式中,$y=\ln \tau/\sigma_c$,$x=\ln(\sigma/\sigma_c-T)$,$a=B$,$b=\ln A$,$T=0.5[m_b-(m_b^2+4s)^{0.5}]$。

常数 A 与 B 以及拟合相关系数 R^2 可由最小二乘法线性回归确定:

$$\begin{cases} A = \mathrm{e}^{\left(\sum y/n\right)} - B\left(\sum x/n\right) \\ B = \dfrac{\sum xy - \dfrac{1}{n}\sum x \sum y}{\sum x^2 - \dfrac{1}{n}\left(\sum x\right)^2} \\ r^2 = \dfrac{\left(\sum xy - \dfrac{1}{n}\sum x \sum y\right)^2}{\left[\sum x^2 - \dfrac{1}{n}\left(\sum x\right)^2\right]\left[\sum y^2 - \dfrac{1}{n}\left(\sum y\right)^2\right]} \end{cases} \tag{2-16}$$

由式(2-14)可知,当 $\sigma=0$,$\tau=c_m$ 时,则岩体的内聚力为:

$$c_m = A\sigma_c(-T)^B \tag{2-17}$$

对于任一参数点,其在莫尔包络线上的切线角即内摩擦角 φ_i,因此岩体破坏的内摩擦角 φ_m 可近似为各参数点的平均内摩擦角,即:

$$\begin{cases} \varphi_i = \arctan\left[AB\left(\dfrac{\sigma_i}{\sigma_c} - T\right)^{B-1}\right] \\ \varphi_m = \dfrac{1}{n}\sum \varphi_i \end{cases} \tag{2-18}$$

基于表 2-23 昆阳磷矿二矿岩石力学参数,根据式(2-7)~式(2-18)可计算得出岩体的力学参数,见表 2-27。

表 2-27 昆阳磷矿二矿岩体力学参数

类别	m_b	s	a	单轴抗压强度/MPa	抗拉强度/MPa	弹性模量/GPa	内聚力/MPa	内摩擦角/(°)	泊松比
顶板粉砂质页岩	2.288 1	0.004 3	0.502 4	7.36	0.21	3.76	0.84	34.99	0.25
顶板白云岩	1.325 2	0.001 1	0.504 6	3.95	0.10	3.74	0.44	30.94	0.24
上矿层磷块岩	1.502 5	0.001 3	0.504 3	4.29	0.11	3.53	0.46	32.14	0.24
下矿层磷块岩	0.662 7	0.000 7	0.506 0	2.43	0.10	2.02	0.33	26.06	0.33
底板白云岩	1.522 8	0.002 3	0.503 3	5.79	0.18	4.27	0.70	31.96	0.27

2.6.3 岩体脆性系数

岩石的脆性系数是描述岩石力学性质的重要参数之一，通过评价岩石的脆性系数，可深入了解岩石的破坏特征、变形行为和力学响应，进而可以评判岩石可截割性和预测岩石的岩爆等地质灾害。一般情况下，脆性指数越大的岩石，脆性越强，则可截割和压裂性越强，进行压裂作业时更容易进行机械破岩和压裂形成裂缝。岩体脆性基于力学强度参数(岩体的抗压强度和抗拉强度的比值)来进行评价，脆性系数 B 的计算公式为：

$$B=\frac{\sigma_{mc}}{\sigma_{mt}} \tag{2-19}$$

式中，σ_{mc}为岩体单轴抗压强度，MPa。

通过计算，昆阳磷矿二矿顶板粉砂质页岩、顶板白云岩、上矿层磷块岩、下矿层磷块岩、底板白云岩的脆性系数分别为 35.05、39.50、39.00、24.30 和 32.17，可见岩体的脆性程度一般。

此外，根据岩石岩爆倾向性的脆性理论判据[95]，可计算各岩层的岩爆倾向性指数(σ_c/σ_t)分别为 7.07、7.51、7.71、6.22 和 7.74，均小于 10。参照表 2-28 可知，取样的各岩层在浅部(标高＋1 890 m 以上)无岩爆倾向性。

表 2-28 岩爆倾向性等级划分

岩爆倾向性指数	≤10	10～14	14～18	＞18
岩爆等级	无	弱	中等	强烈

2.7 本章小结

昆阳磷矿二矿采掘涉及的主要岩层有顶板粉砂质页岩、顶板白云岩、上矿层磷块岩、夹层凝灰质黏土岩、下矿层磷块岩和底板白云岩等 6 种，在 1 890 m 中段和 1 980 m 中段不同施工地点进行现场大块取样并运输到专业的岩土公司进行试样加工。首先，采用化学法和 ICP 法等方法测定了各岩层试样的化学成分，并对各类试样微观结构进行了电镜扫描，随后还测量了各类试样的密度和波速。其次，对制备的系列岩石试样分别开展了单轴压缩试验、巴西劈裂试验、变角剪切试验，得出了试样的单轴抗压强度、弹性模量、泊松比、抗拉强度、内聚力和内摩擦角、脆性系数等力学参数，并分析了单轴压缩、巴西劈裂及变角剪切作用下试样的变形、破坏特征、岩爆倾向性。最后，在岩石力学参数的基础上，采用广义的 Hoek-Brown 准则方法确定了上述各岩层的岩体力学参数，为矿山工程设计和施工提供了基础数据。

3 岩体地质属性评判和分类

岩体地质属性评判是对影响岩体稳定性、工程设计、施工和维护的各种因素建立一套评价指标体系，对工程辖区岩体地质属性进行科学评价，划分出不同的级别或类别。分类的目的是为岩体工程建设的勘察、设计、施工和编制定额提供必要的基本依据，如开挖设计、爆破优化、矿岩稳定性分析、围岩支护加固，从而使有关工程设计和施工更加安全、高效、经济、合理。本章研究了岩体地质属性影响因素，调查了矿区节理裂隙分布产状，提出了一种岩体地质属性评价方法并进行了应用，获得了矿区主要岩层的岩体地质属性等级。

3.1 岩体地质属性影响因素及分类方法

3.1.1 岩体质量影响因素

对岩体地质属性进行科学定量的评价是一个很复杂的问题，影响地质属性的因素很多，主要因素如下。

3.1.1.1 *岩石强度*

岩石强度是岩体工程分类时要考虑的一个重要因素。《岩土工程勘察规范》(2009 年版)(GB 52001—2001)中提出用岩石的饱和单轴抗压强度 f_r 进行岩石坚硬程度分类，$f_r>60$ MPa 的为坚硬岩，60 MPa$\geqslant f_r>30$ MPa 的为较硬岩，30 MPa$\geqslant f_r>15$ MPa 的为较软岩，15 MPa$\geqslant f_r>5$ MPa 的为软岩，$f_r\leqslant 5$ MPa 的为极软岩。

3.1.1.2 *岩石完整性*

岩体完整性取决于不连续面的组数和密度，可用结构面频率(裂隙度)、间距、岩芯采取率、岩石质量指标 RQD 以及岩体完整性指数作为定量指标进行描述。岩体完整性指数 K_{rm} 是岩体中纵波速度和同种岩体的完整岩石中纵波速度之平方比，即 $K_{rm}=V_p^2/v_p^2$(其中，V_p 是岩体纵波波速，v_p 是岩石纵波波速)。K_{rm} 值越高岩体完整性越好，岩体完整性指数与岩体完整程度之间的关系为：$K_{rm}>0.75$，岩体完整；$0.75\geqslant K_{rm}>0.55$，岩体较完整；$0.55\geqslant K_{rm}>0.35$，岩体较破碎；$0.35 \geqslant K_{rm} > 0.15$，岩体破碎；$K_{rm} \leqslant 0.15$，岩体极破碎。

3.1.1.3 结构面条件

结构面条件包括结构面产状、粗糙度和充填情况。岩体的工程性质主要取决于结构面的性质、分布状态以及其间的充填物性质。

3.1.1.4 岩体及结构面的风化程度

风化程度越高，岩体越破碎，岩体强度越低。不连续面风化程度越高，其抗剪强度越低。因此，岩体及不连续面的风化蚀变程度在岩体工程分类中占较大权重。

3.1.1.5 地下水的影响

地下水可以使岩体软化和进一步风化，岩体发生膨胀甚至崩解，同时地下水产生的静压力使不连续面上的黏结力减小，不连续面抗滑能力降低，地下水在岩体中流动产生的动水压力可以冲走不连续面的胶结物。因此，地下水的作用是不可忽略的。另外，一些矿山地下水为酸性或碱性，通过与岩体发生化学作用降低了岩体质量。

3.1.1.6 其他因素

除了上述显著影响因素外，地应力状态、地质构造和岩性等对岩体质量也有一定的影响。

3.1.2 岩体质量分级方法

工程岩体质量分级是评价工程岩体稳定性的前提。目前，国内外对工程岩体质量(稳定性)评价颇为流行的做法是对工程岩体(质量)分级。工程岩体质量分级是建立在以往工程实践经验和大量岩石力学试验的基础上的，在综合考虑了影响岩体稳定性的各种地质条件和岩石物理力学特性的基础上，进行地质勘察(节理裂隙、断层、地下水等)和岩石力学试验，由此确定岩体级别，进行稳定性评价。本部分内容主要介绍几种影响力大的岩体质量评价分级方法，包括单指标分级法和多指标分级法。

3.1.2.1 单指标分级法

(1) 普氏分级法

普罗托季亚科诺夫在岩石统一分类及地压理论中引用了岩石坚固性系数的概念，进而提出了普氏分级法。岩石的坚固性是岩石抵抗各种破坏外力的能力，坚固性系数是岩石的相对坚固性在数量上的指标。普氏分级法认为岩石的坚固性越大，抵抗外力的能力越强。普氏系数 f 分为 10 级，$f \geqslant 20$ 为第 1 级，最坚固；$f \leqslant 0.3$ 为第 10 级，最软弱。普氏分级法是典型的岩石单指标分级法，其表达式如下：

$$f=\frac{\sigma_c}{10} \tag{3-1}$$

普氏系数的优点是形式简单，容易测定，便于工程应用；缺点是未考虑岩体完整性、岩体结构特征的影响，故不能准确评价岩体的质量。

(2) 太沙基分级

太沙基根据岩体结构的不连续性，将岩体定性分为9级，从低到高的岩体状态分别为坚硬且完整，坚硬、呈层状或片状，大块、有一般节理，有裂隙、块度一般，裂隙较多、块度较小，完全破碎、化学性质完整，挤压性岩体、中等埋深，挤压性岩体、埋深大，膨胀性岩体。该方法没有提供有关岩体性质的定量信息，尽管存在较大的局限性，但在岩石力学学科发展初期，具有较为突出的实用价值。

(3) 岩石质量指标 RQD 分级

岩石质量指标由迪尔于1964年提出，该分类方法根据钻探时岩芯的完整程度判断岩体的质量。定义长度大于或等于10 cm的柱状岩芯的累计长度与进尺总长度的百分比为RQD值。根据RQD值的大小，岩体质量可分为5级：＜25％，Ⅴ级(很差)；25％～50％，Ⅳ级(差)；50％～75％，Ⅲ级(一般)；75％～90％，Ⅱ级(好)；90％～100％，Ⅰ级(很好)。该方法简单易行，是一种快速、经济且实用的岩体质量评价方法，已积累了大量的应用经验，在许多国家得到应用。但由于钻孔轴线通常不与结构面正交，岩芯的长度往往反映的是结构面的伪间距，未能反映结构面的方位、充填物状态，故在更完善的岩体分级中RQD常作为一个参数使用。

3.1.2.2　多指标分级法

多指标分级法除考虑岩体强度及结构面特征之外，还考虑了地下水、地应力等多个因素的影响。多指标分级法有岩体地质力学分级法(RMR法)、原位岩体分级系统法(IRMR法)和矿山岩体分级系统法(MRMR法)、巴顿岩体质量分级法(Q法)、工程岩体质量分级标准法(BQ法)等。

(1) IRMR法和MRMR法

RMR法在2.6.1小节已作介绍，Laubscher在RMR法的基础上提出了原位岩体分级系统法(IRMR)和矿山岩体分级系统法(MRMR)。

IRMR评分值按下式计算：

$$\mathrm{IRMR}=\mathrm{RBS}+\mathrm{JS}+\mathrm{JC} \tag{3-2}$$

式中，RBS为岩体中的岩块强度评分值，与完整岩石强度(IRS)相关；JS为结构面间距评分值；JC为结构面状态评分值。

MRMR是在IRMR基础上，考虑风化作用、结构面产状、采动应力、爆破和地下水等因素对岩体性质的影响，MRMR 计算方法如下：

$$\mathrm{MRMR}=\mathrm{IRMR}\times A_{\mathrm{W}}\times A_{\mathrm{J}}\times A_{\mathrm{S}}\times A_{\mathrm{B}}\times A_{\mathrm{inf}} \tag{3-3}$$

式中，A_{W} 为潜在风化作用修正系数；A_{J} 为结构面产状修正系数；A_{S} 为采动应力修正系数，一般取 0.6～1.2，针对崩落法采矿，Laubscher 认为当采动应力与构造呈大角度时，增加了岩体稳定性，阻碍岩石崩落，修正系数取 1.2，而在采动应力与构造呈小角度时将导致岩体剪切破坏，可取 0.7；A_{B} 为爆破效应修正系数；A_{inf}为地下水影响修正系数。

MRMR 法评价标准中根据 MRMR 值大小，岩体质量可分为 5 级：＜20，Ⅴ级（非常差）；21～40，Ⅳ级（差）；41～60，Ⅲ级（中等）；61～80，Ⅱ级（好）；81～100，Ⅰ级（非常好）。MRMR 法可应用于露天矿边坡稳定性判断，MRMR 法应用于地下工程时，必须进行采动应力修正；应用于边坡工程时，需要进行风化及爆破效应修正。

(2) Q 系统法

1974 年，巴顿在分析挪威水电站厂房变形量问题时，根据 212 个隧道案例建立了 Q 系统，形成了根据 Q 值确定工程支护措施的完整体系。与 RMR 法相比，Q 系统还考虑了节理组数和粗糙度、节理蚀变程度、裂隙水状态和地应力等因素。1993 年，格姆斯坦德和巴顿依据 1 050 个隧道案例对 Q 系统进行了完善，整理了 Q 值与工程跨度、支护方式之间的关系，绘制了 Q-support 图，对应力/强度折减系数 SRF 进行了修正，使其更好地适用于深埋及超深埋地下工程。2002 年，巴顿对 J_{r}、J_{a}、J_{w} 和 SRF 参数进行了分析，探讨了岩石软化效应对 Q 值的影响。2007 年，Grimstad 根据工程案例，增大了隧道工程的跨度、增加了支护方式，更新了 Q-support 图。Q 系统法是一类为工程制定的专门性分级方法，分级指标 Q 值从 0.001 到 1 000，可按下式计算：

$$Q=\frac{\mathrm{RQD}}{J_{\mathrm{n}}}\cdot\frac{J_{\mathrm{r}}}{J_{\mathrm{a}}}\cdot\frac{J_{\mathrm{w}}}{\mathrm{SRF}} \tag{3-4}$$

式中，RQD 为岩石质量指标；J_{n} 为节理组数；J_{r} 为节理粗糙度系数；J_{a} 为节理蚀变影响系数；J_{w} 为节理水折减系数；SRF 为断层、硬岩强度应力比及挤压、膨胀等相关的应力折减系数。

式中 6 个变量的三参量组合反映岩体质量的三个方面，即 RQD/J_{n} 表示结构体尺寸，反映岩体的完整性；$J_{\mathrm{r}}/J_{\mathrm{a}}$ 表示结构面的形态、充填物特征及其次生变化过程，体现了结构面强度；J_{w}/SRF 表示地下水、强度应力比等因素对岩体质量的影响。各参数取值可参照文献[98]。

上述公式中，RQD/J_{n} 比单独采用 RQD 指标要好，$J_{\mathrm{r}}/J_{\mathrm{a}}$ 则同时考虑不连续面的形态特征和蚀变、充填物特征，J_{w}/SRF 中的 J_{w} 值高时，不连续面抗剪强

度则低，而且地下水还能软化和冲刷不连续面中的黏土质充填物。SRF 值的影响比较复杂，如果不连续面上无充填物，应力垂直于结构面，则不连续面抗剪强度会因 SRF 值的增大而增大，而其他情况下可能有相反的结果。根据 Q 值大小岩体质量可划分为Ⅰ类（＞40）、Ⅱ类（10～40）、Ⅲ类（1～10）、Ⅳ类（0.1～1.0）、Ⅴ类（＜0.1）。Q 系统法考虑的地质因素较全面，而且把定性分析与定量评价结合起来了，软硬岩均适用，在处理极软弱的岩层时推荐采用此分类法。宾尼奥夫斯基于 1976 年在大量实测统计的基础上，发现 Q 值与 RMR 值之间具有相关关系，即 $\text{RMR}=9\ln Q+44$。

（3）岩体分级法（BQ 法）

BQ 法是我国国家标准建议的方法，适用于地下工程、边坡工程和地基工程等各类岩石工程。BQ 法采用岩体基本质量的定性特征与定量指标相结合的方法进行分级，其中定性特征包括岩石坚硬程度和岩体完整程度两个方面，定量指标由岩石坚硬程度指标 R_c（岩石饱和单轴抗压强度）和岩体完整性指数 K_v 计算求得。岩体质量指标 BQ 由下式计算：

$$\text{BQ}=100+3R_c+250K_v \tag{3-5}$$

使用上述公式时，为了避免过高的 R_c 值或 K_v 值对岩体质量等级和工程应用造成误判，指标取值应符合两个限制条件：a. 当 $R_c>90K_v+30$ 时，以 $R_c=90K_v+30$ 和 K_v 代入计算 BQ 值；b. 当 $K_v>0.04R_c+0.4$ 时，以 $K_v=0.04R_c+0.4$ 和 R_c 代入计算 BQ 值。岩石坚硬程度的定量指标一般采用岩石饱和单轴抗压强度实测值，当无实测值时可采用实测的岩石点荷载强度指数 $I_{s(50)}$ 进行换算：

$$R_c=22.82I_{s(50)}^{0.75} \tag{3-6}$$

岩体完整程度的定量指标一般采用岩体完整性指数实测值，当无实测值时可采用岩体体积节理数 J_v 并按照表 3-1 确定对应的 K_v 值，再按照 K_v 值与定性划分的岩体完整程度的对应关系确定。

表 3-1　J_v 和 K_v 及岩体完整程度的对应关系

J_v/(条/m³)	K_v	完整程度
＜3	＞0.75	完整
3～10	0.75～0.55	较完整
10～20	0.55～0.35	较破碎
20～35	0.35～0.15	破碎
≥35	≤0.15	极破碎

岩体基本质量分级应根据岩体基本质量的定性特征和 BQ 值相结合，按表 3-2 确定。

表 3-2　BQ 法岩体质量分级标准

岩体质量级别	岩体质量定性特征	BQ 值
Ⅰ	坚硬岩，岩体完整	>550
Ⅱ	坚硬岩，岩体较完整；较坚硬岩，岩体完整	550～451
Ⅲ	坚硬岩，岩体较破碎；较坚硬岩，岩体较完整；较软岩，岩体完整	450～351
Ⅳ	坚硬岩，岩体破碎；较坚硬岩，岩体较破碎～破碎；较软岩，岩体较完整～较破碎；软岩，岩体完整～较完整	350～251
Ⅴ	较软岩，岩体破碎；软岩，岩体较破碎～破碎；全部极软岩及全部极破碎岩	≤250

对工程岩体进行详细定级时，应在岩体基本质量分级的基础上，结合不同类型工程的特点（地下工程、边坡工程和地基工程），根据地下水状态、地应力状态、结构面产状的有利与否等修正因素，确定各类工程岩体的质量指标。修正值为 $[BQ]=BQ-100(K_1+K_2+K_3)$，K_1、K_2 和 K_3 分别为地下水影响修正系数、结构面产状影响修正系数和地应力状态影响修正系数，见表 3-3～表 3-5。

表 3-3　地下水影响修正系数 K_1

地下水出水状态	BQ				
	>550	550～451	450～351	350～251	≤250
潮湿或点滴状出水，$p\leqslant 0.1$ 或 $Q_水\leqslant 25$	0	0	0～0.1	0.2～0.3	0.4～0.6
淋雨状或线流状出水，$0.1<p\leqslant 0.5$ 或 $25<Q_水\leqslant 125$	0～0.1	0.1～0.2	0.2～0.3	0.4～0.6	0.7～0.9
涌流状出水，$p>0.5$ 或 $Q_水>125$	0.1～0.2	0.2～0.3	0.4～0.6	0.7～0.9	1.0

注：p 为地下工程围岩裂隙水压，MPa；$Q_水$ 为每 10 m 洞长出水量，(L/min) · 10 m^{-1}。

表 3-4　结构面产状影响修正系数 K_2

结构面产状与巷道轴线关系	结构面走向与巷道轴线夹角<30°、结构面倾角 30°～75°	结构面走向与巷道轴线夹角>60°、结构面倾角>75°	其他组合
K_2	0.4～0.6	0～0.2	0.2～0.4

表 3-5 地应力状态影响修正系数 K_3

围岩强度应力比	BQ				
	>550	550～451	450～351	350～251	≤250
<4	1.0	1.0～1.5	1.0～1.5	1.0	
4～7	0.5	0.5	0.5	0.5～1.0	0.5～1.0

注:围岩强度应力比为岩石饱和单轴抗压强度与最大初始应力的比值。

(4) GSI 法

GSI 法是在 Hoek-Brown 岩体破坏准则的基础上发展出来的,其主要目的是对岩体质量进行精细化描述,采用定量的方法可对岩体结构进行分级。由 Cai 等提出的 GSI 定量化取值图表,从块体体积数 V_b 和节理状态数 J_c,来对其进行评价,GSI 值可按下式计算[99-100]:

$$\mathrm{GSI}=\frac{26.5+8.79\ln J_c+0.9\ln V_b}{1+0.015\ln J_c-0.025\,3\ln V_b} \tag{3-7}$$

式中,J_c 为节理状态数;V_b 为块体体积数。

GSI 法对块体体积数和节理状态数进行直接评分,方法简单、便捷。该方法对岩体环境劣化因素,如地下水、地应力、结构面等不予以考虑,适用于岩石力学参数的估算,但用于岩体质量分类时易造成评价结果偏高。

19 世纪以来,工程岩体分级方法得到了迅速发展,为岩石工程设计与施工提供了重要支撑,目前的岩体分级系统综合考虑了岩体的主要特征要素,工程岩体分级的发展特点包括:a. 由经验分级向数学理论支撑方向转变;b. 由考虑单一参数或几个重要参数向综合参考多个参数转变;c. 由独立评价体系向多个评价体系相互贯通转变;d. 由单独的定性或定量评价向定性与定量相结合评价转变;e. 由理论评价向针对具体实际工程评价转变;f. 由简单运算评价向计算机模拟精确计算评价转变[101]。

3.2 岩体节理裂隙调查与分析

3.2.1 节理裂隙调查方法

节理裂隙是岩体在应力作用下形成的结构面,是构造断裂的一种,没有位移或位移极小,虽然延长不远,纵深发展不大,但数目很多。节理裂隙发育的方位、数量、大小以及形态的不同,控制了矿体及其围岩的稳定性、破坏模式和破坏程度。同时,节理裂隙作为一种构造形迹,可以反映出本区主要构造的轮廓与构造运动的特点。节理裂隙大都与构造应力保持着一定的内在联系，通过节理裂隙可以推断节理裂隙形成时的构造应力场和构造运动方式，为区域构造应力场及构造体系的力学分析提供基础资料。由此可见，节理裂隙的调查、统计和分析是非常有价值的工作，成为本研究工程地质调查的主要内容之一。

在研究现场工作中，需要调查矿区节理裂隙的产状、规模、密度、形态，除对单个节理裂隙的形态进行描述外，主要对它们的组合关系进行统计研究。调查项目包括：

① 节理方位，即节理面在空间上的分布状态，用倾向和倾角表示。统计结果用玫瑰花图和极点等密度图表示。

② 节理间距是反映岩体完整程度和岩石块体大小的重要指标，用线裂隙率 K_s(条/m 或 m/条)表示。

③ 节理张开度、充填情况、节理交切关系及节理的力学性质。

④ 节理分布密度，确定节理、裂隙的优势方位及其状况。

在实际现场节理裂隙调查中有测线法和测窗法两种测量方法，如图 3-1 所示。测线法的基本思想是：在岩体天然或人工露头上布置一定方向的测线，测量与测线相交的裂隙的隙宽、产状及裂隙在测线的位置等参数。测窗法的基本思想是：在岩体天然或人工露头布置一定方向的测线，在测线上每隔 10～20 m 选一个测点，围绕测点取一定面积的测量面作为窗口，测量那些测量面上的节理裂隙隙宽、产状及位置，然后把测面上的所有裂隙按产状进行裂隙分组，把每组裂隙的隙宽、隙间距平均值作为裂隙的隙宽和隙间距。

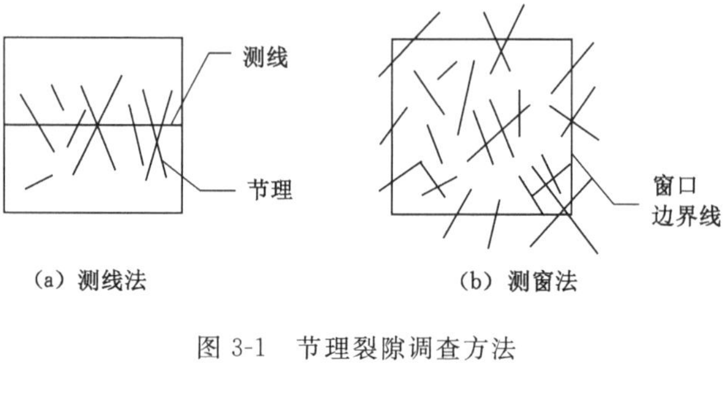

图 3-1　节理裂隙调查方法

为了能全面地反映本矿区岩体的稳定性状况，选择用测线法对不同岩层岩体节理裂隙分布进行调查。现场测线位置与布置应尽可能满足以下要求：

① 测线位置的选择应使测线内的地层岩性尽可能单一，且处于同一构造位置上，为使结果更具有代表性，测线应尽量避开断层带和卸荷带的影响范围。

② 在野外测量中，未受风化和扰动的测线是不存在的，但通过仔细分析和观察仍可选出那些受风化和扰动最小的部位作为测量区域。本研究的裂隙测量设计主要在已采掘的基建巷道中进行，避开了天然风化影响，但人工开挖对裂隙的扰动是不可避免的。

③ 在测线布置中，测线的离地高度一方面要考虑测量工作的可行性，另一方面测线应尽可能反映暴露面的整体情况，测线的离地高度一般取 1.3～1.5 m。每条测线有足够的取样数，以确保节理统计结果的代表性与可靠程度。在实际测量中，测线的位置、长度和方位都应记录，以便于计算裂隙间距和密度。

④ 节理裂隙测量的首要问题是裂隙的识别。由于节理裂隙测线常选在巷道、硐室等人工开挖过的地方，因而天然节理裂隙与人工裂隙的区分是测量中经常遇到的问题。天然节理裂隙较平直，延伸较长，方位具定向性，隙面上一般有铁质、黏土及方解石沉淀物；人工裂隙的隙面往往呈贝壳状，延伸不长，方向不定，隙面则是新鲜岩石面。根据这些特征一般都可将这两类裂隙区分开，使测量数据更客观地反映实际情况。

与裂隙产状测量相比，裂隙的宽度测量是一个较为困难的问题，到目前为止仍没有理想的方法。事实上，要获得绝对的裂隙宽度是不可能的，这是因为任何能够测量裂隙的地方都经受过应力释放的影响。目前认为较好的方法是钻孔法以及套钻和大口径钻孔的孔壁测量，尽管这些方法把人工扰动的影响降到了最低限度，但成本较高，难以作为大量统计的手段，而统计量大正是裂隙测量法的优点之一，所以测量重点还是应放在节理裂隙产状测量上。测量设备采用 YHJ 红外激光测距仪和哈光 DQL-8 地质罗盘仪(图 3-2)，其中激光测距仪用来测量长度，地质罗盘仪(需要先找到所在区域的磁偏角值然后校准调整地质罗盘仪)用来测量裂隙的倾向和倾角。

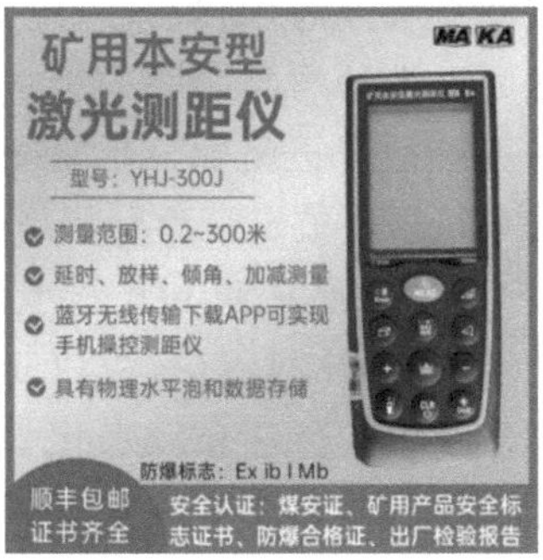

图 3-2　节理裂隙调查仪器

3.2.2 节理裂隙调查结果

根据以上调查原则，岩体节理裂隙调查主要调查昆阳磷矿二矿矿山地下岩体节理裂隙分布和发育情况。为此，研究团队尽可能地在已掘进且未支护的巷道中进行围岩岩体节理裂隙的调查，特别是测量岩体中节理裂隙的产状。根据《云南磷化集团有限公司昆阳磷矿二矿 200 万 t/a 地下开采项目初步设计》[85]和《云南磷化集团有限公司昆阳磷矿二矿地下开采 200 万 t/a 建设项目水文地质勘探报告》[86]，昆阳磷矿二矿属扬子准地台西部川滇台背斜与滇东台褶带的交会部位，普渡河—滇池断裂以西、罗次—易门断裂以东的挟持地带。香条冲背斜的东南翼为昆阳磷矿二矿的控矿构造。香条冲背斜西起马厂，东至中谊村，被普渡河断裂切割，轴向东西方向，长 20 km，宽 5 km，以 5°向东倾斜，两翼基本对称，地层产状平缓，倾角一般为 10°～15°。矿区内发育的断裂构造仅两条且规模小(分布于 69～69′线之间和 71′～73 线之间)，均为正断层，走向为南东-北西向，对矿层影响不大。另外，岩溶是水岩作用的结果，研究区内降水丰沛，碳酸盐岩广泛分布，加之区内节理较发育，地下水在裂隙中运移，不断对裂隙进行溶蚀拓宽，易形成溶蚀孔洞及较大的溶洞。区内岩溶发育随着深度的增加，有逐渐减弱的趋势，浅部岩溶发育，并多以泥质充填(多出现在大塘组)，随着深度增加，溶蚀作用大大减弱，岩溶化程度变弱，岩溶以溶蚀裂隙、溶孔为主(多出现在宰格组)，穿过筇竹寺组厚大砂岩后，深部岩溶极不发育，偶见有溶孔。以 SK-3 钻孔揭露岩芯为例，大塘组白云岩岩溶发育，在 2.6～30.0 m 岩芯多呈碎块状、短柱状，岩芯有明显的溶蚀现象，岩溶率约为 11%；进入宰格组后，岩溶裂隙发育变差，仅在宰格组底部见溶蚀孔洞，宽 0.5～1.0 cm；深部渔户村组白云岩岩溶发育较差，局部发育溶蚀孔洞，宽 1～3 cm，且连通性差。总的来说，根据岩矿的结构构造、岩石类型、岩体风化及裂隙岩溶发育程度等，石炭系中统威宁组和下统大塘组及泥盆系上统宰格组岩层被定义为可溶盐岩类坚硬～半坚硬岩组，寒武系下统中谊村组和渔户村组也被定义为可溶盐岩类坚硬～半坚硬岩组，泥盆系下统海口组、寒武系下统沧浪铺组、筇竹寺组岩层被定义为层状碎屑岩类坚硬～半坚硬岩组，解释了岩溶深度发育规律。水文地质方面，中谊村组(顶板白云岩、上矿层磷块岩、夹层黏土岩、下矿层磷块岩)和渔户村组(底板白云岩)为富水性弱～中等[钻孔单位涌水量 0.000 6～13.223 L/(s・m)，水化学类型为 HCO_3-Ca・Mg]的岩溶裂隙含水层。筇竹寺组粉砂质页岩为隔水层[钻孔单位涌水量 0.000 2 L/(s・m)]，局部含弱风化裂隙水。

根据研究方案，对昆阳磷矿二矿 1 890 m 中段、1 980 m 中段开采不同区域岩体进行了工程地质与水文地质现场调查，测量时舍去了微节理裂隙。调查内容包括现场断层，节理和裂隙的大小、方向、宽度、产状、性质、有无充填物以及形态特征，各组裂隙切割关系，裂隙的透水性及地下水情况等。

3.2.2.1　顶板粉砂质页岩

中部进风井 1 890 m 中段石门在掘进施工中先后揭露了不同岩层，针对钻爆揭露的区域顶板粉砂质页岩岩体调查了其裂隙分布发育情况。测线布置在巷道右帮，测线长度为 10 m，距离底板高度约 1.5 m。调查发现，裂隙主要为水平裂隙（图 3-3），测线范围内裂隙分布均匀，节理裂隙充填情况差，岩体面潮湿、结构面粗糙，结构面呈张开状态。裂隙数量为 8 条，平均产状为 114°∠9.5°，顶板粉砂质页岩岩体节理裂隙产状分布见图 3-4。

图 3-3　顶板粉砂质页岩岩体裂隙分布

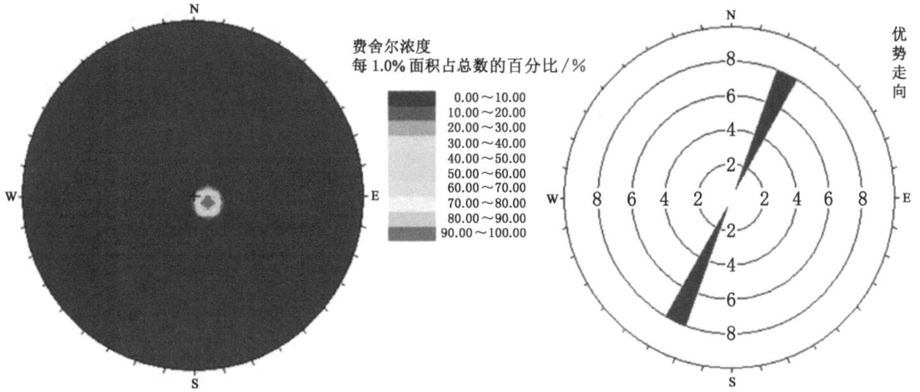

图 3-4　顶板粉砂质页岩岩体节理裂隙产状分布

3.2.2.2　顶板白云岩

7# 盘区斜坡道在下行掘进过程中揭露了顶板白云岩岩层，测量区域位于巷道左帮，测线长度为 9.5 m，距离底板高度 2.0 m；测量发现三组优势裂隙（图 3-5），节理裂隙充填情况一般，岩体面潮湿、结构面平坦，结构面呈张开状态。分别为：a. 一组。倾斜层理平均产状 346°∠31°，数量 18 条；b. 二组。竖向裂隙平均产状 98°∠89°，数量 48 条；c. 三组。水平裂隙平均产状 195°∠21°，数量 27 条。顶板白云岩岩体节理裂隙产状分布见图 3-6。

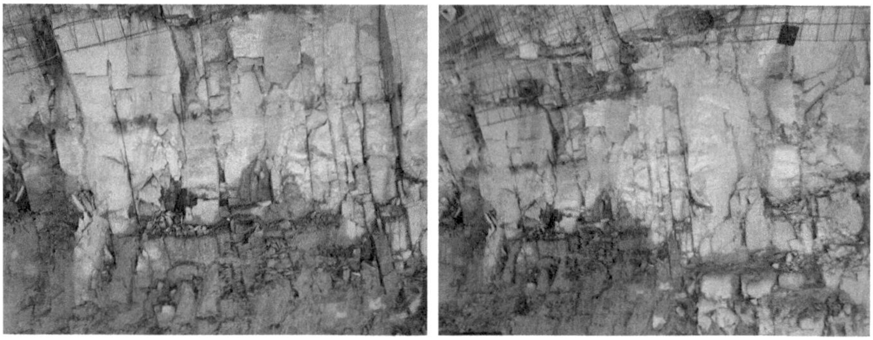

图 3-5　顶板白云岩岩体裂隙分布

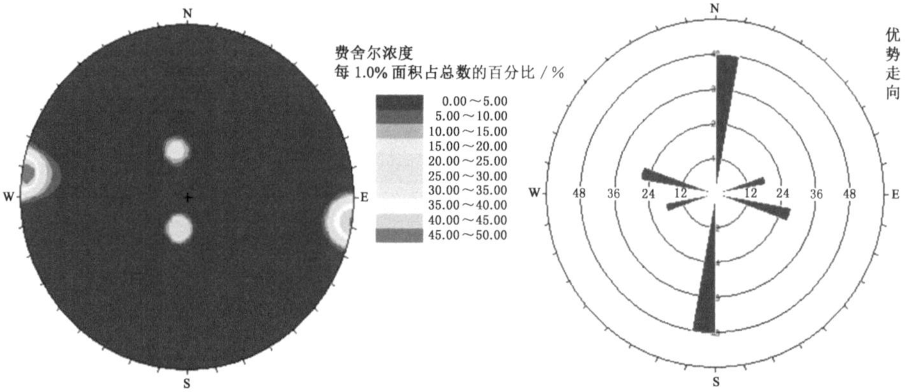

图 3-6　顶板白云岩岩体节理裂隙产状分布

3.2.2.3　*上矿层磷矿岩*

针对上矿层岩体内部节理裂隙发育情况，选取了 3 处测点进行调查，分别位于靠近 1 980 m 中段充填回风巷的 5# 盘区充填回风巷左帮（C01 控制点后方）和 5# 盘区斜坡道右帮（P7 控制点附近）以及 1 890 m 中段无轨巷右帮（P19 控制点附近）。上矿层磷矿岩岩体节理裂隙分布见图 3-7，从图中可以看出节理裂隙充填情况好，岩体面潮湿、结构面平坦，结构面呈张开状态。其中，5# 盘区充填回风巷左帮上测线长度为 13 m，存在竖向裂隙(161.5°∠68.5°，数量 50 条)和水平裂隙(233°∠11.8°，数量 17 条)两组裂隙；5# 盘区斜坡道右帮上测线长度为 8 m，存在一组竖向裂隙(151.5°∠69.5°，数量 27 条)；1 890 m 中段无轨巷右帮上测线长度为 5 m，存在一组竖向裂隙(94°∠72°，数量 15 条)。上矿层磷矿岩岩体节理裂隙产状分布见图 3-8。

(a) 5#盘区充填回风巷左帮　　(b) 5#盘区斜坡道右帮　　(c) 1 890 m中段无轨巷右帮

图 3-7 上矿层磷矿岩岩体节理裂隙产状分布

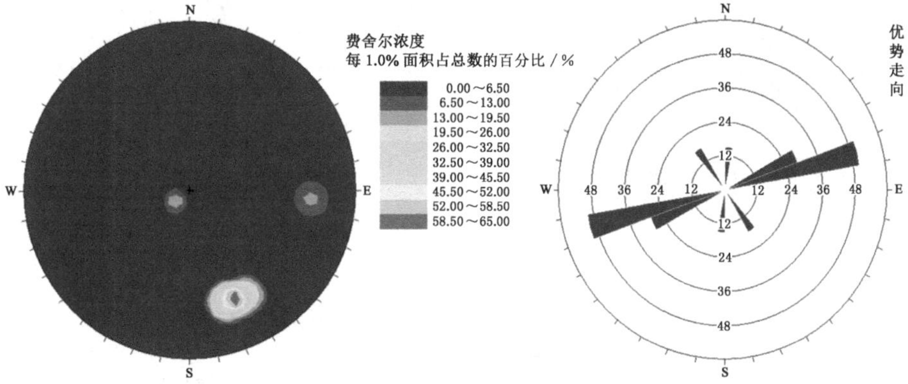

图 3-8 上矿层磷矿岩岩体节理裂隙产状分布

3.2.2.4 *夹层凝灰质黏土岩*

针对夹层凝灰质黏土岩节理裂隙分布情况，在接 1 980 m 充填回风巷右帮布置了一条测线，测线长度为 10 m，观察到一组竖向裂隙(图 3-9)，节理裂隙充填情况结合差，岩体面潮湿、结构面粗糙，结构面呈张开状态。裂隙产状 53°∠80.8°，数量 60 条。夹层凝灰质黏土岩岩体节理裂隙分布产状图见图 3-10。

3.2.2.5 *下矿层磷块岩*

在 1 980 m 充填回风巷东(6# 盘区斜坡道开口前方 U 测点附近)右帮布置了一条长度为 10 m 的测线，发现三组裂隙，裂隙内为黄色充填物，充填情况结

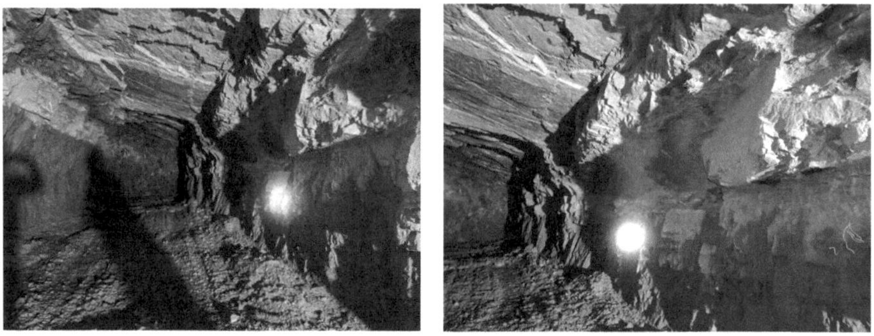

图 3-9　夹层凝灰质黏土岩岩体裂隙分布

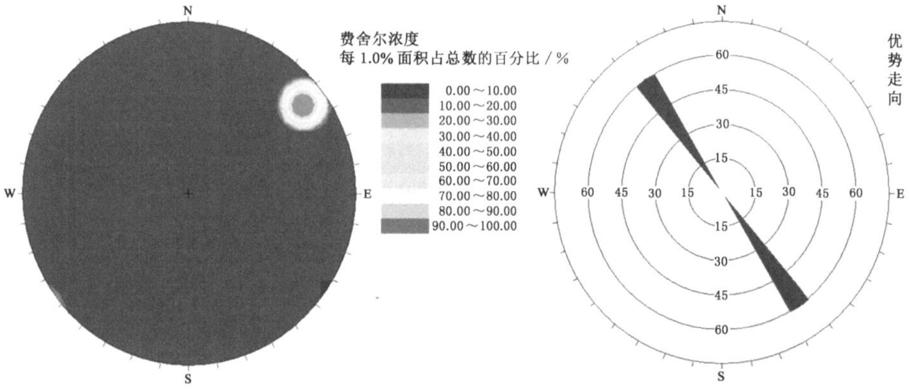

图 3-10　夹层凝灰质黏土岩岩体裂隙产状分布

合差，岩体面潮湿、结构面粗糙，结构面呈张开状态。其中，横向层理裂隙产状 355°∠14.8°，数量 33 条；斜切节理裂隙产状 9.9°∠65.1°，数量 13 条；竖向节理产状 297°∠87°，数量 14 条。此外，在接 1 980 m 充填回风巷左帮还布置了一条长度 10 m 的测线，节理裂隙充填情况结合一般，岩体面渗水、结构面粗糙，结构面呈张开状态，裂隙节理产状 187°∠73.8°，数量 73 条。下矿层磷矿层岩体裂隙分布见图 3-11，裂隙产状分布见图 3-12。

3.2.2.6　*底板白云岩*

在矿山巷道施工过程中，针对揭露的 4 处底板白云岩岩体节理裂隙发育情况进行了调查，包括 1 890 m 中段胶带巷道右帮（靠近 L8 控制点）、1 890 m 中段无轨巷左帮（靠近 5# 联络道）、1 980 m 充填回风巷左帮（J6 控制点附近）、辅助斜坡道右帮（D3 控制点附近）。其中，1 890 m 中段胶带巷道右帮上

(a) 1 980 m 充填回风巷（东）右帮　　(b) 接 1 980 m 充填回风巷左帮

图 3-11　下矿层磷矿岩岩体裂隙分布

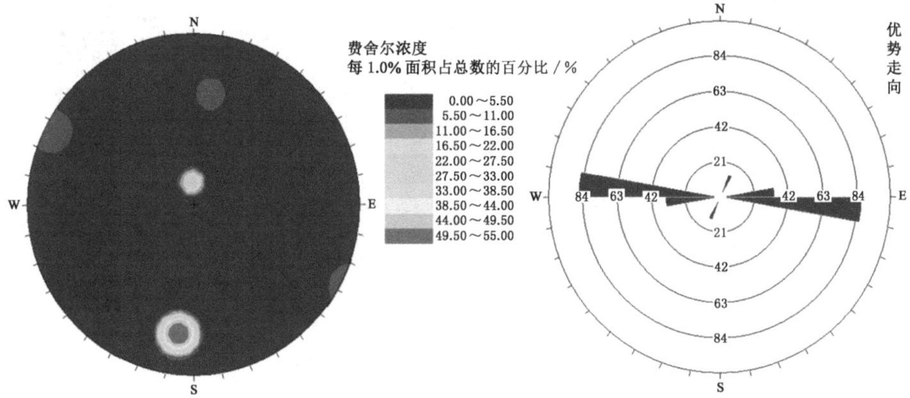

图 3-12　下矿层磷块岩岩体裂隙产状分布

测线长度为 8.0 m。节理裂隙以水平层理为主，层理倾向倾角为 328°∠22°，数量 49 条；层理充填情况结合差，岩体面渗水、结构面平坦，结构面呈张开状态。1 890 m 中段无轨巷左帮测线长度为 5.0 m，观察到水平裂隙（179°∠22°，数量 68 条）、竖向裂隙（212°∠78°，数量 48 条）两组裂隙，裂隙充填结合一般，岩体面渗水严重、结构面粗糙，结构面呈张开状态。1 980 m 充填回风巷左帮测线长度为 7.0 m，存在倾斜层状裂隙（346°∠31°，数量 18 条）、竖向裂隙（98°∠89°，数量 60 条）两组裂隙，裂隙充填结合好，岩体面潮湿、结构面平坦，结构面呈闭合状态。辅助斜坡道右帮测线长度为 5.7 m，存在水平裂隙（154°∠21°，数量 35 条）、竖向裂隙（250°∠82°，数量 51 条）两组裂隙，裂隙充填结合好，岩体面渗水严重、结构面粗糙，结构面呈张开状态。底板白云岩岩体裂隙分布见图 3-13,裂隙产状分布见图 3-14。

(a) 1 890 m 中段胶带巷道右帮

(b) 1 890 m 中段无轨巷左帮

(c) 1 980 m 充填回风巷左帮

(d) 辅助斜坡道右帮

图 3-13　底板白云岩岩体裂隙分布

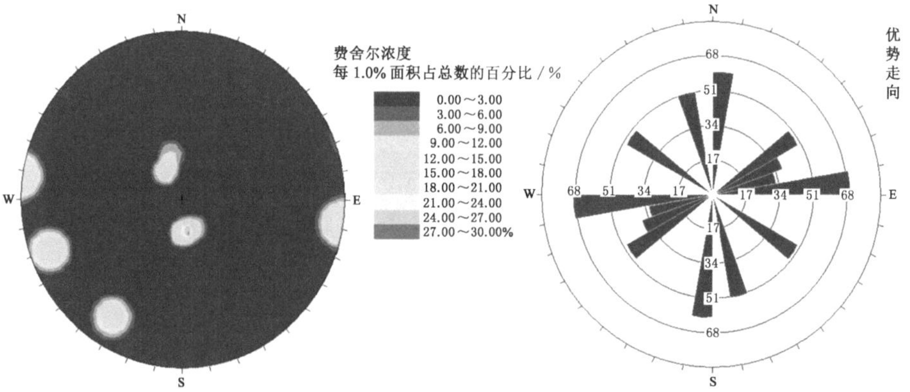

图 3-14　底板白云岩岩体裂隙产状分布

3.3 岩体地质属性可拓学评价方法及应用

由 3.1 小节可知，岩体质量评价是进行岩体工程施工前的一项重要工作，对矿区地质属性进行评价具有重要意义。国内外许多学者围绕岩体质量评价开展了诸多研究工作，相关评价方法得到了快速发展，逐渐摒弃 RQD 分级法和弹性波速分级法等单因素评价法，转而发展多因素评价法。在工程实际中，广泛应用的多因素评价法主要有 RMR 法、《工程岩体分级标准》(GB/T 50218—2014)和 Q 系统法。随着科学技术的进步，部分学者尝试运用新的数学理论与计算机软件相结合寻求新的岩体质量评价方法，并涌现出许多智能化评价方法，如模糊数学法、神经网络法、灰色聚类法、分形描述法、回归树和人工智能算法等。

岩体在自然界中的构造极其复杂多样，且每种评价方法所考虑的指标均有不同的侧重点。同时，在进行岩体质量评价时，各评价因素之间存在相互重叠的情况，无法进行准确的定性或定量计算，且各等级间界限划分模糊，特别是以往评价很少考虑指标权重的影响，最终导致岩体质量评价变得十分复杂。为了更好地解决这个问题，提高岩体地质属性评价的准确性，许多学者尝试将不同的评价方法进行组合，通过结合各方法的优点来实现对岩体质量的准确判别[101]。Liu 等[102]提出了一种改进的 M-IRMR 法，对 4 个地质参数(即岩石抗压强度、岩石质量指数、节理间距和地应力)进行了修正，并考虑爆破振动和暴露面积等工程因素的影响；梁桂兰等[103]在可拓学的基础上引入熵权法对某坝基岩体进行质量评价，评价结果与工程地质报告相吻合；Jiang 等[104]综合运用层次分析法、熵权法并结合博弈论和可拓学等理论，构建了考虑 7 个指标的围岩风险评价新模型，开发了公路隧道围岩分级与风险评估系统，使岩体质量评价更加便捷；Ruan 等[105]基于粒子群优化的 K-means 算法(K-PSO)和博弈论建立岩体质量评价模型，取得了较好的工程应用效果；尹会永等[106]和张卫中等[107]对传统的模糊评价模型进行了改进，确定主客观权重系数，对最大隶属度原则进行修正，用改进的评价模型对某工程围岩质量进行评级，评价结果与 BQ 法更接近，得到了更加科学合理的分级结果；康志强等[108]运用可拓学理论对某岩质边坡进行岩体质量评价，通过专家打分的方式确定了评价指标的权重值，具有较好的适用性；胡建华等[109]和徐先锋等[110]建立 RS-TOPSIS 地下工程岩体质量评价模型，对评价指标与评判结果的依赖度进行计算，以确定评价指标的重要性，提高了地下工程岩体质量评价的准确性，具有较好的工程实用价值；曾韬睿等[111]选用层次分析法和熵权法计算评价指标的主客观权重，并通过拉格朗日乘子法确定指标总权重，基于理想点法建立了隧道围岩质量评价模型，并将该模型运用于工程实例中，评级结果与现场实测数据基本一致。这些方法尽管在实际工程中取得了良好效果，但是对于岩体处于两个等级分界线处的分类模糊问题并未得到很好的解决。此外，在以往研究中对于主观和客观权重所占总权重的比例问题缺少一个科学的方法，主观和客观权重所占比例通常被认为同等重要，这与实际情况存在很大的差别。因此，解决上述问题并提出一种适用于磷矿山岩体质量的评价方法在工程中显得尤为重要。

3.3.1 组合赋权可拓理论模型

3.3.1.1 可拓学理论

可拓学理论是建立在物元理论和可拓数学基础上的一种理论框架，对事物的可拓性进行拓展，把事物的不确定性和复杂性等转化为可计算的数值，进而构建指标的关联函数进行定量计算，最后通过建立的物元模型将各个评价指标进行组合评价。

首先，利用物元理论确定待评价物的基元 $R=[N$（事物），C（名称），V（值域）]，三者称为物元三要素。岩体质量评价中根据可拓学的评价步骤首先确定物元经典域 $\boldsymbol{R}_j=(N_j,C_i,V_{ij})$，表示为：

$$\boldsymbol{R}_j=(N_j,C_i,V_{ij})=\begin{bmatrix} N_j & C_1 & (a_{1j},b_{1j}) \\ & C_2 & (a_{2j},b_{2j}) \\ & \vdots & \vdots \\ & C_m & (a_{mj},b_{mj}) \end{bmatrix} \tag{3-8}$$

式中，N_j 为岩体质量等级的第 j 等级，$j=1,2,\cdots,n$；$C_i(i=1,2,\cdots,m)$ 为影响岩体质量的第 i 个评价指标；$V_{ij}=(a_{ij},b_{ij})$ 为第 j 等级岩体的第 i 个质量评价指标的取值范围，a_{ij}、b_{ij} 分别为下限和上限。

节域 $\boldsymbol{R}_{\mathrm{p}}$ 可表示为：

$$\boldsymbol{R}_{\mathrm{p}}=(N_{\mathrm{p}},C_i,V_{\mathrm{p}i})=\begin{bmatrix} N_{\mathrm{p}} & C_1 & (a_{\mathrm{p}1},b_{\mathrm{p}1}) \\ & C_2 & (a_{\mathrm{p}2},b_{\mathrm{p}2}) \\ & \vdots & \vdots \\ & C_m & (a_{\mathrm{p}m},b_{\mathrm{p}m}) \end{bmatrix} \tag{3-9}$$

式中，N_{p} 为岩体质量评价等级的全体；C_i 为第 i 个岩体质量评价指标；$V_{\mathrm{p}i}$ 为各评价指标值域。

确定经典域和节域后，引入待评物元 $\boldsymbol{R}_{\mathrm{x}}$，待评岩体的物元评价矩阵为：

$$\boldsymbol{R}_{\mathrm{x}}=(D_{\mathrm{x}},C_i,V_{\mathrm{x}i})=\begin{pmatrix} D_{\mathrm{x}} & C_1 & V_{\mathrm{x}1} \\ & C_2 & V_{\mathrm{x}2} \\ & \vdots & \vdots \\ & C_m & V_{\mathrm{x}m} \end{pmatrix} \tag{3-10}$$

式中，N_x 为待评价岩体；C_i 为第 i 个影响岩体质量的指标($i=1,2,\cdots,m$)；V_{xi} 为待评价岩体对应于第 i 个指标的实测量值。

建立好上述步骤的经典域和节域后，根据关联函数计算各评价指标的关联度。关联度是事物或因素之间相关联的程度，关联函数定量表达了事物具有某种性质的程度。为建立关联函数，将突变函数中的距离概念拓展为距的概念，作为将定性描述变为定量描述的基础。实轴上点 x 与有限实区间 $V=[a,b]$ 的距的定义如下：

$$\rho(x,V)=\left|x-\frac{a+b}{2}\right|-\frac{b-a}{2} \tag{3-11}$$

待评岩体的第 i 个指标与岩体质量等级 j 的关联函数 $r_{xj}(V_{xi})$ 为：

$$r_{xj}(V_{xj})=\begin{cases}-\dfrac{\rho(V_{xi},V_{ij})}{b_{ij}-a_{ij}}, V_{xi}\in V_{ij}\\ \dfrac{\rho(V_{xi},V_{ij})}{\rho(V_{xi},V_{pi})-\rho(V_{xi},V_{ij})}, V_{xi}\in V_{ij}\end{cases} \tag{3-12}$$

3.3.1.2 指标优化组合权值确定方法

(1) 改进层次分析法确定指标主观权重

首先计算式(3-11)和式(3-12)中关联函数值，根据计算的各评价指标的最大关联函数值，对各评价指标的重要性进行排序，函数值越高，说明该指标对岩石稳定性的影响越大，因此，相比其他评价指标的重要程度越高[112-113]。根据计算的各评价指标关联函数值进行重要性排序，并基于重要性排序和 1～9 标度判断表构造判断矩阵，结果见表 3-6。

表 3-6 1～9 标度判断表

标度	含义
1	表示两个因素相比，具有同等重要性
3	表示两个因素相比，前者比后者稍微重要
5	表示两个因素相比，前者比后者明显重要
7	表示两个因素相比，前者比后者强烈重要
9	表示两个因素相比，前者比后者极端重要
2,4,6,8	上述两相邻判断的中值
倒数	因素 i 与 j 比较判断，则因素 j 与 i 比较判断得 $b_{ij}=1/b_{ji}$

根据表 3-6 构建的判断矩阵，采用和积法求出矩阵的最大特征根及特征向量，然后进行一致性检验，若检验通过，则进一步求出指标权重系数；反之，则需

重新构造判断矩阵。偏离一致性检验指标 CI 可表示为：

$$CI=\frac{\lambda_{max}-n}{n-1} \tag{3-13}$$

式中，n 为判断矩阵的维数；λ_{max} 为判断矩阵的最大特征根。

随机一致性指标 RI 的取值见表 3-7。

表 3-7 随机一致性指标 RI 取值

维数 n	RI	维数 n	RI
1	0	7	1.36
2	0	8	1.41
3	0.52	9	1.46
4	0.89	10	1.49
5	1.12	11	1.52
6	1.26	12	1.54

一致性比率可表示为：

$$CR=\frac{CI}{RI} \tag{3-14}$$

当 $CR<0.1$ 时，判断矩阵赋值合理，满足一致性检验。

(2) 熵权法确定指标客观权重

由于岩体质量指标各参数不确定性强，选用熵权法[114-116]计算指标客观权重。熵值表示各指标对决策评价信息量的大小，当某项指标的值差距过大时，该指标对应的熵值较小，指标对决策的影响就越大，即所占的权重也越大。根据熵值大小对评价指标的信息效用值进行评估，进而对各指标的熵权进行计算。熵权计算过程如下：

① 若有 x 个待评岩体，m 个评价指标，构建的判断矩阵 $\boldsymbol{R}$ 即关联系数矩阵：

$$\boldsymbol{R}=(r_{ij})_{x\times m} \quad (i=1,2,\cdots,x;j=1,2,\cdots,m) \tag{3-15}$$

② 对判断矩阵 $\boldsymbol{R}$ 进行标准化处理，得到规范化矩阵。

③ 定义各评价指标的熵：

$$H_j=\frac{-1}{\ln x}\sum_{i=1}^{x}f_{ij}\ln f_{ij} \quad (i=1,2,\cdots,x;j=1,2,\cdots,m) \tag{3-16}$$

$$f_{ij}=\frac{r_{ij}}{\sum_{i=1}^{x}r_{ij}} \tag{3-17}$$

计算过程会遇到 $f_{ij}=0$，$\ln f_{ij}$ 无意义的情况，因此需对 f_{ij} 进行修正：

$$f_{ij}=\frac{0.01+r_{ij}}{\sum_{i=1}^{x}(0.01+r_{ij})} \tag{3-18}$$

④ 计算各评价指标变异系数 d_j，表示为：

$$d_j=1-H_j \quad (j=1,2,\ldots,m) \tag{3-19}$$

⑤ 计算各评价指标的加权系数 w_j，表示为：

$$w_j=\frac{d_j}{\sum_{j=1}^{m}d_j} \quad (j=1,2,\ldots,m) \tag{3-20}$$

(3) 矩估计法组合权值

组合赋权法可综合考虑指标的主观与客观权重之间重要性的相互差异程度，有效降低误差。在层次分析法和熵权法分别确定主观和客观权重后，运用矩估计法对各指标主客观权系数进行优化组合[117]，通过式(3-21)计算权衡系数 α_j 和 β_i，得到指标的组合权值 w^*。

$$\begin{cases}\alpha_j=\dfrac{w_j}{w_j+w_i}\\[2ex]\beta_i=\dfrac{w_i}{w_j+w_i}\end{cases} \tag{3-21}$$

$$w^*=\frac{\alpha_j w_j+\beta_i w_i}{\sum_{j=1,i=1}^{n}(\alpha_j w_j+\beta_i w_i)} \tag{3-22}$$

式中，w_j 为主观权重值；w_i 为客观权重值。

3.3.1.3 计算待评岩体综合关联度和评价等级

在岩体质量综合评价体系中，计算待评价区域岩体 N_x 属于等级 j 的关联度表达式为：

$$K_{xj}(N_x)=\sum_{j=1}^{n}w^* r_{xj}(V_{xi}) \tag{3-23}$$

若 $K_{xj}=\max[K_{xj}(N_x)]$，$j=1,2,\ldots,n$，则认为该待评价岩体 N_x 属于等级 j。令：

$$\overline{K_{xj}(N_x)}=\frac{K_{xj}(N_x)-\min[K_{xj}(N_x)]}{\max[K_{xj}(N_x)]-\min[K_{xj}(N_x)]} \tag{3-24}$$

$$j^*=\frac{\sum_{j=1}^{n}\cdot\overline{K_{xj}(N_x)}}{\sum_{j=1}^{n}K_{xj}(N_x)} \tag{3-25}$$

式中，j^* 为岩体 N_x 属于该等级的特征值，表示待评岩体属于等级 j 的程度。

3.3.2 地质属性评价指标体系

3.3.2.1 评价指标及等级范围界定

通过查阅文献和现场调研，并根据应用矿山昆阳二矿磷矿地质特征，选取以下参数作为该岩体分级评价依据。

① 岩石饱和单轴抗压强度 R_c。该参数反映岩体的稳定性和承载能力，本研究使用 Instron 1346 电液伺服万能试验机进行室内岩石单轴压缩试验，试验以0.12 mm/min 的加载速率控制轴向位移进行加载，然后获得岩石发生破坏时的峰值荷载，最后计算岩石饱和单轴抗压强度。

② 岩体结构特征。岩体中存在的影响岩体质量的各种结构性和构造性特征，可用以下指标表示：a. 岩石质量指标 RQD 反映岩体大小及完整程度，根据钻孔资料获得；b. 节理间距 J_d 反映岩体结构面的完整程度，节理间距越大，岩体完整性高，岩体越稳定，该值根据岩层柱状图获得；c. 结构面条件 J_f 反映岩体结构面的构造及风化程度，该值由现场工程地质调查获得。这 3 个指标均反映岩体结构的完整性，是影响岩体质量的重要因素。

③ 地下水状态 W。该参数反映岩体孔隙结构和水文地质特征，矿山地下水较为发育，对后期矿山开采存在较大安全隐患，具有很强的代表性，由现场水文地质调查获得。

④ 地应力影响系数 Z。该参数反映岩体力学性质和应力状态，地应力越大，在进行巷道开挖施工时，越有可能会发生岩爆等灾害，也是岩体质量评价的重要指标，该值为地应力(最大主应力)与岩石单轴抗压强度之比。

根据相关规范和经验[118-119]，将岩体质量划分为 5 个等级(Ⅰ～Ⅴ)，结果见表 3-8，岩体质量指标实测值见表 3-9。需要说明的是，根据下一章节地应力分布规律，应用矿山的最大主应力为构造应力，假定各岩层平均埋深为 250 m，可计算最大水平构造应力约为 16 MPa，结合岩石单轴抗压强度可确定地应力影响系数 Z 值。

表 3-8　岩体质量指标评价标准

级别	R_c/MPa	RQD/%	W	J_f	J_d/cm	Z
Ⅰ	250～300	90～100	11～15(干燥)	25～30	200～400	0～0.2
Ⅱ	100～250	75～90	8～11(潮湿)	20～25	60～200	0.2～0.4
Ⅲ	50～100	50～75	5～8(渗水)	14～20	22～60	0.4～0.6
Ⅳ	25～50	25～50	2～5(滴水)	7～14	6～22	0.6～0.8
Ⅴ	1～25	0～25	0～2(涌水)	0～7	0～6	0.8～1.0

表 3-9　岩体质量指标实测值

岩体名称	代号	R_c/MPa	RQD/%	W	J_f	J_d/cm	Z
顶板粉砂质页岩	D_1	113.09	49.67	10.00	26.00	125.00	0.18
顶板白云岩	D_2	120.10	9.67	8.50	25.00	38.00	0.17
上矿体	D_3	123.33	7.33	5.50	19.00	26.00	0.17
下矿体	D_4	99.58	12.33	2.00	17.00	13.70	0.20
底板白云岩	D_5	123.91	19.33	8.50	24.00	142.50	0.17

3.3.2.2　评价指标量纲标准化处理

由于各评价指标的量纲不同，不利于后续统计分析和计算，因此对各指标的量纲进行标准化处理，计算公式为：

$$\bar{V}_{ij}=\begin{cases}\dfrac{V_{ij}-V_{ij}^{\min}}{V_i^{\max}-V_i^{\min}} & (\text{对于要求越大越好的指标})\\[2ex]\dfrac{V_i^{\max}-V_{ij}}{V_i^{\max}-V_i^{\min}} & (\text{对于要求越小越好的指标})\end{cases}\tag{3-26}$$

式中，$\bar{V}_{ij}$ 为量纲标准化后岩体 j 的第 i 个指标的评价值；V_{ij} 为量纲标准化前的岩体 j 相应指标 i 的实际值；$V_i^{\max}$ 为指标 i 的最大值；$V_i^{\min}$ 为指标 i 的最小值。

表 3-9 和表 3-10 的数据量纲标准化后的对应值见表 3-10 和表 3-11。

表 3-10　量纲标准化后的岩体质量各指标评价标准

级别	R_c/MPa	RQD/%	W	J_f	J_d/cm	Z
Ⅰ	0.83～1.00	0.90～1.00	0.73～1.00(干燥)	0.83～1.00	0.50～1.00	0.80～1.00
Ⅱ	0.33～0.83	0.75～0.90	0.53～0.73(潮湿)	0.67～0.83	0.15～0.50	0.60～0.80
Ⅲ	0.16～0.33	0.50～0.75	0.33～0.53(渗水)	0.47～0.67	0.06～0.15	0.40～0.60
Ⅳ	0.08～0.16	0.25～0.50	0.13～0.33(滴水)	0.23～0.47	0.02～0.06	0.20～0.40
Ⅴ	0.00～0.08	0.00～0.25	0.00～0.13(涌水)	0.00～0.23	0.00～0.02	0.00～1.00

表 3-11 量纲标准化后的岩体质量指标实测值

岩体名称	R_c/MPa	RQD/%	W	J_f	J_d/cm	Z
顶板粉砂质页岩	0.37	0.50	0.67	0.87	0.31	0.82
顶板白云岩	0.40	0.10	0.67	0.83	0.10	0.83
上矿体	0.41	0.07	0.40	0.63	0.07	0.83
下矿体	0.33	0.12	0.20	0.57	0.03	0.80
底板白云岩	0.41	0.19	0.57	0.80	0.36	0.83

3.3.3 工程应用及结果分析

3.3.3.1 岩体物元的经典域 $\boldsymbol{R}_0$

根据表 3-10，按照Ⅰ～Ⅴ级的取值范围将标准化后的岩体质量指标进行划分并作为经典域，对 6 个影响指标标记为 $C_1 \sim C_6$，经典域物元表达式为：

$$\begin{bmatrix} N & N_1 & N_2 & N_3 & N_4 & N_5 \\ C_1 & (083 \sim 1.00) & (0.33 \sim 0.83) & (0.16 \sim 0.33) & (0.08 \sim 0.16) & (0 \sim 0.08) \\ C_2 & (0.90 \sim 1.00) & (0.75 \sim 0.90) & (0.50 \sim 0.75) & (0.25 \sim 0.50) & (0 \sim 0.25) \\ C_3 & (0.73 \sim 1.00) & (0.53 \sim 0.73) & (0.33 \sim 0.53) & (0.13 \sim 0.33) & (0 \sim 0.13) \\ C_4 & (0.83 \sim 1.00) & (0.67 \sim 0.83) & (0.47 \sim 0.67) & (0.23 \sim 0.47) & (0 \sim 0.23) \\ C_5 & (0.50 \sim 1.00) & (0.15 \sim 0.50) & (0.06 \sim 0.15) & (0.02 \sim 0.06) & (0 \sim 0.02) \\ C_6 & (0.80 \sim 1.00) & (0.6 \sim 0.80) & (0.40 \sim 0.60) & (0.20 \sim 0.40) & (0 \sim 0.20) \end{bmatrix} \tag{3-27}$$

3.3.3.2 岩体物元的节域 $\boldsymbol{R}_p$

根据岩体质量指标的整体取值范围确定节域，可表示为：

$$\boldsymbol{R}_p = \begin{bmatrix} N_p & C_1 & (0.0,1.0) \\ & C_2 & (0.0,1.0) \\ & C_3 & (0.0,1.0) \\ & C_4 & (0.0,1.0) \\ & C_5 & (0.0,1.0) \\ & C_6 & (0.0,1.0) \end{bmatrix} \tag{3-28}$$

3.3.3.3 岩体待评物元 $\boldsymbol{R}_x$

以顶板白云岩岩体 D_2 为例，其待评物元可表示为：

$$\boldsymbol{R}_{\mathrm{x}}=\begin{bmatrix} D_{\mathrm{x}} & C_1 & 0.40 \\ & C_2 & 0.10 \\ & C_3 & 0.67 \\ & C_4 & 0.83 \\ & C_5 & 0.10 \\ & C_6 & 0.83 \end{bmatrix} \tag{3-29}$$

3.3.3.4　确定评价指标关于质量等级的关联度

根据式(3-11)和式(3-12)，以 D_2 岩体为例，计算各评价指标关于各质量等级的关联度，结果见表 3-12。

表 3-12　D_2 岩体各指标关于 5 个质量等级的关联度

等级	指标					
	V_{21}	V_{22}	V_{23}	V_{24}	V_{25}	V_{26}
Ⅰ	−0.52	−0.89	−0.15	0	−0.80	0.15
Ⅱ	0.14	−0.87	0.30	0	−0.33	−0.15
Ⅲ	−0.15	−0.80	−0.30	−0.48	0.44	−0.56
Ⅳ	−0.38	−0.60	−0.51	−0.70	−0.29	−0.72
Ⅴ	−0.44	0.40	−0.62	−0.80	−0.44	−0.79

3.3.3.5　确定指标优化组合权重

通过熵权法确定客观权重，根据 6 个评价指标、5 个待评价对象，得到评价矩阵 $\boldsymbol{A}$：

$$\boldsymbol{A}=(a_{ij})_{6\times5}^{\mathrm{T}}=\begin{bmatrix} 0.37 & 0.40 & 0.41 & 0.33 & 0.41 \\ 0.50 & 0.10 & 0.07 & 0.12 & 0.19 \\ 0.67 & 0.67 & 0.40 & 0.20 & 0.57 \\ 0.87 & 0.83 & 0.63 & 0.57 & 0.80 \\ 0.31 & 0.10 & 0.07 & 0.03 & 0.36 \\ 0.82 & 0.83 & 0.83 & 0.80 & 0.83 \end{bmatrix}^{\mathrm{T}} \tag{3-30}$$

根据熵权法计算步骤，依次采用式(3-16)～式(3-20)对矩阵进行规范化处理计算，得出指标客观权重为 $w_1=(0.107\ 0,0.299\ 2,0.117\ 1,0.142\ 7,0.231\ 2,0.102\ 8)$。

主观权重采用层次分析法，以 D_2 岩体为例，根据表 3-12 计算出的关联函数值，对各评价指标的重要性由大到小排序依次为 C_4、C_2、C_3、C_6、C_5、C_1。根据各评价指标之间的相对重要性进行判断，建立判断矩阵 **B**：

$$\boldsymbol{B}=(b_{ij})_{6\times6}=\begin{bmatrix}1 & 1/4 & 1/3 & 3 & 1/5 & 1/2\\ 4 & 1 & 2 & 6 & 1/2 & 3\\ 3 & 1/2 & 1 & 5 & 1/3 & 2\\ 1/3 & 1/6 & 1/5 & 1 & 1/7 & 1/4\\ 5 & 2 & 3 & 7 & 1 & 4\\ 2 & 1/3 & 1/2 & 4 & 1/4 & 1\end{bmatrix} \tag{3-31}$$

求得矩阵最大特征根 $\lambda_{max}=6.16$，权重为 $w_2=(0.067\ 1,0.252\ 9,0.166\ 2,0.033\ 6,0.380\ 9,0.103\ 3)$。根据 RI 表查到对应的 RI 值为 1.26，CR＝CI/RI＝0.026(＜0.1)，通过一致性检验。

根据上文采用熵权法和改进层次分析法得到的权重显然是不同的，因此需要进行权重的优化组合，根据式(3-21)和式(3-22)，运用矩估计法进行计算得到最终的组合权重 w^*。$w_2=(0.086\ 2,0.267\ 1,0.134\ 9,0.114\ 8,0.305\ 4,0.097\ 0)$。

3.3.3.6　岩体质量等级确定

根据前文计算的关联度和组合权重，可计算出待评岩体质量的等级，结果见表 3-13。

表 3-13　岩体质量分级结果

评价岩体	K_{x1}	K_{x2}	K_{x3}	K_{x4}	K_{x5}	j^*	等级
顶板粉砂质页岩	−0.253 8	0.084 3	−0.286 5	−0.406 1	−0.535 8	2.18	Ⅱ
顶板白云岩	−0.527 8	−0.290 6	−0.238 1	−0.492 6	−0.318 9	3.28	Ⅲ
上矿体	−0.583 8	−0.392 7	−0.123 5	−0.367 8	−0.281 6	3.45	Ⅲ
下矿体	−0.632 5	−0.485 7	−0.224 5	−0.174 7	−0.175 3	3.83	Ⅳ
底板白云岩	−0.373 3	0.000 4	−0.398 3	−0.422 9	−0.357 1	2.31	Ⅱ

3.3.3.7　岩体质量等级结果对比分析

采用修正 RMR 法和 Q 系统法进行岩体质量评价，所选取的评价指标与本书方法所选取的指标有很大的重叠性，评级结果可作为验证本书评价方法的参考依据，因此选择修正 RMR 法和 Q 系统法对岩体质量进行二次评价，并将 3 种方法得出的评价结果进行对比。修正 RMR 法结果见 2.6.1 小节表 2-25。3 种方法得出的结果比较如表 3-14 所列。

表 3-14 岩体质量评价结果比较

岩体名称	本书方法	RMR 法	Q 系统法
顶板粉砂质页岩	Ⅱ(Ⅱ～Ⅲ)	Ⅱ	Ⅲ
顶板白云岩	Ⅲ(Ⅱ～Ⅲ)	Ⅲ	Ⅳ
上矿体	Ⅲ(Ⅲ～Ⅳ)	Ⅲ	Ⅲ
下矿体	Ⅳ(Ⅲ～Ⅳ)	Ⅲ	Ⅳ
底板白云岩	Ⅱ(Ⅱ～Ⅲ)	Ⅱ	Ⅱ

由表 3-14 可知，采用本书评价方法对岩石地质属性进行评价得出的结果与 RMR 法的评价结果基本一致，仅有部分岩体分级不同；与 Q 系统法相比，本书方法获得的岩体评价结果基本要高一等级，其原因是 Q 系统法未考虑地应力的作用以及各等级之间评分不连续造成评价结果的差异。相比 RMR 评价法和 Q 系统法，可拓学方法评价的结果更加合理，能够准确判断出待评岩体属于相邻质量等级之间的程度。

3.4 本章小结

超前掌握岩体地质属性类别是岩石工程保证设计及施工安全、高效和经济合理的关键，科学可靠地评价岩体地质属性类别在矿山工程中尤为重要。岩体地质属性类别受多种因素影响，主要包括岩石强度、岩石完整性、结构面条件、岩体及结构面的风化程度、地下水和地应力等。本章采用测线法调查了昆阳磷矿二矿 6 组岩层节理裂隙发育情况并绘制了产状分布图，各岩层优势裂隙方位分别为顶板粉砂质页岩(114°∠9.5°)、顶板白云岩(346°∠31°、98°∠89°、195°∠21°)、上矿层磷矿岩(161.5°∠68.5°、233°∠11.8°)、夹层凝灰质黏土岩(53°∠80.8°)、下矿层磷块岩(355°∠14.8°、9.9°∠65.1°、297°∠87°)、底板白云岩(179°∠22°、98°∠89°)。此外，本章研究内容还提出了一种岩体地质属性可拓学评价方法并在昆阳磷矿二矿进行了应用，得出顶板粉砂质页岩、顶板白云岩、上矿层磷矿岩、夹层凝灰质黏土岩、下矿层磷块岩和底板白云岩等 6 组岩层的地质属性类别分别为：Ⅱ～Ⅲ级(偏向Ⅱ级)、Ⅱ～Ⅲ级(偏向Ⅲ级)、Ⅲ～Ⅳ级(偏向Ⅲ级)、Ⅴ级、Ⅲ～Ⅳ级(偏向Ⅳ级)和Ⅱ～Ⅲ级(偏向Ⅱ级)。考虑到矿山井巷工程主要位于磷矿层和顶底板白云岩岩层中，上矿体和顶底板岩体质量一般，下矿体岩体质量相对较差，井巷施工中需要及时探清前方岩体构造分布特征，对围岩采取加强支护措施及合理安排循环作业，科学地做好支护设计并在施工中做好围岩变形破坏监测工作。

4 地应力反演测量及分布规律

地应力是引起岩体变形和破坏的重要力源之一，是井巷、隧硐等岩土工程设计和施工的重要参考依据。岩体发生变形、破坏、冲击、失稳，其本质原因是地下开采或开挖活动破坏了原岩应力平衡状态，造成局部区域出现高应力集中或瞬态卸荷，继而诱发岩石出现灾变，如冒顶片帮、大变形、岩爆、突水等。因此，掌握矿区地应力分布规律对于采场、巷硐支护设计及施工具有重要的理论意义和工程应用价值。本章提出了一种基于采动应力反演的地应力测量方法并在矿山进行了应用，获得了矿区地应力分布规律。

4.1 地应力测量原则和影响因素

4.1.1 地应力测量意义

传统的采矿及岩土工程设计和施工常常是根据经验来进行的，当开挖活动在小规模范围内和接近地表的深度内进行的时候，经验类比的方法往往是有效的。但是，随着开挖规模的不断扩大和不断向深部发展，特别是数百万吨级的大型地下矿山、大型地下电站、大坝、大断面的地下隧道、地下硐室以及高陡边坡的出现，经验类比法就越来越失去其作用。根据经验进行开挖施工往往易造成各种岩体工程的失稳、坍塌或破坏，使采矿或其他各种地下作业无法进行，并可能导致严重的安全事故，造成人员伤亡和巨大的财产损失。另外，由于采矿工程的复杂性，利用理论解析的方法进行工程稳定性的分析和计算几乎是不可能的。但是，近 30 年来随着大型电子计算机的应用和各种数值分析方法的不断发展，采矿工程成为一门可以进行定量设计计算和分析的工程科学，但所有的计算和分析都必须在已知地应力的前提下进行，如果对工程区域的原始应力状态一无所知，那么任何计算和分析都将失去其应有的真实性和实用价值。重力作用和构造运动是引起地应力的主要原因，其中尤以水平方向的构造运动对地应力的形成影响最大，当前的应力状态主要由最近一次的构造运动所控制，但也与历史上的构造运动有关。亿万年来，地球经历了无数次大大小小的构造运动，造成了地应力状态的复杂性和多变性。要了解一个地区的地应力状态，唯一的方法就是进行现场地应力测量。

三维地应力对采矿、水利和地下岩土工程的设计、施工、生产具有十分重要的意义。为了对各种岩土工程进行科学合理的开挖设计和施工，就必须对影响工程稳定性最重要、最根本的因素——地应力状态进行充分的调查，只有详细了解了具体工程区域的地应力状态，才可能作出既经济又安全实用的工程设计。对矿山设计来说，只有掌握了矿区的地应力分布规律，才能合理确定矿山总体布置，选择适当的采矿方法和充填方式，分析井下围岩和地表边坡稳定性及安全度，确定巷道和采场的最佳走向、断面形状、断面尺寸、开挖步骤、支护方式、支护结构参数、支护时间等，从而在保证围岩稳定的前提下最大限度地增加矿石产量，减少矿石损失贫化，提高矿山经济效益。

4.1.2 地应力测量原则

测量原始地应力就是确定存在于拟开挖岩体及其周围区域的未受扰动的三维应力状态。这种测量通常是通过一点一点的量测来完成的。岩体中一点的三维应力状态可由选定坐标系中的 6 个应力分量($\sigma_x,\sigma_y,\sigma_z,\tau_{xy},\tau_{yz},\tau_{zx}$)来表示。这种坐标系是可以根据需要和方便任意选择的，但一般取地球坐标系作为测量坐标系。由 6 个应力分量可求得该点的 3 个主应力的大小和方向，这是唯一的。在实际测量中，每一测点所涉及的岩石可能从几立方厘米到几千立方米，这取决于采用何种测量方法。但不管是几立方厘米还是几千立方米，对于整个岩体而言，仍可视为一点。虽然也有一些测定大范围岩体内的平均应力的方法，如超声波等地球物理方法，但这些方法很不准确，因而远没有点测量方法普及。由于地应力状态的复杂性和多变性，要比较准确地测定某一地区的地应力，就必须进行充足数量的点测量。在此基础上，才能借助数值分析和数理统计的方法，进一步描绘出该地区的全部地应力场状态。

为了进行地应力测量，通常需要预先开挖一些硐室，以便人和设备进入测点。然而，只要硐室一开，硐室周围岩体中的应力状态就受到了扰动。有一类方法，如早期的扁千斤顶法等，就是在硐室表面进行应力测量，然后在计算原始应力状态时，再把硐室开挖引起的扰动作用考虑进去。由于在通常情况下因靠硐室表面的岩体都会受到程度不同的破坏，使它们与未受扰动的岩体的物理力学性质大不相同，同时硐室开挖对原始应力场的扰动也是极其复杂的，不可能进行精确的分析和计算。所以，这类方法得出的原岩应力状态往往是不准确的，甚至是完全错误的。为了克服这类方法的缺点，另一类方法是从硐室表面向岩体中打小孔，直至原岩应力区，原岩应力测量是在小孔中进行的。由于小孔对原岩应力状态的扰动是可以忽略不计的，这就保证了测量是在原岩应力区中进行。目前，普遍采用的应力解除法和水压致裂法均属此类方法。

地应力测量一般来说是费钱费时的，为了使地应力测量能够在尽可能多的点进行，就必须力争降低每一点的测量成本，提高每一点的测量效率。这就要求测量的仪器和辅助设备尽可能简单和易于操作。但是对于岩土开挖工程的设计来说，地应力测量结果的准确性和可靠性是尤为重要的。如果测量结果大大高于实际应力值，那么工程设计将非常保守和笨拙，并增加开挖和支护成本，降低工程经济效益。如果测量值大大低于实际应力值，则将导致工程设计存在安全风险，并将由此引起灾难性的工程事故。测量结果的可靠性和准确性在很大程度上取决于测量仪器的精度，而高精度的测试仪器必然是复杂的和昂贵的。所以，必须在可接受的测量仪器精度和成本之间作出最佳的平衡选择。如果一种测量方法和仪器精度非常高，但由于成本昂贵，在一个工程区域只允许测一两个点，那么这种方法和仪器并不可取。由于应力测量是在复杂的工程地质环境和岩石条件下进行的，其测量精度除受仪器本身的精度影响外，还在更大程度上受工程地质环境、岩石条件和其他一些因素的影响，克服这些影响对提高地应力测量的精度具有更重要的意义。

4.1.3 地应力影响因素

岩体的初始应力（原岩应力）主要是由岩体的自重、历史地质构造运动、地层结构等引起的。对于岩体工程来说，主要考虑自重应力、构造应力和地层结构应力，三者共同作用构成岩体的初始应力场。重力作用和构造运动是出现地应力的主要原因，其中尤以水平方间的构造运动对地应力的形成影响最大。多次构造运动的应力场叠加、牵引和改造及其他多种因素共同造成了地应力状态的复杂性和多变性。地壳中的各种地质构造，如褶皱、断层、构造节理等，是在地质构造运动作用下形成的。构造地质学家认为，地壳各处发生的一切构造变形与破裂都是地应力作用的结果，因而在地质力学领域把构造在形成过程中的应力状态称为构造力场，它是动态的、不确定性的。地质构造运动包括水平运动（造山运动）和垂直运动（造陆运动）两种形式。通常，水平方向的构造运动如板块移动、碰撞对岩体构造应力的形成起控制作用，即构造应力以水平应力为主。由于地质构造运动的历史十分复杂，各次构造运动在原岩体内产生的构造应力相互叠加和影响，使得构造应力场异常复杂。即使在同一工程区域不同地点的地应力状态也可能完全不同。目前，岩体的构造应力尚无法用数学理论方法进行分析计算，只能采用现场应力测量的方法得到。

地壳深层岩体地应力分布复杂多变，造成这种现象的根本原因在于地应力的多来源性和多因素影响，影响地应力的主要因素有：

① 埋深。由于岩体中的竖直应力源于上覆岩层自重，因而埋深对岩体中竖直应力大小具有显著影响。

② 地质构造运动。地质构造形态与地应力场的分布密切相关，从力学角度看，构造运动的驱动力为地球内力作用，水平应力主要是由构造应力所控制，其大小比铅垂应力要大得多，并随着向深部转移最终呈现静水压力状态。地质构造运动产生的断层、褶皱、岩溶和节理裂隙等对岩体应力分布的影响最大。

③ 地形地貌和剥蚀风化作用。地形地貌对地应力的影响较为复杂，如对于斜坡沟谷地形，在斜坡面附近，最大主应力方向与斜坡面大致平行；在沟谷底部应力集中，最大主应力方向近于水平分布。因此，工程中存在山峰处岩体初始应力低、沟谷处岩体初始应力高的现象。剥蚀作用对地应力也有显著的影响，剥蚀前岩体内存在一定梯度的竖直应力和水平应力，剥蚀后竖直应力受影响显著下降，但有一部分因来不及释放而储存在岩体内，而水平应力受剥蚀作用不显著以致其释放量很小，基本上仍保留为原来的应力梯度，由此导致岩体内部竖直应力普遍大于上覆地层的自重应力，这在我国南方山区较为常见。

④ 岩体物理力学性质。从能量的角度看，地应力其实是一个能量的积聚和释放的过程，岩石作为地应力的载体，在相同的地质构造形态下，地应力的大小是关于岩性等岩体属性的函数，弹性岩体有利于地应力（能量）的积聚，所以地震和岩爆容易发生在硬岩岩体中；然而，塑性岩体因容易变形而不利于应力的积聚。在无构造应力的影响下，岩体应力的大小近似等于其上覆岩体自重。研究表明，在地球深部岩体（如距地表千米以上的深度）中的主应力之一的方向近乎竖直，显然其为岩体自重引起的竖直应力。

⑤ 地下水等流体作用。地下水对岩体地应力的大小具有一定的影响，岩体中包含有节理、裂隙、孔隙等缺陷，这些缺陷里又往往赋存水等液态介质，地下水的存在不仅对岩体具有软化作用，而且导致岩体缺陷中产生孔隙水压力，水压作用能够减小或者增大岩体初始应力，这些孔隙水压力与岩石骨架应力共同组成岩体的地应力。另外，岩体中的渗流作用对地应力场也具有一定程度的影响。

⑥ 温度作用。温度对地应力的影响主要体现在两个方面：地温梯度和岩体局部影响。由地温梯度而产生的地温应力场为静压力场，与自重应力场产生叠加。此外，如果岩体局部寒热不均，就会产生收缩和膨胀，导致岩体内部产生温度应力，如岩浆侵入使岩体受热膨胀，影响区域应力的分布。

综上所述，岩体中地应力场是一个具有三维空间的复杂应力场，它的大小和分布规律受到多种因素的影响，现场测量是掌握其分布规律的关键手段。

4.2 地应力测量常用方法

地应力测量的主要任务是测量地应力量值和方向，目的是研究并确定地应力活动规律、强度与分布、主应力方向、随深度的变化特征等，用来解决采矿工程、地下建筑、工程地质、大地构造成因和其他一些领域内的岩石力学问题。此外，地应力测量在大型工程稳定性评价和工程合理设计施工，地球动力学、地震预报、油气田工程、水电工程、地热开发、地质找矿和城市建设规划，以及核废料处理等方面都得到广泛应用，并日益受到国内外学术界和工程界的重视。

目前已有三十几个国家开展了地应力测量工作，测量方法有十余种，测量仪器近百种，几种主要地应力测量方法比较见表 4-1[120]。一些著名研究单位都以自己研制的仪器进行实地测量和研究，如瑞典岩石应力测量实验室(RSM)、美国矿务局(USBM)、美国卡内基研究所、南非科学和工业研究委员会(CSIR)、苏联矿山地质力学与矿山测量科学研究所、葡萄牙土木工程研究所(LNEC)、日本气象厅等都进行了大量的地应力测量工作。

表 4-1　几种主要地应力测量方法比较

分类	测量方法	基本原理	主要优缺点比较	实际应用
直接法	扁千斤顶法	一维应力测量方法	测量只能在巷道、硐室或开挖体表面附近岩体中进行，因而无法测得原岩应力场	测量结果不可靠
	水压致裂法	弹性力学和断裂力学理论，基于岩石为连续、均质和各向同性假设	最突出的优点是能测量深部地壳的构造应力场；缺点是适用范围仅限于完整的脆性岩石，并且测量的精度不高	对于一些重要的地下工程，在工程前期阶段可先用水压致裂法估测应力场，在工程的中后期再用精确的应力解除法准确测量应力的大小和方向
	刚性包体应力计法	无限体中刚性包体的应力场大小与周围岩体中的应力变化存在一定的比例关系	具有很高的稳定性，但应力计灵敏度较低。可用于对现场应力变化的长期监测，但只能测量垂直于钻孔平面的单向或双向应力变化，而不能用于测量原岩应力	20 世纪 80 年代以后，除钢弦应力计之外都已被淘汰

表 4-1(续)

分类	测量方法	基本原理	主要优缺点比较	实际应用
直接法	声发射法	凯泽效应	声发射与弹性波传播有关，所以高强度的脆性岩石有较明显的凯泽效应，而多孔隙、低强度的脆性岩石的凯泽效应不明显，因此不能用声发射法测定比较软弱疏松岩体中的应力	在加载初期，人工操作很难保证加载速率的恒定，在声发射事件速率曲线上可能出现多个峰值，难以判断真正的初凯泽点
间接法	套孔应力解除法	完全应力解除	是目前国际上技术最成熟，适用性和可靠性最强的一种测定原岩应力的方法，但对测量技术和工艺要求较高，成本耗用较大	在全世界很多国家得到了广泛应用，中南大学在山西中条山铜矿，云南会泽铅锌矿、大红山铁矿和羊拉铜矿，甘肃金川镍矿等地下金属矿山采用此法测量矿区地应力
	局部应力解除法	部分应力解除	精度不高	在部分国家和地区得到应用
	松弛应力测量法	假设从地下取出的岩芯，由于解除了应力，将会随着岩石膨胀而出现裂隙，裂隙数量和强度与原岩应力大小成正比	准确度难以保证； 该方法又细分为微分应变曲线分析法、非弹性应变恢复法、孔壁崩落测量法	理论尚未成熟，还需要更多试验论证
	地球物理探测法	声波特别是纵波传播速度和振幅随岩体中应力状态而定量变化	准确度难以保证； 该方法又细分为声波观测法、超声波谱法、原子磁性共振法和放射性同位素法	还需要更多试验论证

4.3　区域地应力复变反演测量方法

4.3.1　地应力反演测量方法原理

目前，矿山工程和交通隧道工程中岩体地应力测量应用较多的方法为应力解除法、水力压裂法和声发射法。应力解除法的原理是在巷隧工程中朝原岩区先钻凿一定深度的大直径钻孔，然后换钻杆和钻头再同轴钻一定深度的小直径钻孔并在孔壁粘贴应变片，随后再换大直径的套芯钻头对带小孔的岩芯钻取，以进行应力解除，使岩芯的变形发生弹性恢复，并测出岩芯筒的弹性恢复应变；基于弹性恢复应变和岩石弹性常数(围压率定试验测量岩芯筒)求解岩体三维地应力。水压致裂法假定地应力的主应力之一为竖直方向的自重应力，另外两个主应力方向为水平方向；通过把高压水泵入由封隔器隔开的钻孔试验段原岩岩体中使孔壁开裂，根据弹性力学理论和印模器或井下电视观测破裂方位可求得水平面内的最大、最小主应力的大小和方向。声发射法是基于岩石的“记忆”功能，通过开展单轴压缩试验，当轴向应力达到岩芯历史上承受的地应力大小时会出现凯泽效应，借助多方向多组岩芯的这一现象可获得地应力大小和方向。上述方法在实际操作中存在一定局限性，应力解除法对钻芯技术和装备要求较高，仅对坚硬岩层有较好的适用性；水压致裂法容易受岩体中原生裂隙的干扰，起裂应力和裂隙方向不易精准确定；声发射法操作麻烦，测定的是岩芯加载方向上曾经受到的最大应力大小但难以真实反映实际三维主应力大小和方向。考虑到昆阳磷矿二矿岩体节理裂隙发育难以有效套孔和进行理想水压致裂，我们发明了一种操作方便、精度可靠的地应力反演测量方法(专利号:202311455539.1)，实现了岩体工程三维地应力大小和方向的快速准确获取，该方法所需技术和装备极为简单，操作方便快捷，成本低廉，在矿业、水利、交通等岩石工程领域中具有广阔应用前景。

该发明提供的一种区域岩体地应力的反演测量方法，本质在于通过测量巷道围岩采动应力并基于复变函数理论反推远场原岩应力。其中，首先认定竖直方向的自重应力 σ_z^{∞} 为主应力之一，利用区域岩体中主要构造形迹的分布特征确定水平构造应力(最大和最小水平主应力)方向；其次，在现有或新建平行和垂直于构造延展方向的两条毗邻巷道中分别进行地应力第一测站和第二测站等测站的布置。通过在两巷道帮部(或顶板中心)朝围岩垂直钻凿一定深度和孔径的水平(或垂直)钻孔中布置的三维应力传感器来监测两孔底处的 3 个开挖应力分量(σ_{x1},σ_{y1},σ_{z1})和(σ_{x2}, σ_{y2},σ_{z2})，基于两测点孔底处的其中 2 个开挖应力分量(σ_{x1},σ_{z1})和(σ_{y2}, σ_{z2})的大小按照平面复变函数反演解法反推计算两巷道的远场应力分量($\sigma_{\mathrm{h}}^{\infty}$ 和 $\sigma_{\mathrm{v}}^{\infty}$)，即($\sigma_{x1}^{\infty}$,$\sigma_{z1}^{\infty}$)和($\sigma_{y2}^{\infty}$,$\sigma_{z2}^{\infty}$)；最后，修正两测点远场应力分量，修正后的远场应力分量[$\sigma_{x1}^{\infty}(\sigma_{z1}^{\infty}+\sigma_{z2}^{\infty})/2\sigma_{z1}^{\infty}$,$\sigma_{y2}^{\infty}(\sigma_{z1}^{\infty}+\sigma_{z2}^{\infty})/2\sigma_{z2}^{\infty}$,$(\sigma_{z1}^{\infty}+\sigma_{z2}^{\infty})/2$]即该区域岩体的地应力大小，应力分量方向分别平行于构造延伸方向、垂直于构造延伸方向及竖直方向。

该发明的效果:a. 该方法从断层和褶皱的地质力学成因角度出发，根据构造分布特征能够判定区域岩体最大水平应力和最小水平应力的方向，为地应力方向的快速准确识别提供了新途径。b. 地应力测点的钻孔布置在巷道围岩松动圈内利于三维地应力传感器与围岩快速耦合,开挖应力数据很快能达到稳定值,所需应力数据测量周期较短。c. 该方法通过测量巷道围岩开挖应力分量反演计算远场应力,技术和装备较为简单,操作方便快捷,测量成本较低,普适性较强。

4.3.2　地应力反演测量实施步骤

该发明的具体实施过程如下(图 4-1):

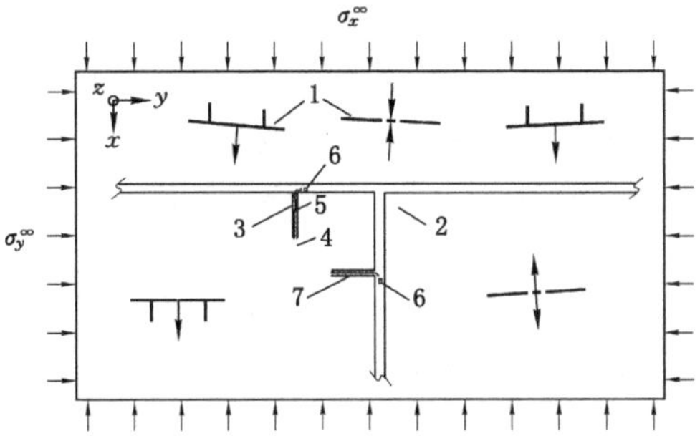

(a) 地应力测量工程布置平面图

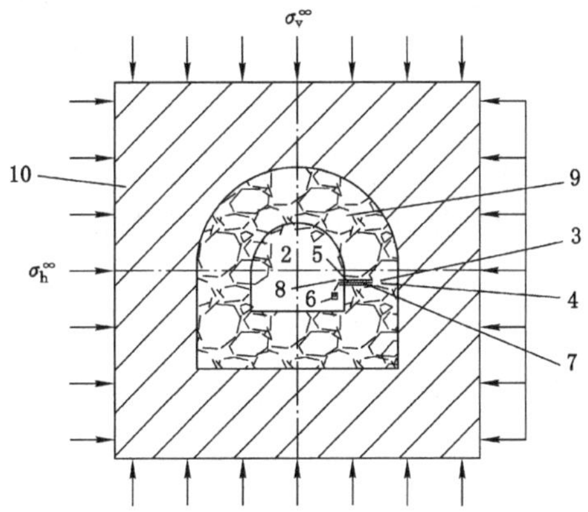

(b) 地应力测量工程布置剖面图

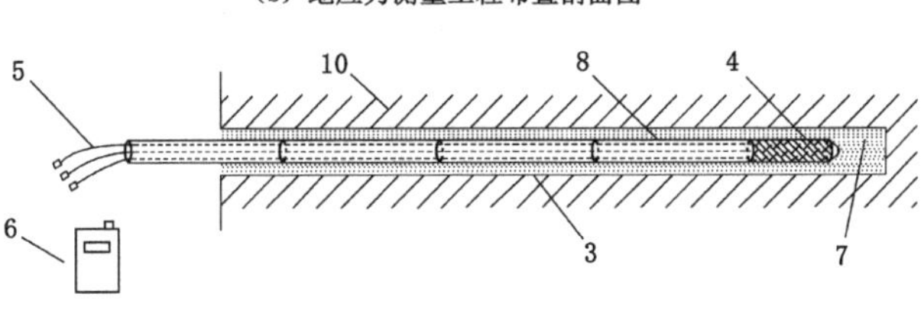

(c) 三维地应力传感器安装图

1—地质构造;2—巷道;3—水平钻孔;4—三维地应力传感器;5—电缆引线;6—数据采集器;
7—封堵填充物;8—套管;9—松动圈;10—巷道围岩。

图 4-1　三维地应力测量示意图

① 根据地质实测资料分析区域岩体褶皱和断层等地质构造的分布特征和成因，由此确定水平构造应力（最大和最小水平主应力）σ_x^∞ 和 σ_y^∞ 的方向，即平行和垂直于地质构造的主要延展方向（褶皱的轴线方向和断层的走向）。

② 在现有或新建平行和垂直于地质构造延展方向的两条断面优选相等的形状为圆形、直墙拱形、三心拱形、梯形或矩形的交叉巷道中分别进行地应力第一测站和第二测站的布置，每个巷道中地应力测站数量至少为 1 个，每个测站内通过钻凿钻孔布置地应力测点，数量均不少于 1 个，各测点的直线距离不超过 50 m，两巷道钻凿钻孔的类型须相同，即水平和竖直钻孔的一种或两种。例如，在两交叉巷道两帮部腰线处（距底板高 1.0～2.5 m）朝巷道围岩的松动圈中各垂直钻凿一个孔径为 40～90 mm、深度为 1.0～3.0 m 的水平钻孔。

③ 借助逐节螺纹连接接长的套管（直径为 40～65 mm，每节长度为 1.0～1.5 m）将与等径并螺纹连接在其头部的三维地应力传感器定向布置在钻孔孔底，并采用嗣后灌浆或预填充锚固剂形成封堵填充物使传感器与钻孔孔壁围岩充分耦合接触。传感器头部三个垂直分布的感应单元能实时感应 x、y、z 三方向的应力分量大小（σ_x、σ_y、σ_z），与传感器相连的电缆引线穿过金属套管与孔外数据采集器相连，实现了开挖应力分量数据的采集和存储。

④ 根据至少两个测点获得的两组最终开挖应力分量（σ_{x1}，σ_{z1}）和（σ_{y2}，σ_{z2}），按照平面复变函数反演解法反推计算两巷道中两测点的远场应力分量（σ_h^∞ 和 σ_v^∞），即（σ_{x1}^∞，σ_{z1}^∞）和（σ_{y2}^∞，σ_{z2}^∞）。考虑两地应力测点结果可能存在离散性，按照加权比例法修正两测点远场应力分量，即为区域岩体的三维地应力大小。应力分量方向分别平行构造延伸方向、垂直构造延伸方向及竖直方向。

图 4-2 为平面复变函数反演解法计算流程图，即根据巷道各自断面尺寸先采用复合形方法迭代求解巷道的映射函数 $z=w(\zeta)$ $(\zeta=\xi+i\eta)$，然后基于应力边界条件等式[式(4-1)]根据幂级数方法求解单值解析函数 $\varphi_0(\zeta)$ 和 $\psi_0(\zeta)$ 的表达式[(式 4-2)]，继而代入式(4-3)可得出相应解析函数 $\varphi(\zeta)$ 和 $\psi(\zeta)$ 的具体表达式。由此，可根据公式(4-4)得出复势函数 $\Psi(\zeta)$ 和 $\Phi(\zeta)$ 的表达式，再代入式(4-5)即可得出关于 σ_h^∞ 和 σ_v^∞ 的二元一次方程组。将每个测点测得的水平钻孔 3 孔底处的两个对应的开挖应力分量代入式(4-5)进行方程组求解，即可得出相应 σ_h^∞ 和 σ_v^∞ 的数值。对照 x、y、z 坐标系中两巷道的第一和第二测点，即可得远场应力分量（σ_{x1}^∞，σ_{z1}^∞）和（σ_{y2}^∞，σ_{z2}^∞）的大小。

$$\varphi_0(\zeta)+\frac{w(\zeta)}{w'(\zeta)}\overline{\varphi'_0(\zeta)}+\overline{\psi_0(\zeta)}=-2Bw(\zeta)-(B'-iC')\overline{w(\zeta)} \quad (4-1)$$

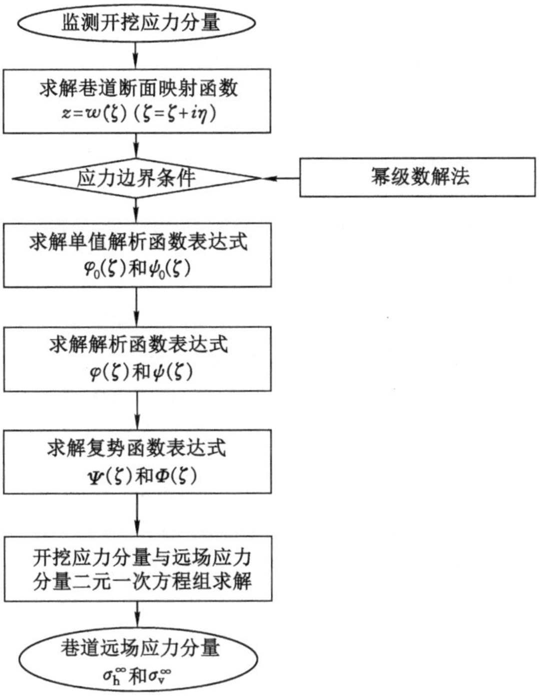

图 4-2 复变函数反演计算流程图

$$\begin{cases} \varphi_0(\zeta) = \sum_{n=1}^{\infty} a_n \zeta^{-n} \\ \psi_0(z) = \sum_{n=1}^{\infty} b_n \zeta^{-n} \end{cases} \tag{4-2}$$

$$\begin{cases} \varphi(\zeta) = Bw(\zeta) + \varphi_0(\zeta) \\ \psi(\zeta) = B'w(\zeta) + \psi_0(\zeta) \end{cases} \tag{4-3}$$

$$\begin{cases} \Phi(\zeta) = \varphi'_1(z) = \dfrac{\varphi'(\zeta)}{w'(\zeta)} \\ \Psi(\zeta) = \psi'_1(z) = \dfrac{\psi'(\zeta)}{w'(\zeta)} \end{cases} \tag{4-4}$$

$$\begin{cases} \sigma_\rho + \sigma_\theta = 4\mathrm{Re}[\Phi(\zeta)] \\ \sigma_\theta - \sigma_\rho = \mathrm{Re}\left[\dfrac{2\zeta^2}{\rho^2 w'(\zeta)}[\overline{w(\zeta)}\Phi'(\zeta) + w'(\zeta)\Psi(\zeta)]\right] \end{cases} \tag{4-5}$$

式中，B 和 B'为与远场应力有关的两个实常数，$B=(\sigma_h^\infty+\sigma_v^\infty)/4$，$B'=(\sigma_v^\infty-\sigma_h^\infty)/2$；

σ_h^{∞} 和 σ_v^{∞} 为巷道横断面无穷远处的水平和竖直方向上的远场应力分量；σ_r 和 σ_α 为巷道横断面上钻孔孔底处径向和环向上实测的开挖应力分量，与 x、y、z 坐标系中(σ_x,σ_y,σ_z)的两个分量相对应。

理论上，对于巷道围岩中任一点的径向和环向开挖应力分量通过预埋应力传感器可以直接测量，传感器的受力面与二者方向垂直即可，因而需要朝测点钻凿与极径方向平行的钻孔，在现场中下向孔因钻屑难以外排以及钻孔朝向难以把控导致施工困难。存在一种特殊情况，即在巷帮顶部朝围岩中打水平孔，此时 σ_ρ 和 σ_θ 的方向分别为水平方向和竖直方向，因而传感器测得测点的水平应力和竖向应力即测点的开挖应力分量 σ_r 和 σ_α。然而，工程实际中直墙顶部无法用肉眼辨别该钻孔施工位置，且该位置离巷道底板较远(＞2 m)，采用人工凿岩设备(如普遍采用的 YT28 气动凿岩机)钻孔较为困难。相比而言，在距离底板 0.8～1.5 m 巷道下帮部中钻凿水平孔易于施工，但是监测获得围岩测点的竖向应力 σ_v 和水平应力 σ_h 与开挖应力分量 σ_r 和 σ_α 需要按照一定的关系进行换算，见图 4-3。显然，根据巷道帮部底部围岩中任一点测点获得的竖向应力 σ_v 和水平应力 σ_h 可换算成开挖应力分量(径向应力 σ_r 和环向应力 σ_α)，继而根据平面复变函数反演算法求出远场应力分量 σ_h^{∞} 和 σ_v^{∞}。再者，在井下沿地应力方向垂直交叉巷道中布置至少 2 个测点，基于测量数据通过加权计算即可获得区域三维地应力大小。

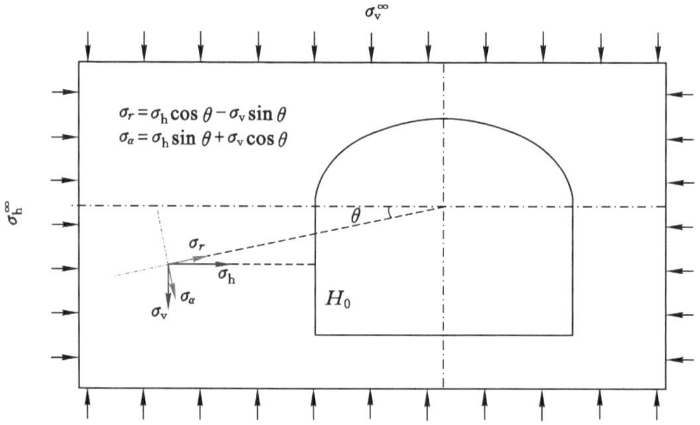

图 4-3　巷帮围岩测点受力示意图

由以上分析可知，为了获得矿区三维地应力分布规律，首先需要全面调研矿山地质构造发育情况，分析构造行迹特征和构造形成的力学机制，确定应力分量方向；其次，基于应力方向在不同标高巷道中布置 2 个以上测站并进行钻孔，实时监测巷道帮部或者顶板围岩三维采动应力。再次，根据巷道断面形状和尺寸确定映射函数和复势函数，获得测点理论远场应力分量和采动应力分量的二元一次方程组，代入采动应力求出测站远场应力分量。最后，按照加权比例法对测点远场应力分量进行修正，即地应力分量。可见，获得巷道围岩采动应力和平面复变函数反演解法是求解矿区地应力的关键。

4.4　孔洞围岩应力复变函数解析理论

4.4.1　弹性力学平面问题基本方程

一般来说，深埋岩石隧(巷)道周围二次应力的计算在弹性力学中可视为无限大平板中孔口应力的求解问题。在弹性力学中，地下岩体通常被假定为各向同性、均匀、连续的弹性介质，考虑地下孔洞沿其断面轴向上无限长且所有应力分量、形变分量和位移分量不发生变化，因而可将地下孔洞空间问题视为地下半无限平面的平面应变问题进行处理。

在弹性力学平面应变问题分析中，一般从静力学、物理学和几何学三个方面进行分析，因而需要用到三组基本方程。

① 平衡微分方程

$$\begin{cases}\dfrac{\partial \sigma_x}{\partial x}+\dfrac{\partial \tau_{xy}}{\partial y}+f_x=0\\[2ex]\dfrac{\partial \sigma_y}{\partial y}+\dfrac{\partial \tau_{xy}}{\partial y}+f_y=0\end{cases}\tag{4-6}$$

式中，σ_x、σ_y 表示在 x 方向和 y 方向上的应力分量，MPa；f_x、f_y 表示 x 方向和 y 方向上的面力分量，MPa。

② 几何方程

$$\begin{cases}\varepsilon_x=\dfrac{\partial u}{\partial x}\\[2ex]\varepsilon_y=\dfrac{\partial v}{\partial y}\\[2ex]\gamma_{xy}=\dfrac{\partial v}{\partial x}+\dfrac{\partial u}{\partial y}\end{cases}\tag{4-7}$$

式中，ε_x、ε_y、γ_{xy} 表示物理平面坐标系 x 方向和 y 方向上的线应变及其切应变；u、v 表示物理平面坐标系 x 方向和 y 方向上的位移，m。

③ 物理方程

$$\begin{cases}\varepsilon_x = \dfrac{1-\mu^2}{E}\left(\sigma_x - \dfrac{\mu}{1-\mu}\sigma_y\right) \\ \varepsilon_y = \dfrac{1-\mu^2}{E}\left(\sigma_y - \dfrac{\mu}{1-\mu}\sigma_x\right) \\ \gamma_{xy} = \dfrac{2(1+\mu)\partial v}{E}\tau_{xy}\end{cases} \tag{4-8}$$

式中，μ 介质的泊松比，无量纲；E 为弹性模量，GPa；τ_{xy} 代表剪切应力分量，MPa。

如果体力是一个常数，那么弹性力学平面问题中应力分量的求解等同于结合应力边界条件求解一个关于应力函数的四阶偏微分方程，即相容方程：

$$\frac{\partial^4 U}{\partial x^4} + 2\frac{\partial^4 U}{\partial x^2 \partial y^2} + \frac{\partial^4 U}{\partial y^4} = 0 \tag{4-9}$$

式中，U 为艾里应力函数，为关于 x 和 y 的双调和函数。

如果体力可忽略，则应力分量可表示为：

$$\sigma_x = \frac{\partial^2 U}{\partial y^2}, \sigma_y = \frac{\partial^2 U}{\partial x^2}, \tau_{xy} = \frac{\partial^2 U}{\partial x \partial y} \tag{4-10}$$

弹性理论中，在具体求解问题时，一般采用逆解法或半逆解法。所谓逆解法就是先设定应力函数 U 的表达式，计算应力分量，再根据应力边界条件和弹性体边界形状计算应力函数中的未知数；半逆解法则是假设部分或全部应力分量的函数形式，从而根据边界条件反推应力函数的形式。由此可见，弹性力学孔口问题求解均需要事先假设应力函数或者应力分量函数的函数形式（通解），然后根据边界条件确定待定系数。显然，当边界条件或者施加载荷比较复杂时，函数的表达式很难假定或者根据边界条件难以确定未知数以致问题无法求解。而复变函数方法则无须这些假设，它可直接用两个解析函数表示出双调和函数的复变函数形式，然后借助边界条件按照整套解法进行计算，能有效解决复杂孔口难题。这使得非圆形巷隧道围岩应力的求解成为可能。

4.4.2 应力分量的复变函数形式

复变函数解法得益于复变函数理论的发展，它由欧拉、达朗贝尔和拉普拉斯创建于 18 世纪。19 世纪，柯西和黎曼及维尔斯特拉斯对其进行了发展，以致这个新的分支曾统治了 19 世纪的数学。20 世纪以来，复变函数理论日臻成熟，并在各个领域得到了广泛应用，尤其是被引入平面弹性力学问题的求解中。1909 年，俄国著名数学家 Kolosov 提出复应力函数，并将其用于求解含椭圆形孔的无限大薄板在外力作用下的应力分布[121]。1953 年，Muskhelishvili 在专著 *Some Basic Problems of the Mathematical Theory of Elasticity* 中对弹性力学平面问题的复变函数法进行了详细论述，但这种方法仅适用于孔洞形状比较特别的一些模型，且存在要求保角映射必须有理化的局限性[122]。此后，*England* 也在 *Complex Variable Solution for a Deforming Circular Tunnel in an Elastic Half-plane* 中介绍了线弹性平面应变和应力边值问题的复变函数解法理论[123]。国内的徐芝纶[124]、路可见[125]和陈子荫[126]等学者也在 20 世纪对复变函数理论进行了深入研究和推广应用，取得了丰硕成果。

针对孔口力学问题的求解，Verruijt 采用柯西积分法推导了弹性半平面体中浅埋圆形和椭圆形孔洞周边应力和位移的幂级数表达式[127-128]；赵凯等[129]采用多角形法求解以 Schwarz-Christoffel 积分公式为基础的映射函数，得到了矩形硐室边界应力的基本公式，但无法应用于孔洞围岩应力求解；唐治等[130]采用上述方法对直墙拱形巷道围岩应力场进行了分析，发现应力集中区域主要集中在直墙底部底角处、拱形顶板中点附近和底板中部；Zhao 等[131]将孔洞围岩区域映射到像平面单位圆内，选取 3 项洛朗级数(Laurent 级数)形式的映射函数采用柯西积分推导了不同测压系数下矩形隧道周边环向应力的解析解；李培楠等[132]采用解析延拓法推导了深埋隧道围岩中任意位置处应力和位移大小的复变函数表达式，并考虑了隧道衬砌等内支撑法向反力作用的影响；施高萍等[133]从 Harnack 定理出发将应力边界条件方程转化成积分方程，采用留数定理推导出求解任意断面形状隧洞围岩应力的两个解析函数通式，研究了不同侧压系数和高宽比下矩形巷道围岩应力的分布特点，发现巷道隅角存在较高的应力集中。此外，刘允芳等[134-135]采用穆斯海里什维里弹性平面问题的复变函数解法，基于全纯数柯西积分原理根据监测孔洞围岩测点处位移和应力的变化值先后建立了非圆形孔洞围岩初始应力场的反馈公式。Green[136]、Ukadgaonker[137]、张路青等[138]、朱大勇等[139]和 Zeng 等[140-141]采用 Schwartz 交替法等方法将多孔洞映射为多个圆环给出了多孔洞围岩应力和复变函数解析过程。所以，本节尝试应用复变函数方法单连通域孔口问题进行求解，并概述复变函数的基本求解过程。如何根据边界条件求解相容方程中的两解析函数呢？通常有 Cauchy 积分法、幂级数近似求解法和解析延拓求解法 3 种方法。Cauchy 积分法通过定义的柯西积分公式和一些特殊的公式如 Harnack 定理对边界条件中的被积函数进行化简和转换，可以快速计算出解析函数的未知函数，不过需要一定的数学基础。幂级数方法就是对边界条件中等式两边表达式按幂次展开和比较，即求解多个线性方程组，该方法简单易懂。解析延拓法相对比较复杂，一般用于混合边界问题求解，这种方法对数学基础要求非常高。

1898 年，Goursat 根据复变函数复变量表达式 $z=x+iy$ 及其共轭 $\bar{z}=x-iy$ 求出了实数 x 和 y 的复变函数形式，通过变换，将双调和函数 U 用两个包含复数的解析函数 $\theta_1(z)$ 和 $\varphi_1(z)$(K-M 函数)表示为：

$$U = \mathrm{Re}[\theta_1(z) + \varphi_1(z)\bar{z}] \tag{4-11}$$

上式为著名的Goursat方程，它是式(4-9)的通解，具体表达式可根据边界条件确定。

应力分量是应力函数的二阶偏导，如果不计体力，将式(4-11)中艾力应力函数的复变函数形式代入式(4-10)可得三个应力分量之间的复函数关系：

$$\begin{cases}\sigma_x + \sigma_y = 4\mathrm{Re}[\varphi'_1(z)] \\ \sigma_y - \sigma_x + 2i\tau_{xy} = 2[\bar{z}\varphi''_1(z) + \psi'_1(z)]\end{cases} \tag{4-12}$$

式中，$\varphi_1(z)$和$\psi_1(z)$为复应力函数，$\psi_1(z)$为方便计算引入的解析函数，$\psi_1(z) = \theta_1{}'(z)$。针对两个解析函数的确定程度，若只要求$\sigma_x$、$\sigma_y$和$\tau_{xy}$相同，可以将$\varphi_1(z)$替换为$\varphi_1(z)+icz+\gamma$，将$\psi_1(z)$替换为$\psi_1(z)+\gamma'$。其中，待定系数$c$为任一实数，待定系数$\gamma$和$\gamma'$则为复常数。如果要求解析函数发生变化对位移分量无影响，二者改变的范围还要缩小，此时只能将$\varphi_1(z)$替换为$\varphi_1(z)+\gamma$，将$\psi_1(z)$替换为$\psi_1(z)+\kappa\gamma'$，针对平面应变问题κ取$3-4\mu$(μ为泊松比)。上述公式对于平面应力问题仍然适用，不过此时κ为$(3-\mu)/(1+\mu)$。这就是解析函数的替换原则。

将式(4-12)第二个方程展开，根据虚部即可求解切向应力，实部与第一个方程式联立可求解其余两个应力分量，单独的应力分量表达式为：

$$\begin{cases}\tau_{xy} = \mathrm{Im}[\bar{z}\varphi''_1(z) + \psi'_1(z)] \\ \sigma_x = 2\mathrm{Re}[\varphi'_1(z)] - \mathrm{Re}[\bar{z}\varphi''_1(z) + \psi'_1(z)] \\ \sigma_y = 2\mathrm{Re}[\varphi'_1(z)] + \mathrm{Re}[\bar{z}\varphi''_1(z) + \psi'_1(z)]\end{cases} \tag{4-13}$$

显然，确定两个解析函数的具体形式是求解应力分量的前提条件，因此，如何根据边界条件求出这两个解析函数的具体形式是复变函数解法的核心。针对单(多)连通域应力求解，考虑应力和位移的单值性，陈子荫教授详细推导出了$\varphi_1(z)$和$\psi_1(z)$的形式：

$$\begin{cases}\varphi_1(z) = -\dfrac{1}{2\pi(1+\kappa)}\displaystyle\sum_{n=1}^{k}(X_n + iY_n)\ln(z - z_n) + \varphi_{1*}(z) \\ \psi_1(z) = \dfrac{\kappa}{2\pi(1+\kappa)}\displaystyle\sum_{n=1}^{k}(X_n - iY_n)\ln(z - z_n) + \psi_{1*}(z)\end{cases} \tag{4-14}$$

式中，k表示内边界的个数；X_n、Y_n分别表示边界上施加的面力沿x和y坐标轴的面力分量；z_n则代表内边界区域内的任意一点；$\varphi_{1*}(z)$、$\psi_{1*}(z)$为域内单值函数。当内边界上的合力分量为0或者讨论域为单连通域时，$\varphi_1(z)$、$\psi_1(z)$第一项为0，即单值解析函数，它们与弹性常数(材料性质)无关。若令外边界趋于无限远，则该多(单)连通域变为无限域问题。经过推导，在无穷远点应力有界的条件下，无穷远邻域处$\varphi_1(z)$和$\psi_1(z)$的形式为：

$$\begin{cases}\varphi_1(z)=-\dfrac{1}{2\pi(1+\kappa)}(X+iY)\ln z+(B+iC)z+\varphi_1^0(z)\\ \psi_1(z)=-\dfrac{\kappa}{2\pi(1+\kappa)}(X-iY)\ln z+(B'+iC')z+\psi_1^0(z)\end{cases}\tag{4-15}$$

式中，B、C、B'、C'均为实常数，计算公式如下：$B=(\sigma_x^\infty+\sigma_y^\infty)/4$，$B'=(\sigma_y^\infty-\sigma_x^\infty)/2$，$C'=\tau_{xy}^\infty$，$\sigma_x^\infty$、$\sigma_y^\infty$、$\tau_{xy}^\infty$为无穷远处的应力。根据解析函数的替代原则，$C$ 可取 0。X 和 Y 为孔边面力分量之和，$X=\sum_{n=1}^{k}X_n$，$Y=\sum_{n=1}^{k}Y_n$，若孔边无载荷，其数值为 0。$\varphi_1^0(z)$和 $\psi_1^0(z)$均为无穷远点领域内的单值解析函数，可用 Laurent 级数展开为：

$$\begin{cases}\varphi_1^0(z)=a_0+\dfrac{a_1}{z}+\dfrac{a_2}{z^2}+\cdots+\dfrac{a_n}{z^n}\\ \psi_1^0(z)=b_0+\dfrac{b_1}{z}+\dfrac{b_2}{z^2}+\cdots+\dfrac{b_n}{z^n}\end{cases}\tag{4-16}$$

式中，a_n 和 b_n 为复常数，因为解析函数常数项（替代原则）不影响应力分量大小，故通常 a_0 和 b_0 可取 0。若考虑位移单值条件时，a_0 取 0，b_0 不一定为 0，不过它对于应力分量的求解并没有影响，因为 $\psi_1(z)$对 z 求导时，常数项不起作用。此外，若孔上有不平衡面力合力，常数项要保留，根据边界条件可计算求解。

需要说明的是，在实际工程中，无穷远处边界所受的面力不一定是均匀对称分布的，而是呈现非对称或可简化为与水平轴呈一定夹角的两个相互垂直的主应力，假定为 N_1 和 N_2，用 θ 表示 N_1 与 x 轴的夹角，则 B、B'、C'的计算公式如下：

$$B=\frac{N_1+N_2}{4},B'+iC'=-\frac{1}{2}(N_1+N_2)e^{-2i\theta}\tag{4-17}$$

4.4.3 边界条件的复变函数形式

在弹性平面应力问题中，涉及的边界条件包括应力、位移两种，所以弹性力学问题求解可采用应力法或位移法。由于本研究不考虑计算孔洞围岩位移，仅研究应力边界条件，经推导可给出其复变函数表达式：

$$\varphi_1(z)+z\,\overline{\varphi'_1(z)}+\overline{\psi'_1(z)}=i\int_A^B(X_n+iY_n)\mathrm{d}s\tag{4-18}$$

式中，积分上下限 A 和 B 分别为孔洞边界上所取的积分起点和终点；$X_n=\sigma_x l+\tau_{xy}m$，$Y_n=\tau_{xy}l+\sigma_y m$，$l$ 和 m 是所讨论边界点的单位外法向量 n 的方向余弦，$l=\cos(n,x)=\mathrm{d}y/\mathrm{d}s$，$m=\cos(n,y)=-\mathrm{d}x/\mathrm{d}s$。如果孔洞内无支护作用，即孔洞边界不受外力，则 X_n 和 Y_n 均为 0。

另外，同样可给出采用复变函数表示的位移边界条件表达式：

$$\kappa\varphi_1(z) - z\overline{\varphi'_1(z) - \psi'_1(z)} = 2E(\bar{\mu} + i\bar{\upsilon}) \tag{4-19}$$

式中，E 为介质弹性模量，κ 针对平面应变问题和平面应力问题分别取值 $3-4\mu$ 及 $(3-\mu)/(1+\mu)$。这里位移是给定的，$u=\bar{u}$，$\upsilon=\bar{\upsilon}$。

4.4.4 保角变换与映射函数

黎曼映射定理指出，物理平面 z 中肯定存在一个映射函数可以将单连通域的复杂边界映射到像平面 ζ 中的单位圆上。这样的话，尽管映射后应力边界形式变得复杂，但复杂形状巷道的应力解析解可以很容易求出。显然，z 平面中的任何点或线在 ζ 平面中都有与其对应的映射点或映射线。保角变换的本质是利用映射函数 $z=w(\zeta)$ 把物理平面中复杂不规则的孔洞边界及围岩映射到像平面中的单位圆及其圆外或圆内，见图 4-4。映射函数是一个满足双向单值的解析函数。因此，物理平面上原来关于 x 和 y 为自变量的相函数表达式或等式需要变换成关于自变量 ζ 的公式，采用这种变换可以有效解决孔口力学问题，尤其是常规方法难以求解的复杂孔口问题。如图 4-5 所示，假设在 z 平面有两条相交的曲线 l_1 和 l_2，通过映射函数 $z=w(\zeta)$ 映射到像平面 ζ 后变为曲线 l'_1 和 l'_2，l'_1 和 l'_2 在交点的切线 m 和 n 形成的夹角与 z 平面中 l_1 和 l_2 的夹角相等，(尽管映射后图形的形状可能会发生旋转和拉伸)，故称这种变换为保角变换。

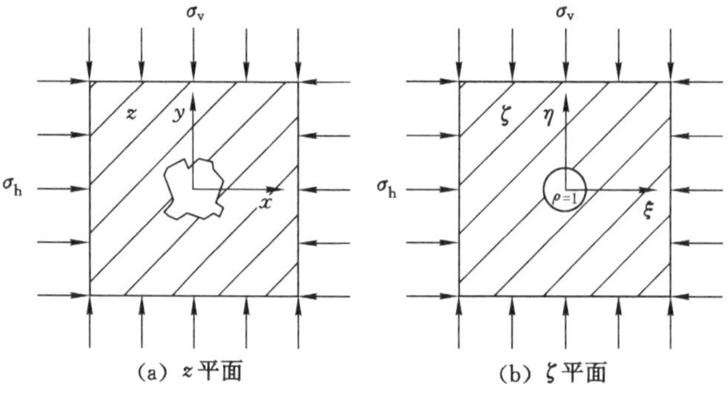

图 4-4　z 平面孔洞围岩映射为 ζ 平面单位圆外

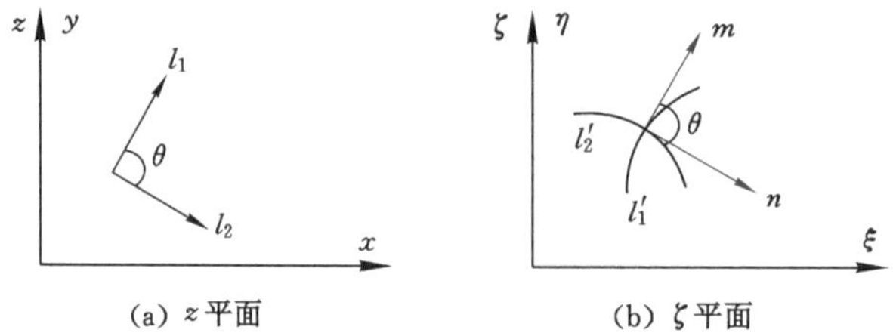

图 4-5　保角变换示意图

z 平面任一点的直角坐标用复变量表示为 $z=x+iy$，映射到 ζ 平面后的直角坐标可表示为 $\zeta=\xi+i\eta$，极坐标表达式为 $\zeta=\rho e^{i\theta}$，ρ 和 θ 分别表示该点的极径（ρ 为 1）和极角。如何确定映射函数，将在下小节进行详细介绍。根据映射函数，可将应力分量为 z 的函数表示为 ζ 的函数，可得出应力分量、边界条件等的表达式。

首先，引用以下函数：

$$\begin{cases}\Phi(\zeta)=\varphi'_1(z)=\dfrac{\varphi'(\zeta)}{w'(\zeta)}\\ \Psi(\zeta)=\psi'_1(z)=\dfrac{\psi'(\zeta)}{w'(\zeta)}\end{cases} \tag{4-20}$$

应力分量表达式可改写为：

$$\begin{cases}\sigma_x+\sigma_y=4\mathrm{Re}[\Phi(\zeta)]\\ \sigma_y-\sigma_x+2i\tau_{xy}=\dfrac{2}{w'(\zeta)}[\overline{w(\zeta)}\Phi'(\zeta)+w'(\zeta)\Psi(\zeta)]\end{cases} \tag{4-21}$$

z 平面上的孔洞边界经过保角变换变为 ζ 平面上以原点为圆心的单位圆圆周，所以，为方便求解最好采用极坐标形式表示 ζ 平面上的点（ρ 和 θ 为该点的极径和极角）：

$$\zeta=\rho e^{i\theta}=\rho(\cos\theta+i\sin\theta) \tag{4-22}$$

因此，ζ 平面上应力分量表达式还可改写为极坐标形式：

$$\begin{cases}\sigma_\rho+\sigma_\theta=4\mathrm{Re}[\Phi(\zeta)]\\ \sigma_\theta-\sigma_\rho+2i\tau_{\rho\theta}=\dfrac{2\zeta^2}{\rho^2}\dfrac{1}{\overline{w'(\zeta)}}[\overline{w(\zeta)}\Phi'(\zeta)+w'(\zeta)\Psi(\zeta)]\end{cases} \tag{4-23}$$

需要说明的是，式(4-23)中的 ρ 和 θ 属于 ζ 平面，因此可根据物理平面上已知点的极坐标大小借助欧拉公式(Euler 公式)按照实部和虚部相等原则求解线性方程组即可得出 ρ 和 θ 的大小。

对于无限域中单连通域的求解问题，本书不考虑孔边有外力的情况，并把 z 平面孔外域映射到 ζ 平面单位圆外，ζ 平面无穷远邻域处两个解析函数可改写为[$\varphi_0(\zeta)$ 和 $\psi_0(\zeta)$ 为单位圆外的单值解析函数，代入式(4-16)可变化为 ζ 形式]：

$$\begin{cases}\varphi(\zeta)=Bw(\zeta)+\varphi_0(\zeta)\\ \psi(\zeta)=(B'+iC')w(\zeta)+\psi_0(\zeta)\\ \varphi_0(\zeta)=\sum\limits_{n=1}^{\infty}a_n[w(\zeta)]^{-n}\\ \psi_0(\zeta)=\sum\limits_{n=0}^{\infty}b_n[w(\zeta)]^{-n}\end{cases} \tag{4-24}$$

应力边界条件可改写为[孔边无外载时,式(4-25)等式右边项为 0]:

$$\varphi(\zeta)+\frac{w(\zeta)}{w'(\zeta)}\overline{\varphi'(\zeta)}+\overline{\psi(\zeta)}=i\int_A^B(X_n+iY_n)\mathrm{d}s \tag{4-25}$$

位移边界条件可改写为:

$$\kappa\varphi(\zeta)-\frac{w(\zeta)}{w'(\zeta)}\overline{\varphi'(\zeta)}-\overline{\psi(\zeta)}=2E(\bar{\mu}+i\bar{\upsilon}) \tag{4-26}$$

$$\begin{cases}\dfrac{1}{2\pi i}\oint\dfrac{f(\sigma)}{\sigma-\zeta}\mathrm{d}\sigma=0\\ \dfrac{1}{2\pi i}\oint\dfrac{f_*(\sigma)}{\sigma-\zeta}\mathrm{d}\sigma=-f_*(\zeta)+f_*(\infty)\\ \dfrac{1}{2\pi i}\oint\dfrac{\overline{f_*(\sigma)}}{\sigma-\zeta}\mathrm{d}\sigma=0\end{cases} \tag{4-27}$$

与实函数相比,解析函数具备一些独特的性质,只有借助这些性质才可求出解析函数及应力分量,如复平面区域处处可微并可泰勒展开等,又如 $f(z_1)$若为圆内解析函数$\overline{f(\frac{1}{z_2})}$,则为圆外解析函数;反之,若 $f(z_2)$为圆外解析函数,则为圆内解析函数$\overline{f(\frac{1}{z_1})}$。其中,$z_1$ 和 z_2 互为反射点,且 $z_1\overline{z_2}=1$。此外,若 $f(\sigma)$ 和 $f_*(\sigma)$分别为单位圆内解析函数和圆外解析函数的边界值,ζ 位于单位圆外,r 为区域边界,那么存在式(4-27),这些特定的公式在柯西积分求解解析函数时经常用到。

前面讲到采用复变函数理论求解弹性力学问题时主要采用三种方法求解,柯西积分法就用到了这些特殊的性质,给出了边界值在圆内和圆外解析函数的一些公式,同时结合 Harnack 定理将应力边界条件化为柯西积分形式[式(4-28)]。本书在此不赘述,具体可参照华北电力大学吕爱钟教授等著作《地下隧洞力学分析的复变函数方法》,陈子荫教授在《围岩力学分析中的解析方法》中也对其进行了专门的介绍。需要说明的是,在应用柯西积分所定义的一些性质时,对于数学基础薄弱的研究人员来说很难准确确定被积函数在 ζ 平面到底是属于单位圆内解析函数还是单位圆外解析函数,且有些被积函数还需要采用留数定理或其他数学理论进行展开或分解,因而这种方法在应用上述性质时存在一定难度。鉴于此,本书采用简单易懂的幂级数方法求解弹性力学问题,将映射函数代入式(4-24)和式(4-25)进行计算,最后只要对比方程式左右两边的同幂次项系数就能求得解析函数的待定系数,继而能够求出应力分量大小。

$$\frac{1}{2\pi i}\oint_{r}\frac{\varphi(\sigma)}{\sigma-\zeta}\mathrm{d}\sigma+\frac{1}{2\pi i}\oint_{r}\frac{w(\sigma)}{\overline{w'(\sigma)}}\frac{\overline{\varphi(\sigma)}}{\sigma-\zeta}\mathrm{d}\sigma+\frac{1}{2\pi i}\oint_{r}\frac{\overline{\psi(\sigma)}}{\sigma-\zeta}\mathrm{d}\sigma=\frac{1}{2\pi i}\oint_{r}\frac{f(c)}{\sigma-\zeta}\mathrm{d}\sigma \tag{4-28}$$

针对本书要研究的无限域中单连通域孔边无外载(X_n 和 Y_n 值为 0)问题，考虑到工程中孔洞多处于深埋条件下，因此忽略孔洞高度内应力梯度的影响，不计体力作用。同时，假定孔洞围岩介质为均质、各向同性的连续介质，即围岩符合线弹性假设，在荷载下始终处于弹性状态。此外，由于隧道一般无限长且沿轴向方向应力分量不产生变化，且围岩中各点沿隧道轴向方向没有位移。那么，隧道应力求解问题可视为平面弹性应变问题。采用复变函数理论求解孔洞外围岩应力主要包括以下主要步骤：

① 确定保角变换所需的映射函数 $z=w(\xi)$，将物理平面中复杂的隧道边界及围岩变换到像平面中的单位圆及其外部。

② 根据 Laurent 级数原理将 $\varphi_0(\zeta)$ 和 $\psi_0(\zeta)$ 展开，同时根据远场受力情况计算 B、B'、C'，代入式(4-24)得到含有未知系数的两个解析函数 $\varphi(\zeta)$ 和 $\psi(\zeta)$，再代入应力边界条件表达式，根据应力边界条件采用幂级数方法等数学方法即可确定解析函数中的待定系数。

③ 根据解析函数 $\varphi(\zeta)$ 和 $\psi(\zeta)$ 可求出 $\Psi(\xi)$ 和 $\Phi(\xi)$，再根据复应力函数的直角坐标公式(4-21)或者极坐标公式(4-23)可求出各应力分量表达式，由此可求解孔洞围岩外任一点的应力。

4.4.5 映射函数复合形优化解法

4.4.5.1 映射函数的确定方法

由以上分析可知，求解映射函数是解析孔洞围岩应力函数的前提。由黎曼映射定理可知，任意孔洞的映射函数都是存在的[142]。从应力边界条件的表达式可以发现，多项式中第二项分母中出现了$\overline{\omega'(\sigma)}$，这就要求$\overline{\omega'(\sigma)}\neq 0$，也就是说 $w(\zeta)$ 必须为一个解析函数（区域上处处可微分的复函数），因为只有解析函数才具有保角变换的性质。显然，区域边界上处处满足 $\omega'(\sigma)\neq 0$ 就要求物理平面 z 上的区域边界必须有连续的曲率，即孔洞边界为圆滑的曲线而不能出现角点，否则无法满足解析函数处处可导的条件。事实上，工程中很多孔洞边界存在角点，因此在复变函数中需要对其进行平滑处理，当采用有限项的近似映射函数进行共形映射时，孔洞边界上的角点均会被当作一小段圆弧线进行替代，且有限项越多圆弧线越短，映射函数越精确，映射出来的孔洞形状也就越逼近孔洞实际边界。解析结果也表明，角点处的应力会有些许偏差。

此外，采用保角映射求解工程中的实际问题时，对于像平面上 ζ 的任一点在

物理平面 z 上只能有一个点与之对应，反之亦然，这种双方单值的保角映射称为简单映射或单叶映射，这也是解析函数需要满足的另一条件。针对映射函数的求解，有些关于保角变换的一些书籍中已经列出部分典型算例，为满足工程实际我们需要采用近似方法去因地制宜地求解。对此，国内外学者进行了大量的研究，提出了多种计算方法，如梅林契耶夫作图法、多角形法、奇偶插值反复迭代法、施瓦茨-克里斯托费尔混合罚函数法、三个绝对收敛级数相乘法、反演迭代法、边界点搜索法和当量半径法等。由于本书中已指定将孔洞围岩映射到 ζ 平面单位圆外域，由弹性理论可知，映射函数可以采用泰勒级数或者 Laurent 级数的形式展开。

若将物理平面 z 中的半无限平面单连通区域映射到像平面 ζ 的单位圆外域（$|\xi|>1$），见图 4-6，那么映射函数 $wk(\zeta)$ 可以用 Laurent 级数展开表示为：

$$z=\omega(\zeta)=R(\zeta+\sum_{k=0}^{\infty}C_k\zeta^{-k}) \tag{4-29}$$

式中，z 和 ζ 分别为物理平面和像平面的坐标；R 为正实数，反映了孔洞边界形状，R 越大孔形越不规则和圆滑；C_k 为复常数（k 为自然数），反映了孔洞的形状，当孔洞形状具有对称轴时，C_k 为实数，且 C_0 反映 z 平面笛卡尔坐标系原点的位置。实际计算时 C_k 只要选取很少几项计算得出的近似映射函数就完全能满足精度要求。另外，式中没有列出 ζ^k（$k\geqslant2$）项，这些项显然不存在，否则会出现当 $\zeta\to0$ 时 $w'(\zeta)\to\infty$，以致映射函数不满足解析函数的基本条件。

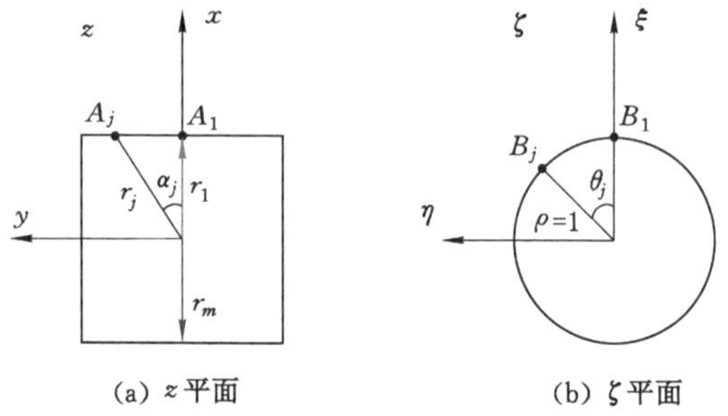

图 4-6　z 平面孔洞边界映射为 ζ 平面单位圆圆周

4.4.5.2　Laurent 级数形式映射函数计算原理

深埋地下隧洞或巷道断面一般至少有一个对称轴，故本研究只考虑有对称轴的孔形，非对称孔形映射函数的计算过程类似，不过 C_k 由实数变为复数。若图 4-6 中物理平面 z 中的孔洞关于 x 轴对称，在其边界上选择任一点 A_j，其极坐标记为（r_j，α_j）。该点在 ζ 像平面单位圆周上的映射点为 B_j，其具体位置并不知道，假设其极坐标为（1，θ_j）。二者之间关系表示为：

$$r_j e^{i\alpha_j} = R(e^{i\theta_j} + \sum_{k=0}^{\infty} C_k e^{-ik\theta_j}) \tag{4-30}$$

简化可得：

$$r_j = R(e^{i(\theta_j - \alpha_j)} + \sum_{k=0}^{\infty} C_k e^{-i(k\theta_j + \alpha_j)}) \tag{4-31}$$

根据 Euler 公式，上式展开可得：

$$\begin{cases} \sin(\alpha_j - \theta_j) + \sum_{k=0}^{\infty} C_k \sin(\alpha_j + k\theta_j) = 0 \\ r_j = R\left[\cos(\alpha_j - \theta_j) + \sum_{k=0}^{\infty} C_k \cos(\alpha_j + k\theta_j)\right] \end{cases} \tag{4-32}$$

由于映射函数已假定为 Laurent 级数形式，求解映射函数的关键在于求解未知数 R 和 C_k，前面已经说明有限项的近似映射函数就已具有较高的精度，那么假设待求的项数为 $n(k=0,1,2,\cdots,n-1)$，上述未知数的求解过程可概述如下：

① 设 x 轴为 z 平面直角坐标系中巷道的对称轴，以 x 轴和巷道边界交点为起始点。在孔洞左半截面的边界上逆时针依次选择 m 个点。将每个点 A_j 的直角坐标(x_j, y_j)换算为极坐标形式为(r_j, α_j)，其中 $j=1,2,\cdots,m$。显然，当 $j=1$ 时，物理平面的圆周上的起始点 A_1 和像平面单位圆周上 B_1 的极角 α_1、θ_1 均为 0，代入式(4-32)的第一个方程式中可得 R 和 C_k 的关系式：

$$R = \frac{r_1}{1 + \sum_{k=0}^{n} C_k} \tag{4-33}$$

② 根据式(4-32)可知，当映射函数取有限项 n(n 为正整数)时，第二个方程式将不能严格满足。因此，本书为准确确定 $C_k(k=0,1,2,\cdots,n-1)$，定义目标函数 $f(C_k, \theta_j)$：

$$f(C_k, \theta_j) = \sum_{j=1}^{m} \left\{ r_j - r_1/(1 + \sum_{k=0}^{n} C_k)\left[\cos(\alpha_j - \theta_j) + \sum_{k=1}^{n} C_k \cos(\alpha_j + k\theta_j)\right]\right\}^2 \tag{4-34}$$

③ 将 $C_k(k=0,1,2,\cdots,n-1)$的求解问题简化为求目标函数的极小值问题，并设定约束条件为：

$$\left.\begin{array}{l} \min f(C_k, \theta_j) \\ \text{s.t.} \quad \sin(\alpha_j - \theta_j) + \sum_{k=0}^{n} C_k \sin(\alpha_j + k\theta_j) = 0 \\ \sum_{k=0}^{n} k\,|C_k| < 1 \end{array}\right\} \tag{4-35}$$

显然上述问题可看作不等式约束的优化问题，将 z 平面巷道周边 m 个点的极坐标代入式(4-35)，采用优化算法即可实现上述参数的自动求解。如果 n 取 ∞，优化后得出的所有 C_k 为映射函数精确解，此时 $f(C_k,\theta_j)=0$。如果映射函数取有限项 n，得出的 C_k 为最优解，此时 $f(C_k,\theta_j)>0$。因此，在有限项的前提下应该让 m 尽可能大，大量的边界点有利于促进 $f(C_k,\theta_j)$ 接近于 0，从而保证映射函数的准确性。一般来说，m 的最小值不小于 $n+2$。

4.4.5.3　约束优化问题复合形求解算法

本书采用复合形方法对上述带约束条件下的目标函数最小值进行求解。复合形法是 Box 于 1965 年提出用于求解非线性极大值优化问题，对此，本研究将它用于极小值优化。该方法的原理是将多面体的顶点视为目标函数可能的解，不断剔除掉目标函数值最大的坏顶点，并搜索一个目标函数值相对较小的顶点进行替代形成更新的多面体，通过不断删除、搜索和替代不合适的顶点，直到函数值最小的顶点满足迭代收敛要求为止。该方法根据目标函数值和约束条件确定搜索方向，对目标函数适用性强，计算精度高，简单易懂，且易于编程运算。

复合形法的基本思路为：在 n 维优化设计空间的可行域 D 内，首先构造具有一个满足约束条件的含有 k 个顶点的多面体，亦称为初始复合形。多面体的每个顶点坐标值都代表一组可能的解。其次，根据目标函数分别计算各个顶点的目标函数值，并筛选出目标函数最大值的顶点，记为坏点；目标函数值次大的点记为次坏点，目标函数最小的顶点记为好点。最后，删除最坏点，以其余点的质心点作为映射中心，在最坏点和质心点连线上找到满足约束条件函数值较小的最坏点的映射点，使之替代最坏点构成新的多面体。如果最坏点的映射点找不到，用次坏点的映射点替代。重复上述步骤，不断删除最坏点，直至生成的多面体的最优点满足收敛要求。

根据上述复合形法的基本思想，对于求解 $\min f(X)$，$X\in \mathbf{R}^n$；s.t. $g_u(X)\leqslant 0$，$(u=1,2,\cdots,m)$的优化问题时，采用复合形法求解需要分两步进行：

第一步，是在设计空间的可行域 $D=\{X\mid g_u(X)\leqslant 0,u=1,2,\cdots,m\}$内产生含有 k 个顶点的多面体，每个顶点的初始坐标值均赋值为 0，即生成初始复合形。对于复合形顶点 k 的取值，一般取 $n+1\leqslant k\leqslant 2n$($n$ 小 k 取大值，n 大 k 取小值)。

第二步，开展该多面体的迭代优化计算。根据多面体各顶点目标函数值大小确定映射方向，选择用函数值小的坏点映射点替换坏点，构建新的多面体，使多面体朝最优点的形状持续变形，直到多面体最优点满足收敛条件。

所以，复合形法的优化过程实际就是通过对多面体各顶点的目标函数值进行计算与对比，反复对坏点进行映射与多面体收缩，使之逐步向最优解靠拢。

(1) 初始复合形的构建

构建初始复合形就是寻找含 k 个满足约束的可行的顶点构成一个多面体。主要有两种方法生成这一多面体：a. 指定 k 个可行的顶点，人工优选出 k 组满足约束条件可行的目标函数解，每组解作为一个顶点坐标，由此可人工构建一个初始复合形。b. 选一组可行的解作为复合形顶点，其他顶点的坐标采用随机法产生，但需满足约束条件，即初始顶点记为 $X^{(1)}$，其余 $k-1$ 个顶点 $X^{(j)}(j=1,2,\cdots,k)$ 按照公式 $X_i^{(j)}=a_i+r_i^{(j)}(b_i-a_i)$ 进行计算，其中 $j(j=1,2,\cdots,k)$ 为复合形顶点的序号；i 为设计变量的序号($i=1,2,\cdots,n$)，表示点的坐标分量；a_i 和 b_i 为设计变量的上下界(本书取 1 和 -1)；$r_i^{(j)}$ 为[0,1]区间的任意实数。

鉴于此，本研究采用第二种方法生成 $k-1$ 个随机顶点，初始点向量元素值均为 0。考虑到这些随机点坐标值能满足区间取值条件，但不见得满足约束条件。因此，需要逐个验证其可行性，直至可行为止。如果有 $q(1\leqslant q\leqslant k)$个顶点符合所有约束条件，第 $q+1$ 点 $X^{(q+1)}$ 不满足约束，那么 q 个顶点的质心点为 $X^{(c)}=\frac{1}{q}\sum_{j=1}^{q}X^{(j)}$，然后将不满足约束条件的点 $X^{(q+1)}$ 向中心点 $X^{(c)}$ 靠拢生成一个新点 $X^{(q+1)'}$，即 $X^{(q+1)'}=X^{(c)}+0.5(X^{(q+1)}-X^{(c)})$，若新得到的点仍在可行域外，则重复上式进行调整，直到新点成为可行点为止。再同样处理 $X^{(q+2)}$，$X^{(q+3)},\cdots,X^{(k)}$ 诸点，使其全部进入可行域内，从而构成一个所有顶点均在可行域内的初始复合形。

(2) 复合形法的迭代优化

初始复合形生成后，其调优迭代计算按下述步骤进行：

① 计算初始复合形各顶点的函数值，选出好点 $X^{(L)}$：$f(X^{(L)})=\min f(X^{(j)})$]、坏点 $X^{(H)}$：[$f(X^{(H)})=\max f(X^{(j)})$]、次坏点 $X^{(G)}$：[$f(X^{(G)})=\max f(X^{(j)})$]，$j\neq H$。

② 计算除坏点 $X^{(H)}$ 外其余 $k-1$ 个顶点的几何中心点 $X^{(S)}$，并检验 $X^{(S)}$ 点是否在可行域内。如果 $X^{(S)}$ 是可行点，则执行步骤③，否则执行步骤④。

③ 沿 $X^{(H)}$ 和 $X^{(S)}$ 连线方向求 $X^{(H)}$ 的映射点 $X^{(R)}$，$X^{(R)}=X^{(S)}-\alpha(X^{(S)}-X^{(H)})$，其中 α 为映射系数，本书取 1.3。然后，检验 $X^{(R)}$ 可行性。

④ 若 $X^{(S)}$ 不在可行域内，那么 D 也许为非凸集。因此可用 $X^{(S)}$ 和 $X^{(L)}$ 替换 a_i 和 b_i 作为变量区间的上下界，继而在这个取值范围内重新随机产生含有 k 个顶点的初始复合形。若 $X_i^{(L)}<X_i^{(S)}$(即 $X_i^{(L)}$ 点在 $X_i^{(S)}$ 点的左边)，则令 $a_i=X_i^{(L)}$ 和 $b_i=X_i^{(S)}$；若 $X_i^{(L)}>X_i^{(S)}$(即 $X_i^{(L)}$ 点在 $X_i^{(S)}$ 点的右边)，则分

别定义 $a_i = X_i^{(S)}$ 和 $b_i = X_i^{(L)}$，反之亦然。重新构成复合形后，重复步骤①和②，直到 $X^{(S)}$ 满足约束条件为止。

⑤ 求解坏点映射点的函数值 $f(X^{(R)})$，若 $f(X^{(R)}) < f(X^{(H)})$，则用映射点替换坏点，构成新的复合形，即实现一次迭代循环计算，并跳向步骤①，否则开展下一步。

⑥ 如果 $f(X^{(R)}) > f(X^{(H)})$，那么将映射系数 α 值取原始值的一半，再次考察映射点。倘若新的映射点 $X^{(R)}$ 既符合约束，函数值又满足 $f(X^{(R)}) < f(X^{(H)})$，则用映射点 $X^{(R)}$ 代替顶点 $X^{(H)}$，完成这一迭代循环；否则，α 值持续取原始值的一半。如果当 α 值减小到一设定值（本书取 10^{-8}）生成的映射点仍不满足约束或者函数值比坏点的小，这说明最坏点映射不可行，应改用次坏点 $X^{(G)}$ 替换坏点再进行映射。

⑦ 进行收敛判断。若满足 $\left\{\frac{1}{k}\sum_{j=1}^{k}[f(X^{(j)}) - f(X^{(L)})]^2\right\}^{1/2} \leqslant \varepsilon$（本书 ε 取 10^{-6}），则可终止循环。这时多面体中目标函数值最小的顶点就是最优顶点，相应的坐标则为最优解。

本书利用 MATLAB 编程实现上述步骤的自动计算，限于篇幅，程序代码略。

4.5 工程应用及结果分析

昆阳磷矿二矿地下井巷断面形状主要为三心拱形，巷道净宽均为 4.5 m，拱高 1.5 m，墙高不一，有 3 种断面尺寸，即墙高 H_0 为 2.0 m（如斜井、中段胶带运输巷）、2.2 m（如斜坡道、中段无轨运输巷、中进风石门巷道）和 2.5 m（如充填回风巷）。对此，我们采用复变函数理论针对 3 种断面尺寸下的围岩应力进行解析，同时基于现场采动应力实测来反演计算矿区地应力大小。

4.5.1 三心拱形巷道围岩应力解析方程

4.5.1.1 墙高 $H_0 = 2.0$ m 巷道

根据 4.3 小节和 4.4 小节内容，假定在 z 平面巷道围岩受远场的竖直应力为 p，侧向应力为 λ_p（侧压系数为 λ），即 $\sigma_h^\infty = p$，$\sigma_v^\infty = \lambda_p$。由式(4-29)可知，物理平面 z 的圆形孔形外区域映射到像平面 ζ 单位圆外域的映射函数可表示为 Laurent 级数的形式。该类型三心拱形巷道尺寸及保角变换示意图见图 4-7。考虑到对称效应，在 z 平面直角坐标系中三心拱形巷道边界左侧从顶板中心开始逆时针等角度均匀选择 33 个点（$A_1, A_2, \cdots, A_j, \cdots, A_{33}$）（$j = 1, 2, \cdots, 33$）作为坐标点，其在 ζ 像平面单位圆周上的映射点为 B_j，具体位置并不知道，极坐标可记为$(1,\theta_j)$。记录下各测点的极坐标(r_j,a_j)，作为数据样本。起始点的极径为 1.50 m、极角为 0，设定映射函数 $z=w(\zeta)$具有不同的有限项 n，映射函数的求解最终化为求解约束条件下目标函数的极小值问题。按照 4.4 小节的计算步骤执行映射函数复合形优化算法程序，可得到不同项数 n 下的 C_k 最优解，结果见表 4-2。

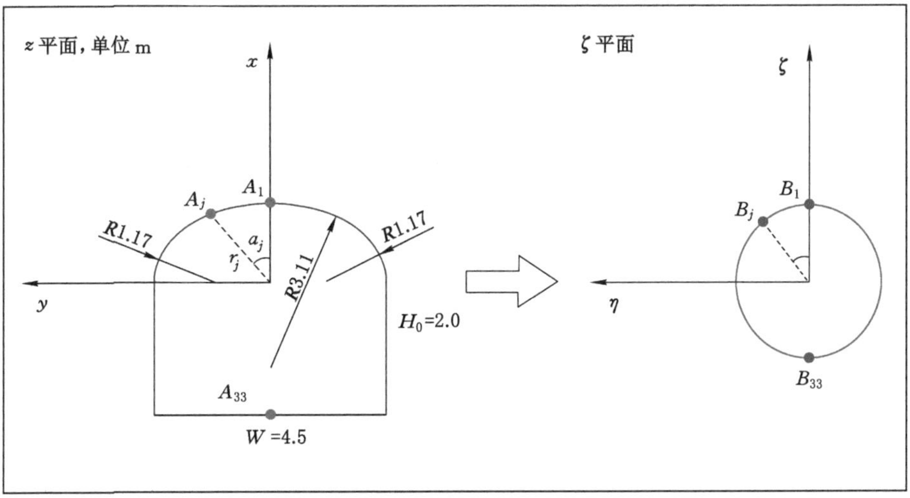

图 4-7　三心拱形巷道尺寸及保角变换示意图($H_0=2.0$ m)

表 4-2　不同项数 C_k 下复合形算法优化求解结果($H_0=2.0$ m)

项数 n	迭代次数	f 值	C_0	C_1	C_2	C_3	C_4	C_5	C_6	C_7
3	80	0.918 8	−0.195 5	−0.161 5	0.046 2	—	—	—	—	—
4	180	0.157 4	−0.200 3	−0.123 5	0.086	−0.078 4	—	—	—	—
5	162	0.061 1	−0.217 6	−0.123 2	0.082 7	−0.092 8	0.0311	—	—	—
6	160	0.088 3	−0.202 2	−0.117 1	0.075 3	−0.087 6	0.016	−0.000 9	—	—
7	420	0.078 7	−0.213 8	−0.125	0.071 2	−0.092 4	0.029	0.005 9	0.009 3	—
8	300	0.005 5	−0.211 1	−0.128 8	0.080 8	−0.095 8	0.028 7	0.017 6	−0.012 1	0.000 6

由表 4-2 可知，取有限项 n 为 8 时，f 值最小，表明对应的映射效果较好，见图 4-8。将各有限项系数代入式(4-33)可计算出 R 为 2.206 2，并可得三心拱形巷道($H_0=2.0$ m)的映射函数近似为：

$$z=w(\zeta)$$

$$=2.2062\zeta-0.4657-\frac{0.2842}{\zeta}+\frac{0.1783}{\zeta^{2}}-\frac{0.2114}{\zeta^{3}}+\frac{0.0633}{\zeta^{4}}+\frac{0.0388}{\zeta^{5}}-\frac{0.0267}{\zeta^{6}}+\frac{0.0013}{\zeta^{7}} \tag{4-36}$$

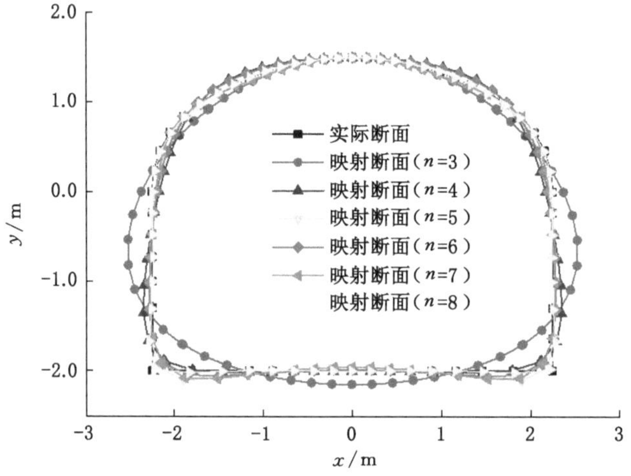

(a) C_k=[3～8]

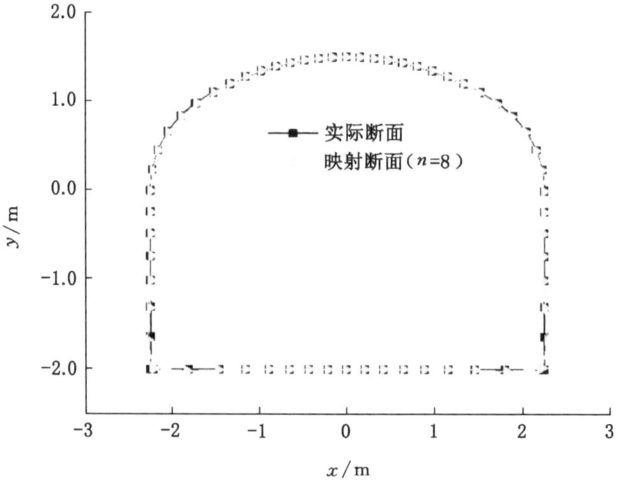

(b) C_k=8

图 4-8　不同 C_k 条件下三心拱形巷道映射效果图（H_0=2.0 m）

根据式(4-36),针对单位圆上的点 σ 可得出映射函数的下列变换形式($\zeta=\sigma$):

$$\begin{cases} w(\sigma)=2.206\,2\sigma-0.465\,7-0.284\,2\sigma^{-1}+0.178\,3\sigma^{-2}-0.211\,4\sigma^{-3} \\ \qquad +0.063\,3\sigma^{-4}+0.038\,8\sigma^{-5}-0.026\,7\sigma^{-6}+0.001\,3\sigma^{-7} \\ w'(\sigma)=2.206\,2+0.284\,2\sigma^{-2}-0.356\,5\sigma^{-3}+0.634\,1\sigma^{-4}-0.253\,3\sigma^{-5} \\ \qquad -0.194\,1\sigma^{-6}+0.160\,2\sigma^{-7}-0.009\,3\sigma^{-8} \\ \overline{w(\sigma)}=2.206\,2\sigma^{-1}-0.465\,7-0.284\,2\sigma+0.178\,3\sigma^{2}-0.211\,4\sigma^{3} \\ \qquad +0.063\,3\sigma^{4}+0.038\,8\sigma^{5}-0.026\,7\sigma^{6}+0.001\,3\sigma^{7} \\ \overline{w'(\sigma)}=2.206\,2+0.284\,2\sigma^{2}-0.356\,5\sigma^{3}+0.634\,1\sigma^{4}-0.253\,3\sigma^{5} \\ \qquad -0.194\,1\sigma^{6}+0.160\,2\sigma^{7}-0.009\,3\sigma^{8} \end{cases} \tag{4-37}$$

那么根据傅里叶级数原理可得:

$$\begin{aligned} \frac{w(\sigma)}{w'(\sigma)} &= \frac{2.206\,2\sigma-0.465\,7-0.284\,2\sigma^{-1}+0.178\,3\sigma^{-2}-0.211\,4\sigma^{-3}+0.063\,3\sigma^{-4}+0.038\,8\sigma^{-5}-0.026\,7\sigma^{-6}+0.001\,3\sigma^{-7}}{2.206\,2+0.284\,2\sigma^{-2}-0.356\,5\sigma^{-3}+0.634\,1\sigma^{-4}-0.253\,3\sigma^{-5}-0.194\,1\sigma^{-6}+0.160\,2\sigma^{-7}-0.009\,3\sigma^{-8}} \\ &= \frac{0.001\,3-0.026\,7\sigma+0.038\,8\sigma^{2}+0.063\,3\sigma^{3}-0.211\,4\sigma^{4}+0.178\,3\sigma^{5}-0.284\,2\sigma^{6}-0.465\,7\sigma^{7}+2.206\,2\sigma^{8}}{2.206\,2\sigma^{7}+0.284\,2\sigma^{9}-0.356\,5\sigma^{10}+0.634\,1\sigma^{11}-0.253\,3\sigma^{12}-0.194\,1\sigma^{13}+0.160\,2\sigma^{14}-0.009\,3\sigma^{15}} \\ &= D_7\sigma^{-7}+D_6\sigma^{-6}+D_5\sigma^{-5}+D_4\sigma^{-4}+D_3\sigma^{-3}+D_2\sigma^{-2}+D_1\sigma^{-1}+D_0+\sum_{k=1}^{\infty}d_k\sigma^k \end{aligned} \tag{4-38}$$

将上式分母与等式右侧相乘展开,比较等式左右两边 σ 同幂次项的系数可得 $D_7=0.000\,589\,248\,481\,551\,989\,9$,$D_6=-0.012\,102\,257\,274\,952\,408$,$D_5=0.017\,510\,894\,561\,482\,61$,$D_4=0.030\,346\,083\,129\,913\,316$,$D_3=-0.100\,201\,565\,322\,747\,72$,$D_2=0.083\,284\,187\,772\,673\,2$,$D_1=-0.117\,377\,900\,180\,569\,9$,$D_0=-0.245\,826\,131\,659\,242\,4$,$d_1=1.063\,284\,024\,050\,832\,8$,$d_2=-0.021\,394\,531\,921\,680\,247$,$d_3=-0.144\,340\,875\,410\,925\,94$,$d_4=0.246\,481\,542\,335\,300\,06$,$d_5=-0.335\,490\,293\,038\,684\,44$,$d_6=0.060\,398\,952\,936\,306\,89$,$d_7=0.232\,978\,644\,807\,738\,75$,$d_8=-0.229\,535\,003\,151\,374\,82$,…,$d_{100}=-2.768\,84\times10^{-6}$,…,$d_{+\infty}=\cdots$。$d_k$ 的项数为无限项($k\rightarrow+\infty$),研究表明,k 取一定数值即能满足精度要求,因为当 k 很大时,d_k 的值非常接近 0。例如本例中,d_{100} 为 -2.77×10^{-6},之后的 d_k 更小,对解析函数的求解基本不起作用,由式(4-16)得 $\varphi_0(\sigma)=\sum\limits_{n=1}^{\infty}a_n(\sigma)^{-n}$,$\overline{\varphi'_0(\sigma)}=\sum\limits_{n=1}^{\infty}-n\,\overline{a_n}(\sigma)^{n+1}$,$\overline{\psi_0(\sigma)}=\sum\limits_{n=1}^{\infty}\overline{b_n}(\sigma)^n$。此外根据孔洞远场受力可计算 $B=(1+\lambda)p/4$,$B'=(\lambda-1)p/2$,$C'=0$,将上述结果代入应力边界条件表达式中得:

$$\sum_{n=1}^{\infty}a_n\sigma^{-n}+\begin{pmatrix} D_7\sigma^{-7}+D_6\sigma^{-6}+D_5\sigma^{-5}+D_4\sigma^{-4}+D_3\sigma^{-3}+D_2\sigma^{-2}+D_1\sigma^{-1}+ \\ D_0+d_1\sigma+d_2\sigma^2+d_3\sigma^3+d_4\sigma^4+d_5\sigma^5+d_6\sigma^6+\sum\limits_{k=7}^{\infty}d_k\sigma^k \end{pmatrix}\left[\sum_{n=1}^{\infty}-n\,\overline{a_n}\sigma^{n+1}\right]+\sum_{n=1}^{\infty}\overline{b_n}\sigma^n$$

$$=-\frac{(1+\lambda)p}{2}(2.206\,2\sigma-0.465\,7-0.284\,2\sigma^{-1}+0.178\,3\sigma^{-2}-0.211\,4\sigma^{-3}+0.063\,3\sigma^{-4}+0.038\,8\sigma^{-5}-0.026\,7\sigma^{-6}+0.001\,3\sigma^{-7})$$

$$-\frac{(\lambda-1)p}{2}(2.206\ 2\sigma^{-1}-0.465\ 7-0.284\ 2\sigma+0.178\ 3\sigma^{2}-0.211\ 4\sigma^{3}+0.063\ 3\sigma^{4}+0.038\ 8\sigma^{5}-0.026\ 7\sigma^{6}+0.001\ 3\sigma^{7}) \tag{4-39}$$

同样,采用幂级数方法比较上述等式左右两边 σ 同幂次项的系数,可得:

$a_1=1.136\ 427\ 120\ 754\ 929\ 5p-0.874\ 941\ 740\ 958\ 032\ 3p\lambda$, $a_2=-0.061\ 549\ 016\ 151\ 420\ 96p-0.123\ 471\ 094\ 819\ 370\ 87p\lambda$, $a_3=0.127\ 314\ 679\ 490\ 024\ 56p+0.093\ 532\ 887\ 673\ 802\ 88p\lambda$, $a_4=-0.045\ 475\ 868\ 718\ 226\ 05p-0.021\ 206\ 740\ 260\ 606\ 878p\lambda$, $a_5=-0.018\ 730\ 362\ 044\ 700\ 66p-0.019\ 915\ 558\ 092\ 305\ 975p\lambda$, $a_6=0.013\ 35p(\lambda+l)$; $a_7=-0.000\ 65p\ (\lambda+l)$, $b_1=-1.435\ 246\ 996\ 132\ 358\ 4p-0.912\ 273\ 914\ 708\ 300\ 8p\lambda$, $b_2=-0.127\ 111\ 860\ 214\ 594\ 2p+0.185\ 224\ 217\ 328\ 299\ 77p\lambda$, $b_3=1.084\ 659\ 147\ 380\ 909\ 7p-0.791\ 578\ 661\ 160\ 037\ 1p\lambda$, $b_4=-0.212\ 055\ 810\ 031\ 134\ 36p-0.350\ 979\ 864\ 873\ 296\ 24p\lambda$, $b_5=0.326\ 951\ 994\ 476\ 134\ 54p+0.450\ 197\ 041\ 148\ 438\ 67p\lambda$, $b_6=0.096\ 180\ 963\ 915\ 559\ 39p-0.248\ 163\ 657\ 305\ 406\ 2p\lambda$, $b_7=-0.580\ 925\ 135\ 124\ 721\ 9p+0.068\ 294\ 668\ 314\ 059\ 75p\lambda$, …, $b_{100}=1.257\ 333\ 629\ 612\ 839\times10^{-6}p+5.172\ 389\ 412\ 068\ 626\ 6\times10^{-6}p\lambda$。

通过对比发现,a_n 为有限项(7 项),各项的系数均可以直接求解,而 b_n 为无限项,而 b_n 取有限项时得出的近似解析函数就已经非常精确,因为 n 很大时,b_n 非常接近 0。本书 n 取 100,计算结果就能达到很高的精度。由此可得,$\varphi_0(\zeta)=a_1\zeta^{-1}+a_2\zeta^{-2}+a_3\zeta^{-3}+a_4\zeta^{-4}+a_5\zeta^{-5}+a_6\zeta^{-6}$,$\psi_0(\zeta)=b_1\zeta^{-1}+b_2\zeta^{-2}+b_3\zeta^{-3}+\cdots+b_{99}\zeta^{-99}+b_{100}\zeta^{-100}$,代入式(4-15)可得:

$$\begin{cases}\varphi(\zeta)=p\left[\begin{array}{l}-0.116\ 4(\lambda+1)p+0.551\ 6(\lambda+1)p\zeta+\dfrac{(1.065\ 4-0.946\ 0\lambda)p}{\zeta}-\dfrac{(0.017\ 0+0.078\ 9\lambda)p}{\zeta^2}-\dfrac{(0.009\ 0+0.010\ 2\lambda)p}{\zeta^3}-\\ \dfrac{(0.029\ 7+0.005\ 4\lambda)p}{\zeta^4}-\dfrac{0.000\ 3(\lambda+1)p}{\zeta^5}+\dfrac{0.006\ 7(\lambda+1)p}{\zeta^6}+\dfrac{(0.074\ 5+0.040\ 7\lambda)p}{\zeta^7}\end{array}\right]\\ \psi(\zeta)=p\left[\begin{array}{l}0.232\ 9(1-\lambda)p+1.103\ 1(\lambda-1)p\zeta-\dfrac{(1.293\ 2+1.054\ 4\lambda)p}{\zeta}-\dfrac{(0.216\ 3-0.274\ 4\lambda)p}{\zeta^2}+\dfrac{(1.190-0.897\ 3\lambda)p}{\zeta^3}+\\ \cdots+\dfrac{p(1.257\ 3\times10^{-6}+5.172\ 4\times10^{-6}\lambda)}{\zeta^{100}}\end{array}\right]\end{cases} \tag{4-40}$$

上述两解析函数的导数与映射函数导数的比值即复势函数 $\Phi(\zeta)$ 和 $\Psi(\zeta)$ 的表达式,鉴于公式太长,恕不列出。将其代入 ζ 平面上应力分量表达式,通过求解应力分量的线性方程组即可得出 σ_ρ、σ_θ、$\tau_{\rho\theta}$ 3 个应力分量,由于公式太长不予列出。由于上述公式中的 ρ 和 θ 为 ζ 平面上的极坐标,还需要根据式(4-22)换算成 z 平面的极坐标(r,α):

$$\begin{cases} 2.2062\rho\cos\theta-0.4657-\dfrac{0.2842}{\rho}\cos\theta+\dfrac{0.1783}{\rho^{2}}\cos 2\theta-\dfrac{0.2114}{\rho^{3}}\cos 3\theta \\ +\dfrac{0.0633}{\rho^{4}}\cos 4\theta+\dfrac{0.0388}{\rho^{5}}\cos 5\theta-\dfrac{0.0267}{\rho^{6}}\cos 6\theta+\dfrac{0.0013}{\rho^{7}}\cos 7\theta=r\cos\alpha \\ 2.2062\rho\cos\theta+\dfrac{0.2842}{\rho}\sin\theta-\dfrac{0.1783}{\rho^{2}}\sin 2\theta+\dfrac{0.2114}{\rho^{3}}\sin 3\theta-\dfrac{0.0633}{\rho^{4}}\sin 4\theta \\ -\dfrac{0.0388}{\rho^{5}}\sin 5+\dfrac{0.0267}{\rho^{6}}\sin 6\theta-\dfrac{0.0013}{\rho^{7}}\sin 7\theta=r\sin\alpha \end{cases} \tag{4-41}$$

因此，针对物理平面上孔洞边界或孔洞围岩中任一点的极坐标$(r,\ \alpha)$，先将其代入式(4-41)求出其在单位圆外映射点的极坐标$(\rho,\ \theta)$，然后再通过程序编程自动求解方程组即可得到三心拱形巷道($H_0=2.0$ m)围岩和周边上任一点的径向应力σ_r、环向(周向)应力σ_α和剪切应力$\tau_{r\alpha}$。因此，我们可以根据巷道帮部围岩中监测获得的多个测点的采动应力分量反演计算获得远场应力，即地应力。

4.5.1.2　墙高 $H_0=2.2$ m 巷道

同理，针对直墙墙高为 2.2 m 的三心拱形巷道(图 4-9)，同样在巷道左半部分边界上选取 33 个坐标点数据作为训练样本，按照 4.4 小节的计算步骤执行映射函数复合形优化算法程序，可得到不同项数 n 的 C_k 下的最优解，结果见表 4-3。

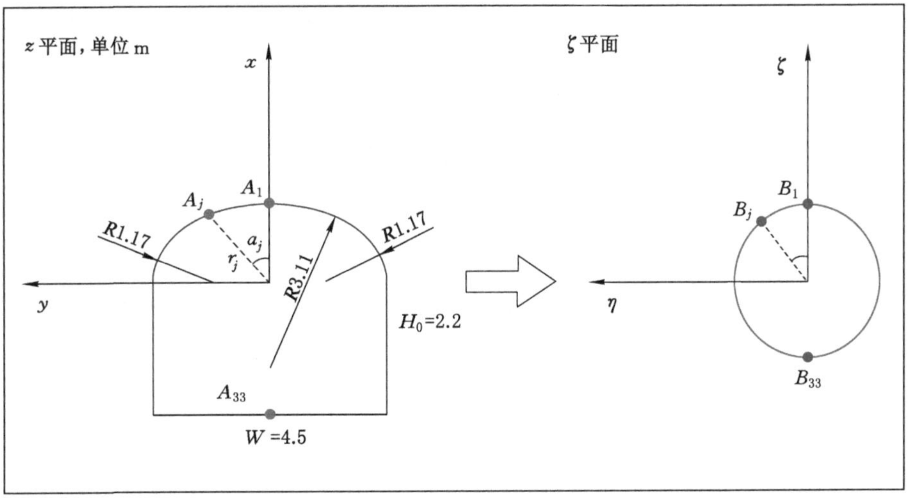

图 4-9　三心拱形巷道保角变换示意图($H_0=2.2$ m)

表 4-3　不同项数 C_k 下复合形算法优化求解结果($H_0=2.2$ m)

项数 n	迭代次数	f 值	C_0	C_1	C_2	C_3	C_4	C_5	C_6	C_7
3	85	0.956 1	−0.247 6	−0.131 4	0.049 5	—	—	—	—	—
4	156	0.155 2	−0.236 7	−0.099 4	0.079 2	−0.078 8	—	—	—	—
5	233	0.068 6	−0.247 1	−0.107 7	0.075 3	−0.082 4	0.023 5	—	—	—
6	278	0.020 9	−0.245 6	−0.103 4	0.068	−0.096 2	0.026 5	0.013 9	—	—
7	584	0.006 7	−0.245 8	−0.103 8	0.072 5	−0.096 4	0.028 9	0.016 9	−0.010 3	—
8	479	0.060 6	−0.24	−0.109	0.052 3	−0.100 4	0.036 6	0.025 7	0.001 4	−0.004 9

由表 4-3 可知，取有限项 n 为 7 时，f 值最小，表明巷道对应的映射效果较好，见图 4-10。将各有限项系数代入式(4-33)可计算出 R 为 2.265 9，并可得三心拱形巷道($H_0=2.2$ m)的映射函数近似为：

$$z=w(\zeta)=2.265\,9\zeta-0.557\,0-\frac{0.235\,2}{\zeta}+\frac{0.164\,3}{\zeta^2}-\frac{0.218\,4}{\zeta^3}+\frac{0.065\,5}{\zeta^4}+\frac{0.038\,3}{\zeta^5}-\frac{0.023\,3}{\zeta^6} \tag{4-42}$$

同样，按照平面复变函数解法，可以发现，a_n 为有限项(6 项)，各项的系数均可以直接求解，而 b_n 为无限项，而 b_n 取有限项时得出的近似解析函数就已经非常精确，因为 n 很大时，b_n 非常接近 0。本书 n 取 100，计算结果就能达到很高的精度。由此可得，$\varphi_0(\zeta)=a_1\zeta^{-1}+a_2\zeta^{-2}+a_3\zeta^{-3}+a_4\zeta^{-4}+a_5\zeta^{-5}+a_6\zeta^{-6}$，$\psi_0(\zeta)=b_1\zeta^{-1}+b_2\zeta^{-2}+b_3\zeta^{-3}+\cdots+b_{99}\zeta^{-99}+b_{100}\zeta^{-100}$，代入(4-15)可得：

$$\begin{cases}\varphi(\zeta)=p\left[\begin{aligned}&-0.139\,2(\lambda+1)p+0.566\,5(\lambda+1)p\zeta+\frac{(1.083\,1-0.983\,2\lambda)p}{\zeta}-\frac{(0.012\,7+0.075\,7\lambda)p}{\zeta^2}+\frac{(0.075\,0+0.041\,3\lambda)p}{\zeta^3}\\&-\frac{(0.028\,1+0.006\,8\lambda)p}{\zeta^4}-\frac{0.009\,6(\lambda+1)p}{\zeta^5}+\frac{0.005\,8(\lambda+1)p}{\zeta^6}\end{aligned}\right]\\ \psi(\zeta)=p\left[\begin{aligned}&0.278\,5(1-\lambda)p+1.132\,9(\lambda-1)p\zeta-\frac{(1.296\,1+1.096\,2\lambda)p}{\zeta}-\frac{(0.259\,3-0.306\,1\lambda)p}{\zeta^2}+\frac{(1.195\,7-0.933\,7\lambda)p}{\zeta^3}\\&+\cdots+\frac{p(-1.839\,6\times10^{-6}+9.063\,2\times10^{-7}\lambda)}{\zeta^{99}}+\frac{p(1.740\,8\times10^{-6}+4.723\,7\times10^{-7}\lambda)}{\zeta^{100}}\end{aligned}\right]\end{cases} \tag{4-43}$$

上述两解析函数的导数与映射函数导数的两比值即为两复势函数 $\Phi(\zeta)$ 和 $\Psi(\zeta)$ 的表达式，鉴于公式太长，故不列出。将其代入 ζ 平面上应力分量表达式，通过求解应力分量的线性方程组即可得出 σ_ρ、σ_θ、$\tau_{\rho\theta}$ 3 个应力分量，由于公式太长因而不予列出。由于上述公式中的 ρ 和 θ 为 ζ 平面上的极坐标，还需要换算成 z 平面的极坐标(r, α)：

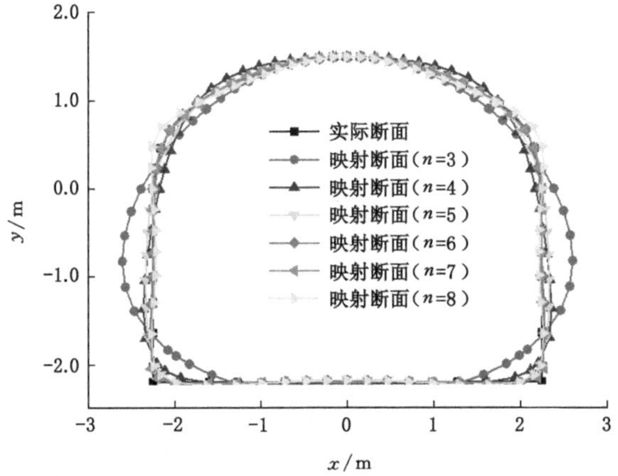

(a) $C_k=[3\sim8]$

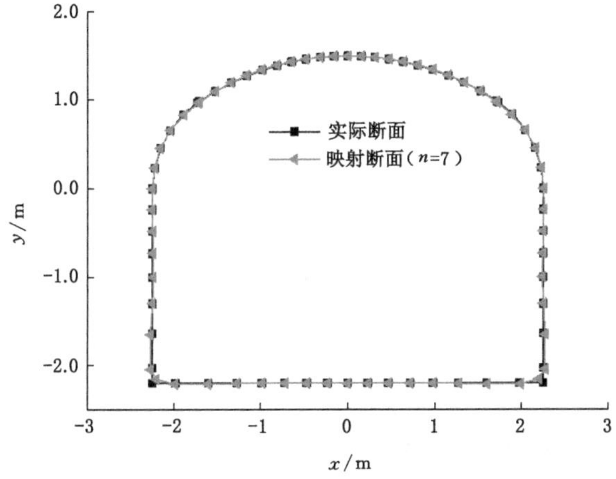

(b) $C_k=7$

图 4-10 不同 C_k 条件下三心拱形巷道映射效果图($H_0=2.2$ m)

$$\begin{cases}2.2659\rho\cos\theta-0.5569-\dfrac{0.2352}{\rho}\cos\theta+\dfrac{0.1643}{\rho^2}\cos 2\theta-\dfrac{0.2184}{\rho^3}\cos 3\theta+\\ \dfrac{0.0655}{\rho^4}\cos 4\theta+\dfrac{0.0383}{\rho^5}\cos 5\theta-\dfrac{0.0233}{\rho^6}\cos 6\theta=r\cos\alpha\\ 2.2659\rho\sin\theta+\dfrac{0.2352}{\rho}\sin\theta-\dfrac{0.1643}{\rho^2}\sin 2\theta+\dfrac{0.2184}{\rho^3}\sin 3\theta-\dfrac{0.0655}{\rho^4}\sin 4\theta-\\ \dfrac{0.0383}{\rho^5}\sin 5\theta+\dfrac{0.0233}{\rho^6}\sin 6\theta-\dfrac{0.0013}{\rho^7}\sin 7\theta=r\sin\alpha\end{cases}$$

(4-44)

因此，针对物理平面上孔洞边界或孔洞围岩中任一点的极坐标(r, α)，先将其代入式(4-44)求出其在单位圆外映射点的极坐标(ρ, θ)，然后再通过程序编程自动求解方程组即可得到三心拱形巷道(H_0=2.2 m)围岩和周边上任一点的径向应力 σ_r、环向(周向)应力 σ_α 和剪切应力 $\tau_{r\alpha}$。因而，可以根据巷道帮部围岩中监测获得的多个测点的采动应力分量反演计算获得远场应力，即地应力。

4.5.1.3 墙高 H_0=2.5 m 巷道

针对直墙墙高为 2.5 m 的三心拱形巷道(图 4-11)，同样在巷道左半部分边界上选取 33 个坐标点数据作为训练样本，按照 4.4 小节计算步骤执行映射函数复合形优化算法程序，可得到不同项数 n 的 C_k 下的最优解，结果见表 4-4。

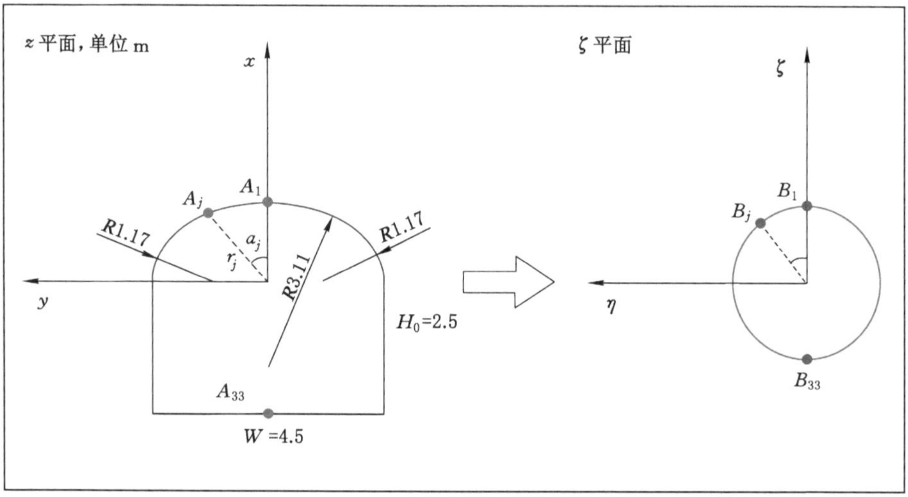

图 4-11　三心拱形巷道保角变换示意图(H_0=2.5 m)

表 4-4　不同项数 C_k 下复合形算法优化求解结果(H_0=2.5 m)

项数 n	迭代次数	f 值	C_0	C_1	C_2	C_3	C_4	C_5	C_6	C_7
3	104	1.188 7	−0.291 4	−0.091	0.029 4	—	—	—	—	—
4	159	0.204 9	−0.292 6	−0.065 3	0.084 4	−0.091 1	—	—	—	—
5	174	0.061 2	−0.299 7	−0.065 3	0.062 7	−0.099 2	0.038	—	—	—
6	405	0.033 1	−0.304 1	−0.070 4	0.072 9	−0.101 8	0.024 4	0.013 8	—	—
7	722	0.042 6	−0.305 6	−0.072 6	0.072 4	−0.093 1	0.026 8	0.023 9	−0.015 4	—
8	575	0.003 7	−0.303 8	−0.066 6	0.070 8	−0.106 6	0.031 7	0.013 9	−0.011 7	0.006 6

由表 4-4 可知，取有限项 n 为 8 时，f 值最小，表明巷道对应的映射效果较好，见图 4-12。将各有限项系数代入式(4-33)可计算出 R 为 2.364 8，并可得三心拱形巷道($H_0=2.5$ m)的映射函数近似为：

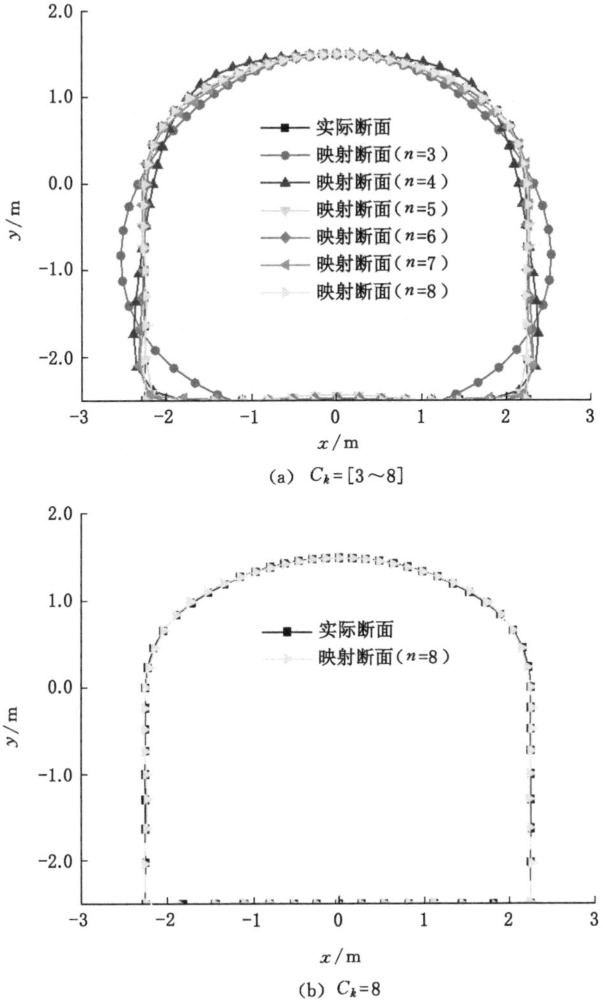

图 4-12 不同 C_k 条件下三心拱形巷道映射效果图($H_0=2.5$ m)

$$z=w(\zeta)=2.364\,8\zeta-0.718\,4-\frac{0.157\,5}{\zeta}+\frac{0.167\,4}{\zeta^2}-\frac{0.252\,1}{\zeta^3}+\frac{0.075\,0}{\zeta^4}+\frac{0.032\,9}{\zeta^5}-\frac{0.027\,7}{\zeta^6}+\frac{0.015\,6}{\zeta^7} \tag{4-45}$$

同样，按照平面复变函数解法，可以发现，a_n 为有限项(7 项)，各项的系数均可以直接求解，而 b_n 为无限项，而 b_n 取有限项时得出的近似解析函数就已经非常精确，因为 n 很大时，b_n 非常接近 0。本书 n 取 100，计算结果就能达到很高的精度。由此可得，$\varphi_0(\zeta)=a_1\zeta^{-1}+a_2\zeta^{-2}+a_3\zeta^{-3}+a_4\zeta^{-4}+a_5\zeta^{-5}+a_6\zeta^{-6}$，$\psi_0(\zeta)=b_1\zeta^{-1}+b_2\zeta^{-2}+b_3\zeta^{-3}+\cdots+b_{99}\zeta^{-99}+b_{100}\zeta^{-100}$，代入式(4-15)可得：

$$\begin{cases}\varphi(\zeta)=p\left[\begin{array}{l}-0.179\,6(\lambda+1)p+0.591\,2(\lambda+1)p\zeta+\dfrac{(1.099\,5-1.035\,3\lambda)p}{\zeta}-\dfrac{(0.011\,7+0.083\,4\lambda)p}{\zeta^2}+\dfrac{(0.082\,5+0.054\,9\lambda)p}{\zeta^3}-\\ \dfrac{(0.032\,8+0.008\,7\lambda)p}{\zeta^4}-\dfrac{(0.000\,7+0.014\,8\lambda)p}{\zeta^5}+\dfrac{0.006\,9(\lambda+1)p}{\zeta^6}+\dfrac{0.003\,9(1+\lambda)p}{\zeta^7}\end{array}\right]\\ \psi(\zeta)=p\left[\begin{array}{l}0.359\,2(1-\lambda)p+1.182\,4(\lambda-1)p\zeta-\dfrac{(1.315\,9+1.187\,6\lambda)p}{\zeta}-\dfrac{(0.318\,9-0.385\,1\lambda)p}{\zeta^2}+\dfrac{(1.204\,5-0.982\,9\lambda)p}{\zeta^3}+\\ \cdots+\dfrac{p(4.392\,1\times10^{-5}+2.496\,8\times10^{-6}\lambda)}{\zeta^{100}}\end{array}\right]\end{cases} \tag{4-46}$$

上述两个解析函数的导数与映射函数导数的比值即一个复势函数 $\Phi(\zeta)$ 和 $\Psi(\zeta)$ 的表达式，鉴于公式太长，恕不列出。将其代入 ζ 平面上应力分量表达式，通过求解应力分量的线性方程组即可得出 σ_ρ、σ_θ、$\tau_{\rho\theta}$ 3 个应力分量，由于公式太长不予列出。由于上述公式中的 ρ 和 θ 为 ζ 平面上的极坐标，还需要换算成 z 平面的极坐标$(r,\ \alpha)$：

$$\begin{cases}2.364\,8\rho\cos\theta-0.718\,4-\dfrac{0.157\,5}{\rho}\cos\theta+\dfrac{0.167\,4}{\rho^2}\cos2\theta-\dfrac{0.252\,1}{\rho^3}\cos3\theta+\\ \dfrac{0.075\,0}{\rho^4}\cos4\theta+\dfrac{0.032\,9}{\rho^5}\cos5\theta-\dfrac{0.027\,7}{\rho^6}\cos6\theta+\dfrac{0.015\,6}{\rho^7}\cos7\theta=r\cos\alpha\\ 2.364\,8\rho\sin\theta+\dfrac{0.157\,5}{\rho}\sin\theta-\dfrac{0.167\,4}{\rho^2}\sin2\theta+\dfrac{0.252\,1}{\rho^3}\sin3\theta-\dfrac{0.075\,0}{\rho^4}\sin4\theta-\\ \dfrac{0.032\,9}{\rho^5}\sin5\theta+\dfrac{0.027\,7}{\rho^6}\sin6\theta-\dfrac{0.015\,6}{\rho^7}\sin7\theta=r\sin\alpha\end{cases} \tag{4-47}$$

因此，针对物理平面上孔洞边界或孔洞围岩中任一点的极坐标$(r,\ \alpha)$，先将其代入式(4-47)求出其在单位圆外映射点的极坐标$(\rho,\ \theta)$，然后再通过程序编程自动求解方程组即可得到三心拱形巷道($H_0=2.5$ m)围岩和周边上任一点的径向应力 σ_r、环向(周向)应力 σ_α 和剪切应力 $\tau_{r\alpha}$。因而，可以根据巷道帮部围岩中监测获得的多个测点的采动应力分量反演计算获得远场应力，即地应力。

4.5.2 巷道围岩三维采动应力监测方案

4.5.2.1 巷道围岩采动应力监测方法

巷道围岩采动应力测量主要采用钻孔中埋设传感器的方式，设备包括 DLGH 型振弦式三维地应力传感器、导向管、电缆线、GSJ-2A 采集仪(分辨率

0.01 Hz)。安装工具包括 YT28 气动凿岩机(或凿岩台车)、灌浆料(云南南浆建筑材料有限公司生产,速凝,长期强度 70 MPa)、搅拌桶、漏斗、软管和 PVC 塑料管(长度 3.5 m,直径 25 mm)。巷道围岩采动应力监测仪器和安装工具见图 4-13。

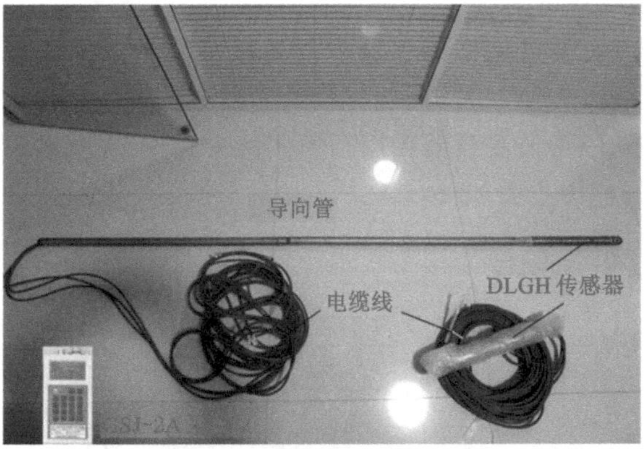

(a) 监测仪器

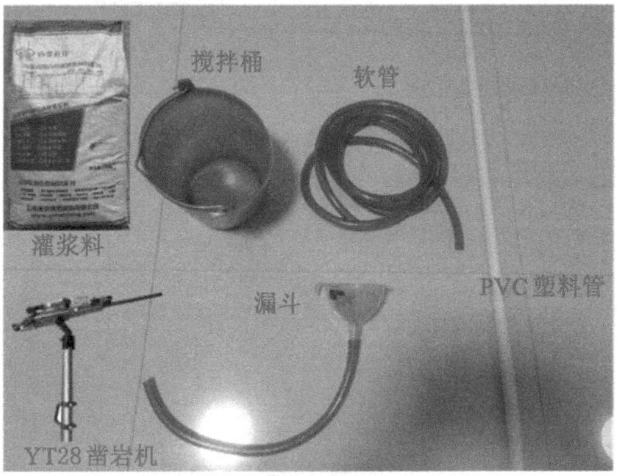

(b) 安装工具

图 4-13 巷道围岩采动应力监测仪器与安装工具

DLGH 型振弦式三维地应力传感器主要用来测量采矿前后岩体应力的变化,或用来测量基坑岩体、隧道岩体、土基础在开挖前后应力的变化情况。由于传统三维地应力传感器直径较大,需要钻凿与之匹配的大直径钻孔。对此,我们与厂家联合设计了一种小直径的传感器,只需采用气动凿岩机钻凿 50 mm 孔径钻孔即可满足要求。该传感器被设计为长柱形(直径 45 mm、长度 400 mm),在三维坐标系中 x、y、z 3 个方向上分别内置一个振弦式应力传感单元,量程

40 MPa,准确度 1%FS,适应温度范围 −30～75 ℃。这类传感器采用压片直接受力型设计,灵敏度高,传感器防水性能好(防水压力 3 MPa)。传感器与导向管螺纹连接,3 个传感单元的信号用 3 根 4 芯的电缆线经多节螺纹连接在一起的导向管内部引出,借助 GSJ-2A 采集仪进行数据测量和存储。导向管直径 32 mm,单节长度 1.0 m,节与节通过螺纹连接,安装时导向管表面标记传感器 x、y、z 朝向,便于安装过程中传感器方位的精准控制。另外,引线布置在导向管内部能够避免注浆作业对其造成的损坏。

围岩三维采动应力监测仪器采用预灌浆的方式安装,安装后补浆封孔,安装示意图见图 4-14,具体步骤如下:

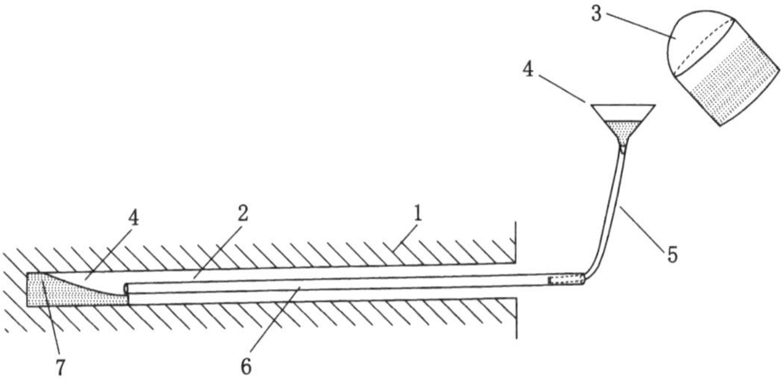

(a) 钻孔预灌浆示意图

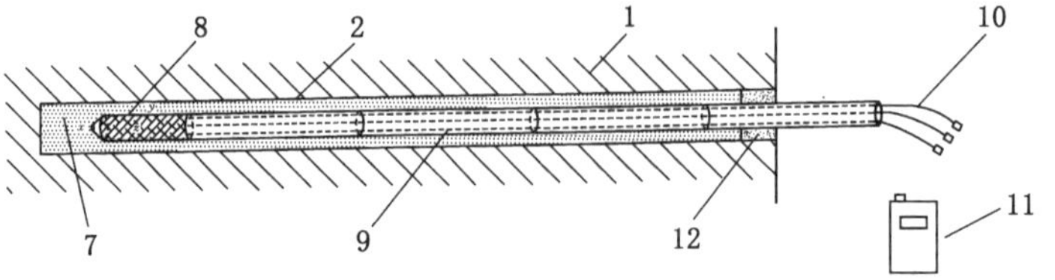

(b) 应力传感器安装后示意图

1—岩体;2—监测钻孔;3—搅拌桶;4—锥形漏斗;5—软管;6—塑料管;7—浆体;8—应力传感器;9—导向管;10—电缆线;11—采集器;12—封堵泥。

图 4-14 三维采动应力传感器安装示意图

① 施工监测钻孔并清孔:在矿山巷帮利用 YT28 气动凿岩机在巷帮(距底板 1.2 m)应力监测区域岩体 1 中钻凿 1 个孔径为 50 mm,深度为 3.0 m,下向角度为 3°的监测钻孔 2,钻孔 2 施工结束立即采用压风管清除孔内钻屑和涌水。

② 组装应力传感器和导向管:将量程为 40 MPa、测量精度为 0.1 MPa 的应

力传感器 8 和三节螺纹连接在一起的导向管 9(每节 1.0 m,外径 32 mm,壁厚 3 mm)的头部通过螺纹连接方式相连,各螺纹连接处均进行焊接固定,导向管 9 尾部表面采用记号笔标出应力传感器 8 的监测方位,应力传感器 8 的电缆线 10 从导向管 9 内部引出至管外。

③ 制备灌浆料并手动灌浆:在搅拌桶 3 中按照配比将粉状灌浆料加水搅拌成流动性较好的浆体 7,然后将直径 25 mm、长度 3.5 m 的 PVC 塑料管 6 插入监测钻孔 2 孔底,锥形漏斗 4 通过直径 20 mm、长度 0.8 m 的软管 5 与孔外塑料管 6 连通,之后将搅拌桶 3 中的浆体 7 倒入锥形漏斗 4 对监测钻孔 2 进行灌浆,浆体 7 借助自重流入孔底逐步充满监测钻孔 2。浆体 7 凝固后 8 小时强度为 30 MPa,长期强度为 70 MPa。

④ 安装应力传感器:将组装为一体的应力传感器 8 和导向管 9 按照监测方位塞入灌有浆体 7 的监测钻孔 2 直至孔底,然后在监测钻孔 2 孔口采用稠度高的料浆作为封堵泥 12 进行封孔,静待凝固。

⑤ 应力数据监测与采集:应力传感器 8 安装后记录初始读数(初始频率 f_0),之后采用采集器 11 定期采集应力传感器 8 的监测数据;当浆体 7 与围岩充分耦合凝固达到长期强度时数据趋于稳定,停止数据采集。应力分量计算公式为:

$$\sigma = M(f^2 - f_0^2) - N(f - f_0) \tag{4-48}$$

式中,M 和 N 为每个地应力传感器传感单元的出厂标定常数,见产品合格证书;f_0 为安装前传感器传感单元的初始频率,Hz;f 为安装后传感器传感单元的实时监测频率,Hz;σ 为传感单元受力的应力值,MPa。

上述应力测量传感器的安装方法具有以下优点:

① 通过布置微倾斜下向钻孔和人工制浆预灌注的方式进行应力传感器的安装避免了注浆系统等设备的运用,所需人员和设备较少,操作方便,经济可靠,适应性较强。

② 导向管确保了传感器安装后监测方位的精准定向,避免了安装过程中的"黑箱"问题,且导向管自身接长可匹配不同深度的监测钻孔,适应性较强。

③ 灌浆料颗粒较细,流动性良好,灌浆过程中不产生泌水和离析,同比传统水泥浆等灌浆材料具有凝固时间短、耦合效果好及早凝终凝强度高等优点。

4.5.2.2　采动应力监测地点

此次采动应力测量主要布置在昆阳磷矿二矿 1 890 m 中段无轨巷道和 1 980 m 充填回风巷道等不同区域的不同标高巷道中,覆盖了矿区开采范围。总计设置 4 个测站(A、B、C、D),8 个测点(1＃～8＃),每个测站布置 2 个测点,分别分布于相邻两垂直交叉的巷道中。根据地质资料分析，矿区最大水平应力和最小水平应力分别平行和垂直于矿体走向（详见 4.5.3 小节），因此，结合现有基建开拓工程，选择与矿体走向平行和垂直的交叉巷道帮部中布置测点，两个测点构成 1 个测站，地应力测点布置示意图见图 4-15。

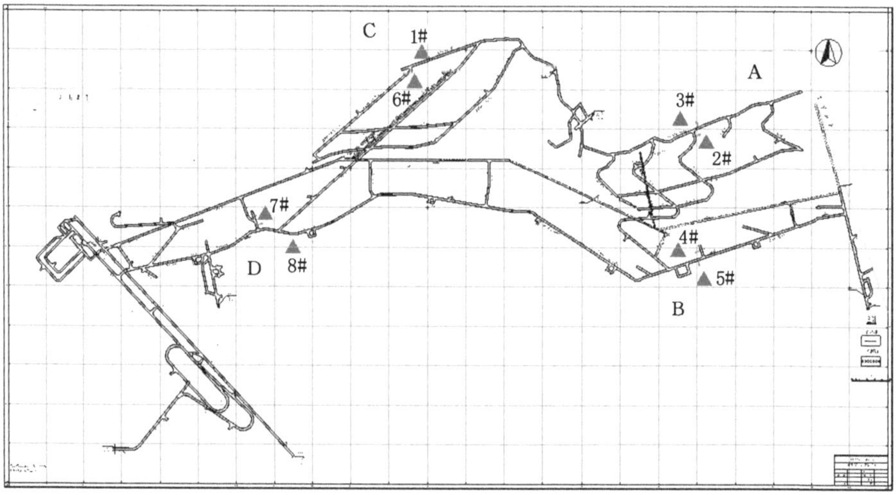

图 4-15　地应力测点布置示意图

4.5.3　应力监测结果与地应力分布规律

4.5.3.1　测站 A 应力监测结果

测站 A 布置在 1 980 m 中段充填回风巷（东）沿脉与 5＃充填回风巷（东）交叉口附近，设置了 2 个测点（2＃和 3＃），3＃测点布置在充填回风巷（东）左帮，该巷道断面为三心拱形，净宽 4.5 m，墙高 2.5 m。采用 YT28 气动凿岩机垂直巷帮底部岩壁进行钻孔，孔径 50 mm，倾角向下 3°便于后续浆液自流，孔深 3.0 m，距离底板 1.2 m，位于下矿层中。钻孔施工后采用压缩风进行清孔，随后按照上述步骤进行制浆、预注浆，然后组装仪器并进行安装（安装前记录传感器初始频率 f_0，X 传感单元一律朝上）和定期监测各传感单元频率，施工和应力监测现场图如图 4-16 所示。

2＃测点布置在 5＃充填回风巷左帮，巷道断面和尺寸与 1 980 m 中段充填回风巷（东）沿脉相同，钻孔参数也一致，钻孔垂直巷帮底部岩壁[方位与1 980 m 中段充填回风巷（东）沿脉轴线平行]，距离底板约 1.2 m，位于上矿层中，施工和应力监测现场图如图 4-17 所示。5＃充填回风巷（东）和 1 980 m 中段充填回风

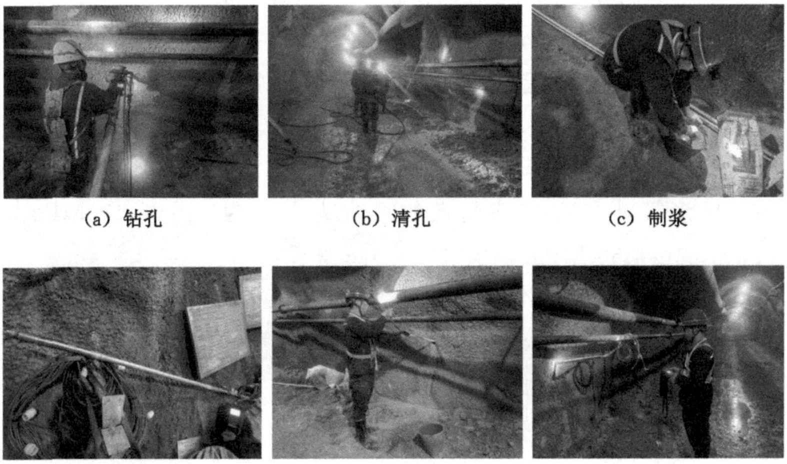

(a) 钻孔　(b) 清孔　(c) 制浆

(d) 仪器组装　(e) 预注浆　(f) 监测

图 4-16　3♯测点施工和应力监测现场图

巷(东)沿脉垂直相交,2 个测点直线距离 30 m 以上 50 m 以下,以消除两巷道交叉作用对巷道围岩应力的影响。地应力传感器安装完成后不定期进行数据采集。随着时间的推移,采集频率逐渐减小,直至各传感单元的频率趋于稳定。根据频率和应力的换算公式(4-48)可计算各传感单元的应力,即采动应力分量。需要说明的是,由于传感器是在预注浆之后进行安装的,传感器受浆液影响难以完全推至孔底,安装后传感器单元距离孔口深度约为 2.5 m。

(a) 钻孔施工　(b) 仪器安装

图 4-17　2♯测点施工和应力监测现场蚌

自应力传感器安装完成后不定期在测站 A 进行数据采集,持续监测近 5 个月,最终数据完全趋于稳定。测站 A 测点应力传感器监测频率见表 4-5,相应的应力随时间变化的曲线见图 4-18。3＃测点 x、y 和 z 方向上应力分量的稳定值分别为 5.01 MPa、5.00 MPa 和 8.06 MPa；代入图 4-3 中的公式获得采动应力极坐标分量，继续代入上述地应力复变函数反演算法可得出该测点的地应力大小 $\sigma_z=5.10$ MPa、$\sigma_{hmax}=10.82$ MPa、$\sigma_{hmin}=4.74$ MPa。2＃测点 x、y 和 z 方向上应力分量的稳定值分别为 5.54 MPa、8.16 MPa 和 5.11 MPa；同样代入上述地应力复变函数反演算法可得出该测点的地应力大小为 $\sigma_z=5.19$ MPa、$\sigma_{hmax}=10.96$ MPa、$\sigma_{hmin}=4.80$ MPa。

表 4-5　测站 A 测点应力传感器监测频率　　单位：Hz

日期/d	3＃-x $M=-1.443\ 55\times10^{-5}$ $N=0.013\ 448\ 9$	3＃-y $M=-1.382\ 14\times10^{-5}$ $N=0.010\ 281\ 6$	3＃-z $M=-1.362\ 71\times10^{-5}$ $N=0.050\ 743\ 1$	2＃-x $M=-4.590\ 48\times10^{-5}$ $N=0.078\ 686\ 4$	2＃-y $M=-1.327\ 18\times10^{-5}$ $N=0.018\ 556\ 8$	2＃-z $M=-6.040\ 28\times10^{-5}$ $N=0.068\ 414\ 6$
0	2 085.43	2 028.69	2 062.47	2 021.62	2 084.83	2 043.40
1	2 084.09	2 028.92	2 061.63	2 020.48	2 083.59	2 042.79
7	2 028.98	1 989.72	1 996.48	1 975.72	2 005.86	1 998.12
11	2 018.20	1 960.07	1 986.98	1 965.88	1 975.11	1 988.26
16	2 019.39	1 950.60	1 985.58	1 963.96	1 972.54	1 988.37
24	2 016.62	1 951.47	1 986.44	1 964.01	1 972.09	1 988.48
47	2 016.14	1 953.64	1 986.45	1 964.22	1 972.15	1 988.33
57	2 014.14	1 952.16	1 985.98	1 964.34	1 971.60	1 987.99
68	2 016.17	1 951.50	1 986.39	1 965.39	1 972.50	1 988.17
77	2 017.53	1 952.67	1 986.69	1 964.48	1 972.05	1 988.27
105	2 015.62	1 951.03	1 986.29	1 964.51	1 971.93	1 988.34
118	2 017.57	1 952.20	1 986.44	1 964.74	1 972.11	1 988.37
131	2 017.96	1 952.34	1 986.52	1 964.88	1 972.16	1 988.43
145	2 016.13	1 951.47	1 986.55	1 964.01	1 972.07	1 988.37

4.5.3.2　测站 B 应力监测结果

测站 B 布置在两垂直相交的 1 890 m 中段无轨巷道和 4＃联络道交叉口附近，设置了 2 个测点(4＃和 5＃)，其中 5＃测点布置在 1 890 m 中段无轨巷道左帮，距离两巷交叉点 25 m，1 890 m 中段无轨巷道断面为三心拱形，净宽 4.5 m，

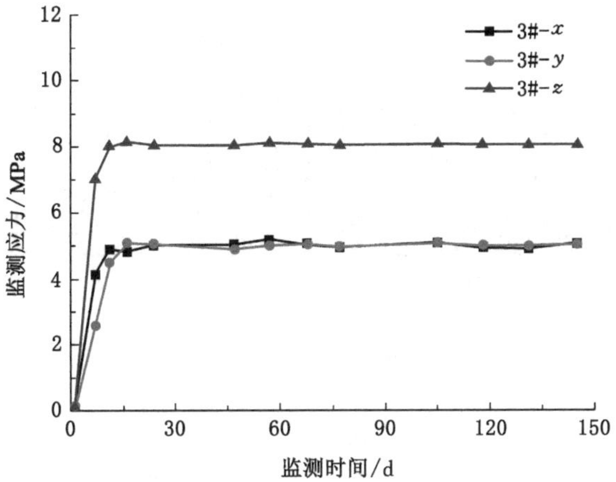

(a) 3#测点

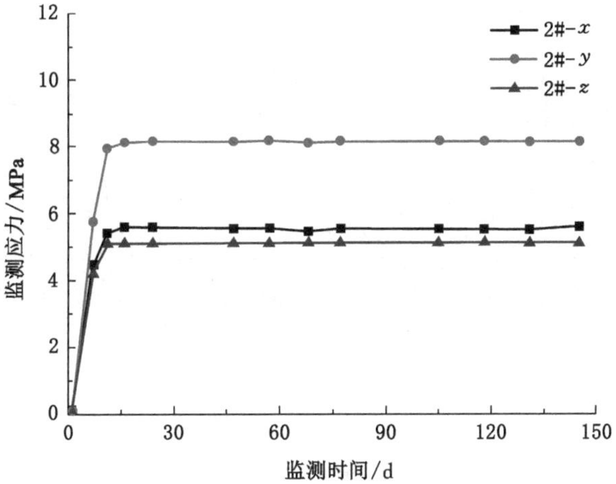

(b) 2#测点

图 4-18 测站 A 应力随时间变化的曲线

墙高 2.2 m。采用 YT28 气动凿岩机在巷帮底部垂直岩壁进行钻孔，钻孔距离底板 1.2 m，位于上矿层中，钻孔参数与测站 A 钻孔的一致。钻孔施工后按照“清孔—制浆—预注浆—仪器安装—定期监测”的步骤进行应力监测，安装后传感器距离孔口深度约为 2.5 m，5＃测点施工和应力监测现场图见图 4-19。

4＃测点布置在 4 号联络道左帮，距离交叉点约 20 m，联络道巷道为三心拱形，净宽 4.5 m，墙高 2.2 m。由于联络道迎头涌水量较大，矿山不得不在已掘进的巷道中部构筑了挡水墙进行临时封闭。同样，采用 YT28 气动凿岩机在巷帮

(a) 钻孔施工　　(b) 仪器安装

图 4-19　5＃测点施工和应力监测现场图

底部垂直岩壁进行钻孔(钻孔与巷道轴线垂直,与 1 890 m 中段无轨巷平行),钻孔层位位于下矿层中,钻孔距离底板约 1.2 m,钻孔参数与上述钻孔参数一致。4＃测点施工和应力监测现场图见图 4-20。

(a) 钻凿的钻孔　　(b) 仪器安装

图 4-20　4＃测点施工和应力监测现场图

自应力传感器安装完成后不定期对测站 B 进行数据采集,持续监测 2～5 个月,最终数据完全趋于稳定时停止数据采集。测站 B 应力传感器监测频率见表 4-6,相应的应力随时间变化的曲线见图 4-21。5＃测点 x、y、z 方向上应力分量的稳定值分别为 8.89 MPa、7.62 MPa和 12.57 MPa;代入图 4-3 中公式获得采动应力极坐标分量后,继续代入上述地应力复变函数反演算法可得出该测点的地应力大小为 $\sigma_z=8.48$ MPa、$\sigma_{\text{hmax}}=16.05$ MPa、$\sigma_{\text{hmin}}=6.88$ MPa。4＃测点 x、y、z 方向上应力分量的稳定值分别为 9.17 MPa、12.32 MPa 和 7.48 MPa;同样代入上述地应力复变函数反演算法可得出该测点的地应力大小为 $\sigma_z=8.28$ MPa、$\sigma_{\text{hmax}}=15.74$ MPa、$\sigma_{\text{hmin}}=6.75$ MPa。可见,两个测点的应力结果由于埋深不同存在一定差异。

表 4-6　测站 B 测点应力传感器监测频率　　单位:Hz

日期/d	5#-x $M=-5.034\ 88\times10^{-6}$ $N=0.068\ 954\ 8$	5#-y $M=-1.593\ 1\times10^{-6}$ $N=0.067\ 204\ 1$	5#-z $M=-2.111\ 27\times10^{-5}$ $N=0.004\ 601\ 3$	日期/d	4#-x $M=-4.282\ 02\times10^{-6}$ $N=0.074\ 671\ 7$	4#-y $M=2.185\ 1\times10^{-6}$ $N=0.106\ 854$	4#-z $M=-2.987\ 14\times10^{-5}$ $N=-0.009\ 121$
0	2 063.37	2 072.13	2 062.65	0	2 071.70	2 047.49	2 009.29
4	1 971.24	1 982.63	1 963.77	2	2 012.38	2 007.86	1 971.58
9	1 968.86	1 973.60	1 926.32	8	1 981.68	1 921.77	1 941.52
17	1 964.34	1 968.70	1 923.25	36	1 971.96	1 921.88	1 940.58
40	1 963.82	1 969.67	1 920.88	49	1 971.97	1 922.21	1 940.56
50	1 963.58	1 968.91	1 921.25	62	1 971.98	1 921.99	1 940.64
61	1 963.84	1 968.32	1 921.13	76	1 971.97	1 921.98	1 940.66
70	1 964.03	1 968.57	1 920.87				
98	1 963.27	1 968.69	1 920.79				
111	1 963.62	1 968.54	1 921.05				
124	1 963.66	1 968.49	1 920.88				
138	1 963.56	1 968.33	1 920.89				

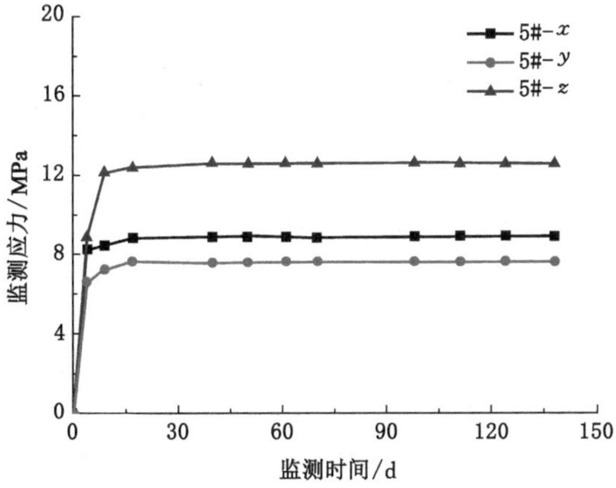

(a) 5#测点

图 4-21　测站 B 应力随时间变化的曲线

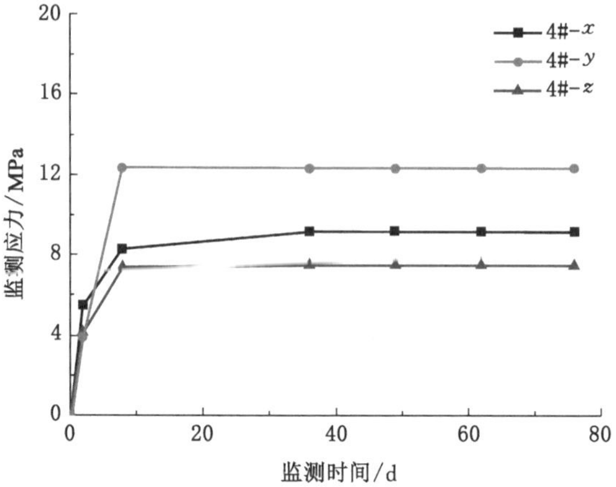

(b) 4#测点

图 4-21 (续)

4.5.3.3 测站C应力监测结果

测站C布置在1 980 m中段充填回风巷道(西)和2#盘区回风巷道(西)交叉口J11控制点附近,设置了2个测点(1#和6#),其中1#测点布置在1 980 m中段充填回风巷道(西)右帮,位于X01控制点附近,1 980 m中段充填回风巷道(西)为三心拱形,净宽4.5 m,墙高2.5 m。采用YT28气动凿岩机在巷帮底部垂直岩壁进行钻孔,钻孔距离底板1.2 m,位于上矿层中,钻孔参数与测站A和测站B钻孔的一致。钻孔施工后按照"清孔—制浆—预注浆—仪器安装—定期监测"的步骤进行应力监测,安装后传感器距离孔口深度约为2.5 m,部分现场工序见图4-22。

(a) 钻孔施工

(b) 仪器安装

图 4-22 1#测点施工和应力监测现场图

6＃测点布置在2＃盘区回风巷道(西)左帮X02控制点附近，2＃盘区回风巷道(西)为三心拱形，净宽4.5 m，墙高2.2 m。同样，采用YT28气动凿岩机在巷帮底部垂直岩壁进行钻孔，钻孔层位位于下矿层中，钻孔与1 980 m中段充填回风巷道(西)轴线平行，钻孔距离底板约1.2 m，钻孔参数与上述钻孔参数一致。6＃测点施工和应力监测现场图见图4-23。

(a) 钻凿的钻孔

(b) 仪器安装

图4-23　6＃测点施工和应力监测现场图

自应力传感器安装完成后不定期对测站C进行数据采集，持续监测4～5个月，最终数据完全趋于稳定时停止数据采集。测站C测点应力传感器监测频率见表4-7，相应的应力随时间变化的曲线见图4-24。1＃测点x、y、z方向上应力分量的稳定值分别为5.92 MPa、5.78 MPa和9.23 MPa；代入图4-3中公式获得采动应力极坐标分量后，继续代入上述地应力复变函数反演算法可得出该测点的地应力大小为σ_z＝5.99 MPa、σ_{hmax}＝12.20 MPa、σ_{hmin}＝5.31 MPa。6＃测点x、y、z方向上应力分量的稳定值分别为6.91 MPa、9.79 MPa和6.15 MPa；代入上述地应力复变函数反演算法可得出该测点的地应力大小为σ_z＝6.45 MPa、σ_{hmax}＝12.92 MPa、σ_{hmin}＝5.60 MPa。

表4-7　测站C测点应力传感器监测频率　　单位：Hz

日期/d	1＃-x M＝$-1.784\ 13\times10^{-5}$ N＝0.009 671 4	1＃-y M＝$-1.436\ 55\times10^{-5}$ N＝0.013 329 9	1＃-z M＝$-6.837\ 1\times10^{-5}$ N＝$-0.160\ 83$	日期/d	6＃-x M＝$-1.217\ 71\times10^{-5}$ N＝0.020 707 2	6＃-y M＝$7.933\ 42\times10^{-6}$ N＝0.040 087 1	6＃-z M＝$-6.129\ 87\times10^{-6}$ N＝$-0.052\ 888$
0	2 025.68	2 079.93	2 146.19	0	2 052.15	1 961.94	2 058.57
1	2 020.97	2 050.06	2 126.25	1	2 033.47	1 946.81	2 042.70

表 4-7(续)

日期/d	1#-x $M=-1.784\ 13\times10^{-5}$ $N=0.009\ 671\ 4$	1#-y $M=-1.436\ 55\times10^{-5}$ $N=0.013\ 329\ 9$	1#-z $M=-6.837\ 1\times10^{-5}$ $N=-0.160\ 83$	日期/d	6#-x $M=-1.217\ 71\times10^{-5}$ $N=0.020\ 707\ 2$	6#-y $M=7.933\ 42\times10^{-6}$ $N=0.040\ 087\ 1$	6#-z $M=-6.129\ 87\times10^{-6}$ $N=-0.052\ 888$
9	1 953.29	2 000.78	2 074.11	5	2 005.77	1 918.69	2 011.75
32	1 952.25	1 999.67	2 073.98	6	1 986.22	1 838.77	1 992.21
42	1 952.43	1 999.78	2 073.93	14	1 959.64	1 828.59	1 979.88
53	1 952.20	1 999.58	2 073.99	37	1 952.69	1 822.22	1 979.45
62	1 952.37	1 999.69	2 073.96	47	1 952.73	1 822.25	1 979.44
90	1 952.39	1 999.65	2 073.92	58	1 952.70	1 822.36	1 979.37
103	1 952.21	1 999.55	2 073.94	67	1 952.73	1 822.42	1 979.33
116	1 952.25	1 999.65	2 073.95	95	1 952.71	1 822.27	1 979.32
133	1 952.22	1 999.71	2 073.92	108	1 952.71	1 822.25	1 979.32
				121	1 952.66	1 822.25	1 979.34
				138	1 952.63	1 822.28	1 979.34

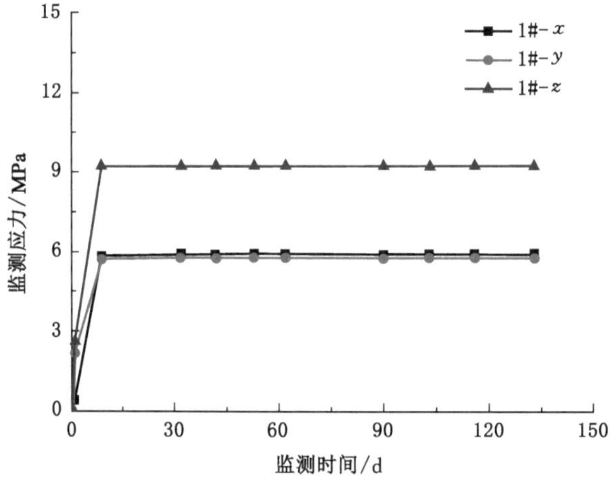

(a) 1#测点

图 4-24　测站 C 应力随时间变化的曲线

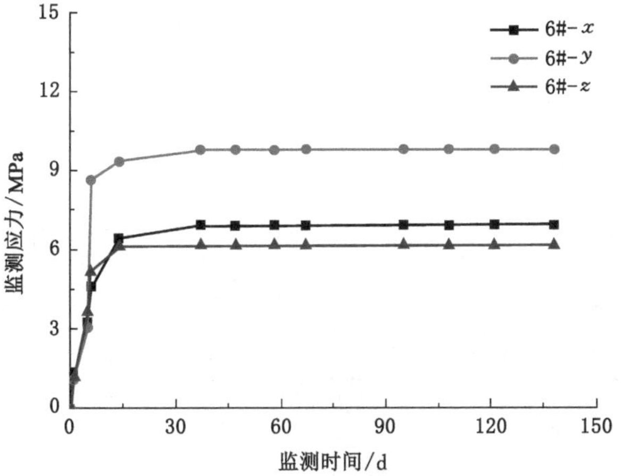

(b) 6#测点

图 4-24 （续）

4.5.3.4　测站 D 应力监测结果

测站 D 布置在 1 890 m 中段无轨巷道(东)沿脉和 5 号联络道交叉口附近，设置了 2 个测点(8＃和 7＃)，其中 8＃测点布置在 1 890 m 中段无轨巷道(东)沿脉左帮，位于 D30 控制点附近，1 890 m 中段无轨巷道(东)沿脉断面为三心拱形，净宽 4.5 m，墙高 2.2 m。采用 YT28 气动凿岩机在巷帮底部垂直岩壁进行钻孔，钻孔距离底板 1.2 m，位于下矿层中，钻孔参数与上述测站钻孔的一致。钻孔施工后按照相同步骤进行应力监测，安装后传感器距离孔口深度约为 2.5 m，8＃测点施工和应力监测现场图见图 4-25。

(a) 钻孔施工

(b) 仪器安装

图 4-25　8＃测点施工和应力监测现场图

7＃测点布置在5号联络道右帮，L2控制点附近，5号联络道断面为三心拱形，净宽4.5 m，墙高2.2 m。同样，采用YT28气动凿岩机在巷帮底部垂直岩壁进行钻孔，钻孔层位位于底板白云岩中，钻孔与1 890 m中段无轨巷道(东)沿脉轴线平行，钻孔距离底板约1.2 m，钻孔参数与上述钻孔参数一致。7＃测点施和应力监测现场图见图4-26。

(a) 钻孔施工

(b) 仪器安装

图4-26　7＃测点施工和应力监测现场图

自应力传感器安装完成后不定期对测站D进行数据采集，持续监测4～5个月，最终数据完全趋于稳定时停止数据采集。测站D测点应力传感器监测频率见表4-8，相应的应力随时间变化的曲线见图4-27。8＃测点x、y、z方向上应力分量的稳定值分别为8.06 MPa、7.02 MPa和11.61 MPa；代入图4-3中公式获得采动应力极坐标分量后，继续代入上述地应力复变函数反演算法可得出该测点的地应力大小为$\sigma_z=7.71$ MPa、$\sigma_{hmax}=14.87$ MPa、$\sigma_{hmin}=6.40$ MPa。7＃测点x、y、z方向上应力分量的稳定值分别为9.01 MPa、12.16 MPa和7.34 MPa；同样代入上述地应力复变函数反演算法可得出该测点的地应力大小为$\sigma_z=8.13$ MPa、$\sigma_{hmax}=15.52$ MPa、$\sigma_{hmin}=6.66$ MPa。可见，两个测点反演得出的应力数据是接近的，应力数据的不同和测点埋深不同有关。

表4-8　测站D测点应力传感器监测频率　　单位：Hz

日期/d	8＃-x $M=-1.736\ 39\times10^{-5}$ $N=0.002\ 588\ 9$	8＃-y $M=-1.268\ 55\times10^{-5}$ $N=0.015\ 194\ 6$	8＃-z $M=-5.216\ 16\times10^{-5}$ $N=-0.106\ 807$	7＃-x $M=-1.204\ 26\times10^{-5}$ $N=0.030\ 214\ 6$	7＃-y $M=-1.167\ 28\times10^{-5}$ $N=0.027\ 202\ 7$	7＃-z $M=-2.189\ 47\times10^{-5}$ $N=-0.017\ 132$
0	2 016.07	2 012.55	2 055.51	2 092.58	2 046.14	2 072.69
3	1 922.49	1 946.91	1 976.12	2 013.71	1 947.38	2 034.33

表 4-8(续)

日期/d	8#-x $M=-1.736\ 39\times10^{-5}$ $N=0.002\ 588\ 9$	8#-y $M=-1.268\ 55\times10^{-5}$ $N=0.015\ 194\ 6$	8#-z $M=-5.216\ 16\times10^{-5}$ $N=-0.106\ 807$	7#-x $M=-1.204\ 26\times10^{-5}$ $N=0.030\ 214\ 6$	7#-y $M=-1.167\ 28\times10^{-5}$ $N=0.027\ 202\ 7$	7#-z $M=-2.189\ 47\times10^{-5}$ $N=-0.017\ 132$
7	1 902.87	1 905.93	1 956.84	1 979.15	1 908.54	1 975.71
30	1 901.95	1 904.46	1 941.29	1 978.87	1 879.71	1 970.04
40	1 901.85	1 904.42	1 941.32	1 978.85	1 879.66	1 969.83
51	1 901.90	1 904.27	1 941.25	1 978.75	1 879.64	1 969.87
60	1 901.87	1 904.55	1 941.29	1 978.85	1 879.73	1 969.85
88	1 901.95	1 904.31	1 941.31	1 978.81	1 879.64	1 969.82
101	1 901.96	1 904.41	1 941.26	1 978.83	1 879.62	1 969.81
114	1 901.83	1 904.43	1 941.29	1 978.84	1 879.65	1 969.79
131	1 901.82	1 904.46	1 941.32	1 978.81	1 879.72	1 969.81

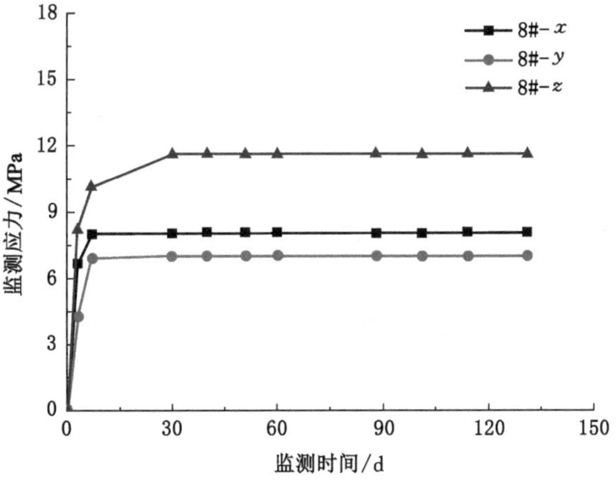

(a) 8#测点

图 4-27　测站 D 应力随时间变化的曲线

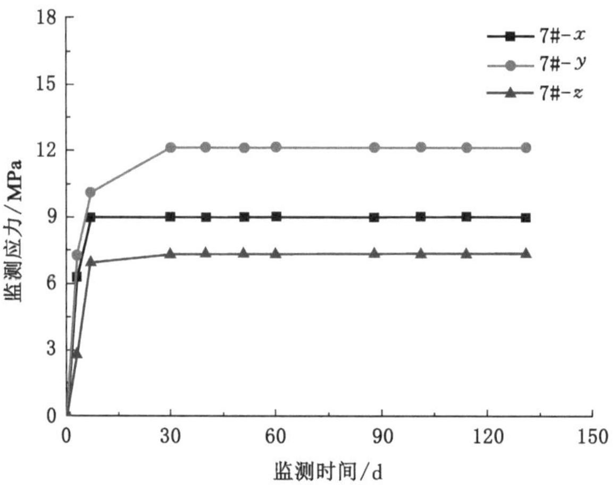

(b) 7#测点

图 4-27 (续)

4.5.3.5 地应力分布规律

昆阳区域属扬子准地台西部川滇台背斜与滇东台褶带的交汇部位，普渡河—滇池断裂以西、罗次—易门断裂以东的挟持地带。区域地质构造的发生、发展及其分布规律受上述两大断裂带的显著影响，根据地质构造形迹特征可分为4组，即近南北向构造、近东西向构造、北东/北西一南西/南东向构造。南北向构造以断裂为主，褶皱次之，常切割东西向构造分布，主要构造为罗次—易门断裂(逆冲断层，西倾，倾角60°～70°)及普渡河—滇池断裂(逆断层，东倾，倾角60°～80°，呈“S”形向南、北两个方向延伸)；东西向构造以褶皱为主，断裂次之，集中分布在滇池以西，易门以东，北至安宁以北，南至晋宁以南地区，主要构造如龙潭街背斜、安宁向斜、香条村背斜及三家村断层；北东/北西一南西/南东向构造散布于上述两类构造之间，规模大小不等，以断裂为主，断面倾向不同，见图1-1。

香条村背斜的东南翼为昆阳磷矿二矿的控矿构造，矿床位于香条村背斜南翼中段。香条村背斜西起马厂，东至中谊村，被普渡河—滇池断裂切割，轴向东西方向，长20 km，宽5 km，以5°向东倾没，两翼基本对称，地层产状平缓，倾角一般10°～15°。三家村断层位于矿区南部，西起白龙梁子山南部，东至三家村，断层走向70°～75°，倾向345°，倾角73°，断距几百米到上千米，为向北倾斜的正断层，断层地表形成切割很深的冲沟，南盘地层为元古界昆阳群，北盘地层为寒武系下统渔户村组，该断层对昆阳磷矿二矿区矿体的形态具区域性控制作用。根据地质构造形迹特征可见矿体成矿过程受到构造运动水平挤压的影响，特别是香条冲背斜构造活动。根据上述地质构造形迹特征，可推断各应力分量的方向如下：重力作用引起的竖直应力为中间主应力，方向近乎垂直；挤压构造运动引起的最大水平主应力 σ_{hmax} 沿矿体倾向分布，即方向 SE；最小水平主应力 σ_{hmin} 沿矿体走向分布，即方向 NE～SW。

结合矿山井上井下对照图，得出 1～8＃测点的埋深分别为 163.03 m、134.37 m、131.07 m、244.57 m、251.67 m、179.42 m、239.45 m 和 224.47 m。根据 8 个测点测得的采动应力反演推出的地应力，绘制了各应力分量和埋深的散点图并进行线性拟合(图 4-28)，得出了地应力关于埋深的函数关系：

$$\begin{cases}\sigma_{\mathrm{hmax}} = 0.043\ 4h + 5.128\ 5 \\ \sigma_{\mathrm{hmin}} = 0.017\ 7h + 2.424\ 8 \\ \sigma_{z} = 0.028\ 0h + 1.428\ 3\end{cases} \tag{4-49}$$

式中，h 为埋深，深度适用 100～300 m；σ_{hmax} 为最大水平主应力，MPa；σ_{hmin} 为最小水平主应力，MPa；σ_{z} 为竖直应力，MPa；

昆阳磷矿二矿矿体埋藏较浅，受构造运动影响，矿区内地应力以水平构造应力为主。另外，地表剥蚀作用对应力分布影响显著，剥蚀作用下竖直应力显著下降但有一部分来不及释放，这导致岩体中竖直应力比上覆岩层自重应力要大。总之，受高水平构造应力、山地地形地貌、近代地表地质作用和岩体各向异性等因素影响，矿区地应力数据呈现一定的离散性，以水平应力主导，应力分量大小顺序依次为 $\sigma_{\mathrm{hmax}} > \sigma_{z} > \sigma_{\mathrm{hmin}}$。另外，需要说明的是，地应力和岩体埋深存在显著关系，当开采进入深部时，地应力分布规律可能产生相应变化，上述地应力分布规律适应于埋深 100～300 m 的条件。

4.6　本章小结

地应力是进行采矿工程设计、施工和岩石灾害防控的重要科学依据，掌握矿区地应力分布规律至关重要。地应力分布受埋深、地质构造、地形地貌和剥蚀风化作用、岩体物理力学性质、地下水及温度等因素显著影响，行业内普遍采用的空心包体应力解除法和水压致裂法对于原生节理裂隙发育的矿山存在一定的局限性。对此，本章提出并发明了一种区域岩体地应力的反演测量方法，分析了地质构特征和成因，基于矿区构造行迹分析确定了应力分量方向。在此基础上，在矿山 1 890 m 中段和 1 980 m 中段布置了 4 个测站共 8 个测点，通过长期监测获得了巷道围岩三维采动应力稳定值。随后，根据巷道断面形状和尺寸按照复变函数成套解法反演获得了测点三维地应力大小。最后，对各测点地应力分量与采深关系进行线性拟合，获得了矿山地应力分布规律。

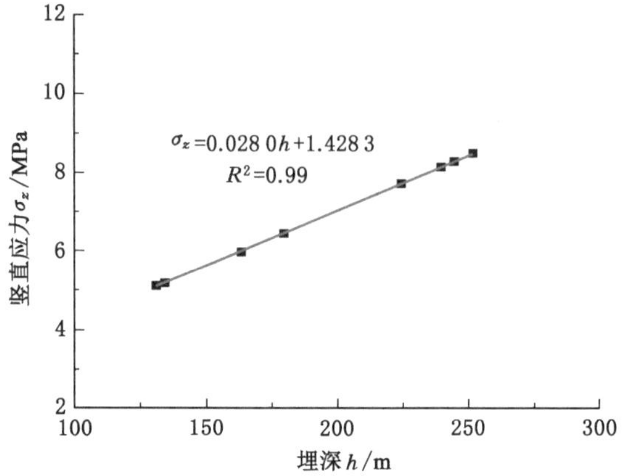

(a) 竖直应力

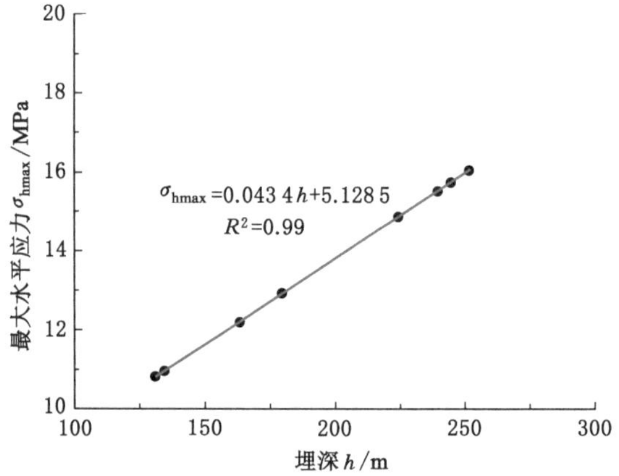

(b) 最大水平应力

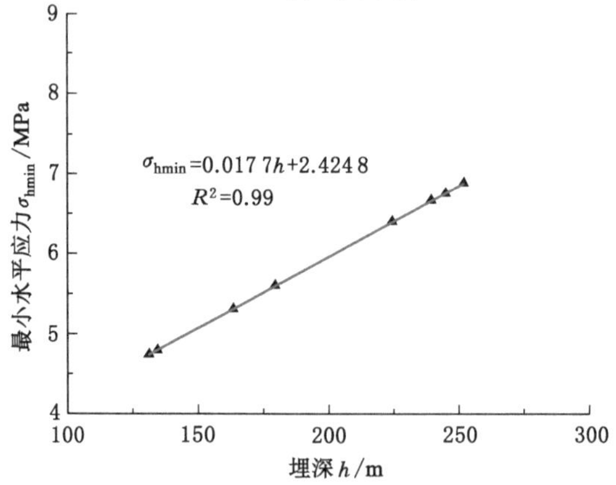

(c) 最小水平应力

图 4-28　地应力拟合曲线

5 巷道变形破坏特征与失稳机理

地下巷道开挖揭露以后，岩体原岩平衡应力状态遭受破坏产生应力重分布，在围岩中造成应力集中和卸荷释能。应力集中程度与原岩应力、地质构造、岩体结构及性质、巷道断面形状、地下环境等有关，而卸荷释能速率取决于岩体性质和施工方式等因素，如岩体钻爆法施工产生较高的卸荷释能速率。显然，在集中应力和卸荷作用下，若不能及时有效地对围岩进行稳定控制，巷道极易发生冒顶、片帮和大变形等变形破坏现象，并可能进一步衍生塌方、岩爆、矿震、突水、溃泥溃砂等岩石灾害事故。可见，准确掌握巷道变形破坏特征并科学揭示其失稳机理至关重要，它是进行合理支护设计的重要依据，是保障矿山安全、高效、经济生产的重要前提。本章重点阐述了矿山巷道变形破坏特征，并揭示了其失稳机理。

5.1 巷道变形破坏特征

昆阳磷矿二矿自 2021 年 7 月开始基建，截至目前基建工程接近完成。在矿山基建过程中，我们全程进行了跟随调研，调研地点主要集中在 1 890 m 中段和 1 980 m 中段，主要观察巷道的变形破坏情况，巷道呈现的变形破坏现象如图 5-1 所示。

由图 5-1 可知，在复杂地质条件下矿山巷道变形破坏现象种类繁多，给矿山基建和生产带来了严重困扰。矿山巷道变形破坏类型主要有以下几种：

① 遇溶洞引起冒顶塌方：矿山在基建过程中发生多处塌方事故，以辅助斜坡道为例，巷道穿越宰格组白云岩层时发生两次严重塌方事故（“2・20”塌方事件和“3・29”塌方事件），造成工期延误一个多月。主要原因在于，白云岩为碳酸盐岩，遇水和二氧化碳易被溶蚀产生空洞，导致岩体强度和稳定性大大弱化。岩溶发育的区域一般会形成溶洞，溶洞内组分多为破碎岩块、泥沙、水和有毒有害气体，矿山井巷掘进揭露溶洞时极易发生冒顶片帮和突水突泥灾害，严重影响井巷工程施工安全和工期进度。上述两次事故冒顶高度高达 5 m 以上，预计冒落空区体积不小于 150 m^3，冒落物里面多为黏土，无涌水出现。地质调查发现，宰

(a) 辅助斜坡道塌方　(b) 1 890 m中段胶带巷道塌方　(c) 1 890 m中段无轨巷道冒顶

(d) 1 980 m中段充填回风巷冒顶　(e) 6#盘区斜坡道冒顶　(f) 辅助斜坡道片帮

(g) 1 890 m中段无轨巷帮部变形　(h) 1 890 m中段无轨巷片帮　(i) 中部井进风石门冒顶

图 5-1　昆阳磷矿二矿巷道变形破坏现象

格组白云岩层岩溶主要发育在岩层底部，以溶蚀裂隙、溶孔为主，且该岩层底部岩体特别破碎。

② 遇岩溶破碎带产生冒顶塌方：同上述原理，岩溶发育的岩层，整体稳定性较差，即便不形成溶洞，在其中掘进时也极易发生失稳事故。图 5-1(b)所示为在渔户村组白云岩中的 1 890 m 中段胶带巷道发生的塌方事故，该巷道靠近白云岩和下矿体接触部位，两者岩层呈假整合接触，白云岩岩层中靠近层理面的区域分布有溶蚀空洞，造成掘进巷道稳定性较差。

③ 遇断层破碎带引起冒顶塌方。1 890 m 中段无轨巷道在掘进过程中时常遇到隐伏断层，断层上下盘间和周边易形成破碎带，巷道揭露时极易发生冒顶，见图 5-1(c)。

④ 遇褶皱产生冒顶塌方。矿山在东部回风井区域存在褶皱构造，以致矿体产状发生显著变化，从地质成因上讲，褶皱产生了压扭作用，对岩体造成挤压，靠近核部的岩体较为破碎，巷道揭露时极易发生冒顶，如 1 980 m 充填回风西巷在

施工中过褶皱区域时发现围岩较为破碎，以致时常发生冒顶现象，见图 5-1(d)。

⑤ 遇裂隙岩体发生冒顶塌方。对于节理裂隙发育的岩体，井巷揭露时如不能及时合理有效地进行支护，围岩极易发生变形破坏，尤其是顶板极易发生冒落。例如，图 5-1(e)所示顶板冒落为 6＃盘区斜坡道掘进遇到节理裂隙较发育的黑色粉砂岩岩层，造成锚杆支护失效。

⑥ 地下水软化作用引起的围岩失稳：对于破碎或者含泥量大的岩体，在地下水的长期浸泡软化作用下，巷道围岩强度显著降低，继而发生片帮和冒顶事故，如辅助斜坡道掘进至底板白云岩中，在大量地下水的浸泡下极易发生软化而产生片帮，见图 5-1(f)。

⑦ 采动应力作用引起的围岩失稳：巷道向前方掘进过程中，前方岩体产生应力集中并随着距离的增加最终和原岩能量相等。因而，迎头岩壁处于单面卸荷状态，在集中应力作用下极易发生片帮现象，见图 5-1(h)。此外，受相邻巷道影响，围岩采动应力分布规律和常规单一巷道不同，尤其是巷道之间岩柱和巷道交叉点围岩产生应力叠加，稳定性较差，图 5-1(g)所示巷帮发生挤压变形的原因在于“U”形变电硐室与 1 890 m 中段无轨巷交互作用影响。此外，巷道交叉点处顶板跨度往往较大，在集中应力下易发生冒顶。

⑧ 爆破振动作用造成的围岩失稳：对于钻爆法施工工艺，凿岩爆破对周边岩体具有强烈的扰动作用，巷道单循环掘进一般消耗岩石炸药 100 kg 左右，即便采用微差爆破，炸药爆破对围岩的震动效应极为显著(见后续爆破振动监测部分内容)，对于后方未支护控制的顶板极易造成巷道局部冒顶现象，如图 5-1(i)所示顶板掉落的大块未爆破作用所致。

根据以上分析可知，矿山巷道变形破坏特征主要为冒顶和片帮。矿山岩体硬度中等，不具备塑性变形特征，加上矿山地应力量级不是很大，所以巷道少有发生大变形，均呈现为地质和采动原因造成的突发性的冒顶和片帮破坏特征。

5.2 巷道变形破坏影响因素

根据矿山巷道变形破坏特征可分析得出巷道变形破坏因素，可分为客观因素和主观因素。

5.2.1 客观因素

① 地质构造。矿区内溶洞、褶皱和断层是影响围岩稳定的主要构造，特别是溶洞，导致巷道施工遇构造时需要进行加强支护，并需要根据不同构造类型和

产状设计不同的支护形式。此外,为了避免地质构造对巷道施工带来的困扰,必须按照“有疑必探、先探后掘”的原则进行施工,采用物探和钻探等综合方法充分摸清地质构造分布形态,为巷道掘进提供重要保障。

② 岩体质量。岩体质量决定着围岩稳定性等级,高质量的岩体甚至不需要进行支护即可保持自稳,质量较差的破碎岩体或者裂隙岩体需要特别的支护技术对开挖后的围岩进行及时有效的控制。特别需要说明的是,作为岩体质量中一个重要的指标,地下水的存在对巷道变形破坏影响较显著,尤其是含黏土质矿物的岩层在水化作用下极易发生膨胀变形或者崩解破裂失稳。另外,地下水的存在还恶化了工作环境,为喷混凝土的快速凝固带来了难度,对金属支护构件(易受腐蚀)的长期稳定服役破坏也带来了挑战。

③ 地应力。应力是引起岩体变形、冲击和破坏的根本驱动力,较大的地应力导致围岩应力大,当围岩应力超过岩体的抗拉或者抗剪强度时,围岩难以靠自稳承受,在高应力下极易发生变形破坏,因而需要支护强度更大的支护结构分担或者转移应力。

5.2.2 主观因素

① 爆破振动强扰动。巷道掘进普遍采用钻爆法,爆炸作用对围岩具有强烈的扰动作用,极易诱发碎裂岩体裂隙进一步扩展和整体结构突发性失稳。此外,爆破冲击振动作用还会造成邻近支护结构失效而引起围岩发生损伤和破坏。

② 巷道工程设计合理性。巷道的尺寸、断面和布置方位除了要满足生产基本需求外,还要考虑能否实现稳定性最大化。虽然理论上巷道尺寸大小对围岩稳定性无影响,但是工程岩体含有节理裂隙,巷道跨度和高度越大,围岩稳定性越差。巷道断面是否最优也是围岩稳定的重要因素,合理的巷道断面形状决定采动应力分布特征,所以圆形巷道围岩应力分布最均匀,导致同比复杂断面形状巷道的围岩稳定性要好。此外,巷道布置方位也对其自身稳定性有影响,巷道轴线和最大主应力方向一致可使巷道围岩承受的应力最小。

③ 支护设计合理性。巷道开挖后大多需要进行及时支护,若支护方式不合理,则会导致巷道发生变形破坏现象。因此,巷道支护设计应遵循支护技术科学先进(预应力主动支护、支护方式与围岩质量匹配、发挥围岩自承载特性、机械化/智能化程度高、劳动强度小、作业环境好)、支护效果好、支护效率高、支护成本经济合理、掘支协同或平行的原则。经济、合理地进行支护设计不仅是巷道安全高效施工的关键,更是保持围岩稳定和巷道长期通畅的重要保障。

④ 施工质量可靠性。巷道掘进钻爆法施工质量和施工过程中一些不合

理操作也会导致巷道发生破坏。如爆破参数选择不合理(未按照光面爆破要求进行掏槽和布孔),且施工中炮孔布置及钻孔深度存在主观随意现象;装药方式也未严格遵循设计,以致施工措施中的爆破方案难以在现场实现。又如矿山锚网喷支护中,锚杆材料设备及安装作业不够规范(缺少安装预紧力和扭矩以致数据为 0,金属网未贴合岩壁,间排距布置随意,使用 YT28 气动凿岩机安装且无专用锚杆安装套筒,锚杆安装角度过于随意造成穿皮锚杆较多),不能发挥主动支护作用。建议锚杆安装采用专用的扭矩较大的气动锚杆钻机和锚杆安装套筒,按照"先推再旋"作业顺序(实际安装中边旋边推,故紧固前螺母已走完螺纹行程),托盘厚度须≥6 mm(实际 3 mm),杆体尾部螺纹长度须 10～15 cm(实际<5 cm),增加垫圈,特别是螺母需采用扭矩螺母以确保锚杆安装后具有预紧力。监理单位验收时除锚固力>50 kN 外,再增加螺母拧紧扭矩(建议>100 N·m)作为验收指标。另外,还存在超欠挖严重导致的巷道成形不好(爆破参数或装药结构不合理或者不按照爆破规范要求作业)、混凝土喷厚不均或降低水泥配比或搅拌不均匀,使喷体的刚度及柔韧度都减弱;或顶板空区回填材料和回填率未达到设计要求。再者,钢拱架焊接不规范、安装质量不符合设计。上述质量问题导致支护体不能承受设计要求载荷和变形,会使巷道过早地发生破坏。

5.3 巷道钻爆开挖振动监测

在金属和非金属矿山中,由于矿岩坚硬,可截割性差,难以直接采用机械破岩。自 1866 年瑞典化学家阿尔弗雷德·诺贝尔发明硝化甘油炸药并用于采矿以来,钻爆法一直是磷矿等非煤矿山中一种经济的开采方式。钻爆法工艺由凿岩、爆破、通风、出渣等多个独立工序组成(图 5-2)。其中,爆破作业中的炸药发生爆炸的物理化学反应对巷道围岩有着强烈的瞬时动态扰动作用,振动速度较大的冲击波极有可能引起巷道围岩发生冒顶或者片帮。同时,爆破作用还对巷道迎头后方的支护结构稳定性和可靠性产生威胁。此外,钻爆作业还对周边环境(如地表建构筑物、露地联合开采地表边坡)具有显著影响。可见,开展爆破荷载作用下巷道工程振动监测与控制研究,探索爆炸波的特性和传播衰减规律,可判断爆破距离是否安全,同时为巷道爆破参数优化和围岩支护设计提供重要依据,继而实现有效控制围岩变形破坏和防止工程结构失效失稳及避免安全事故带来的经济损伤和人身伤亡的目的,具有重要的科学意义和工程应用价值。

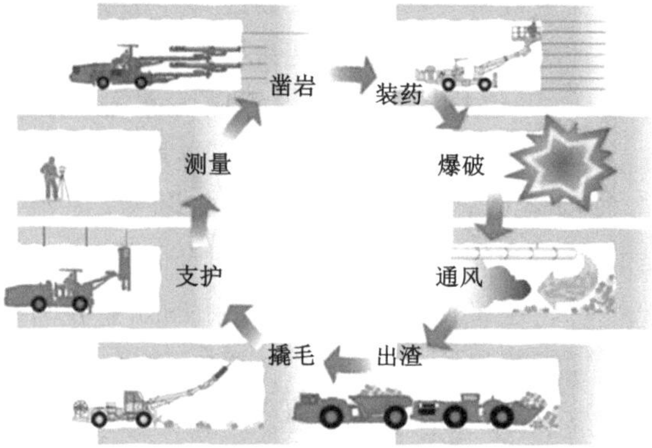

图 5-2 钻爆法工艺工序

5.3.1 巷道钻爆掘进方法和工艺

矿山巷道掘进主要采用光面爆破技术进行施工，炮孔采用人工手持 YT28 气动凿岩机或者 KJ311 凿岩台车进行打眼(ϕ42 mm)，人工打眼深度为 3.0～3.5 m(实际爆破进尺 2.5～3.0 m)，台车打眼深度为 4.3 m 左右(实际爆破进尺 3.5～3.9 m)，人工装药和连线起爆。炮孔分为掏槽眼、辅助眼和周边眼。设计使用 1＃岩石乳化炸药，炸药主要技术参数为：直径 ϕ32 mm、每卷药重 0.3 kg、每卷长 320 mm；采用 7 m 脚线数码雷管起爆，反向连续装药，全断面一次起爆。以 1 890 m 中段胶带巷道为例，掘进断面宽度×高度为 4.7 m×3.75 m，掘进断面 $S_{掘}$=15.81 m^2，围岩硬度系数 f=4～10，采用凿岩台车和气动凿岩机打眼。

以凿岩台车打眼爆破为例，采用直眼掏槽方式，共布置炮眼 52 个，掏槽眼深 4.2 m，其他炮眼深 4.0 m，炮眼总长度为 209.4 m，装药总量为 133.8 kg。炮眼布置见图 5-3，爆破参数表见表 5-1。其中，掏槽眼共布置 7 个炮眼，炮眼深度为 4.2 m，中心眼为空眼，不装药，其余 6 个掏槽眼每眼装药 12 卷，均采用反向连续装药，炮泥封堵长度不小于 1.0 m，采用 1、2 段数码雷管爆破。辅助眼分 2 级布置，一级辅助眼 8 个，二级辅助眼 11 个，眼深均为 4.0 m，眼距为 680 mm；装药均为 10 卷，采用反向连续装药，封泥长度不少于 300 mm，采用 3～4 段数码雷管爆破。周边眼 19 个，按光面爆破要求布置，炮眼深度为 4.0 m，拱部眼眼距 450 mm，帮眼眼距 680 mm，外插 1°～2°角，眼口距设计轮廓线 50 mm，眼底落在设计轮廓线上，最小抵抗线为 700 mm，每眼装药 6 卷，封泥长度不少于 300 mm，采用 5 段数码雷管爆破。底眼布置 7 个，眼距 800 mm，眼深 4.0 m，下插角 1°～2°左右，眼口高于设计底板 100 mm，眼底超出设计底板 50 mm，每眼装药10卷，反向连续装药，封泥长度不少于300 mm，采用6段数码雷管爆破。

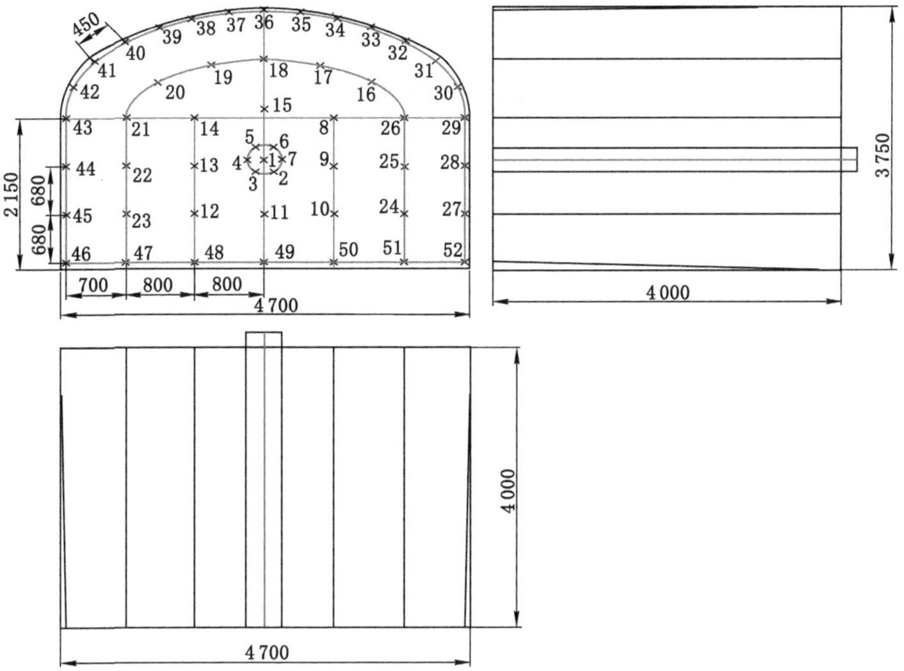

图5-3　1 890 m中段胶带巷道钻爆施工炮眼布置图

表5-1　1 890 m中段胶带巷道爆破参数表

名称	眼号	个数	眼距/mm	眼深/m	炮眼长度/m	装药量		起爆顺序
						卷数/眼	合计/kg	
中空眼	1	1		4.2	4.2	0	0	
掏槽眼	2～7	6	$R=200$	4.2	25.2	12	72	Ⅰ、Ⅱ
一级辅助眼	8～15	8	680	4.0	32.0	10	80	Ⅲ
二级辅助眼	16～26	11	680	4.0	44.0	10	110	Ⅳ
周边眼	27～45	19	450/680	4.0	76	6	114	Ⅴ
底眼	46～52	7	800	4.0	28	10	70	Ⅵ
合计		52			209.4		133.8	

需要说明的是，矿山巷道实际掘进过程中受机械设备和地质条件及人员因素影响，巷道施工方法和设备灵活调整，如掏槽方式变为楔形套餐，凿岩设备采用气动凿岩机等，钻孔深度、孔数、装药量根据地质条件灵活调整。

5.3.2 巷道爆破振动监测方案

本次爆破振动监测对象为底板白云岩中的1 890 m中段2♯胶带巷道迎头，监测地点为距3号联络道和1 890 m中段胶带巷道交叉点约75 m处。巷道掘进断面积为15.81 m^2，宽×高为4 700 mm×3 750 mm(拱高1 600 mm，墙高2 000 mm)，净宽4.50 m，净高3.50 m。巷道钻爆采用光面爆破技术，打眼采用YT28气动凿岩机，孔深3.0 m左右，掏槽采用楔形掏槽方式，掏槽眼8个，辅助孔20个，底孔6个，周边孔9个，钻孔总数为43个，装药量为84 kg，炸药为云南安化有限责任公司安宁分公司生产的1号岩石乳化炸药，每袋24 kg，每袋炸药包括重量6 kg的4小包药卷(20卷，规格ϕ32 mm×300 g)，爆破后进尺2.55 m左右。

爆破前，在巷道底板隅角基岩上布置4个测点(图5-4)，主要原因在于巷道底板上不定期铺设碎石以致底板不平整且岩性和孔隙变化大，导致测点条件差异性大，爆炸应力波传播规律不易探测。其中，M1～M4各测点距爆源距离分别为33.70 m、43.70 m、54.70 m和65.85 m。

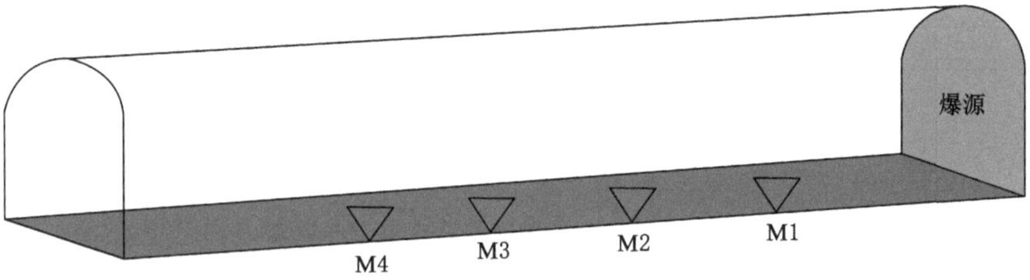

图5-4　1 890 m中段胶带巷道爆破振动测点布置图

爆破振动监测仪器(图5-5)采用中国科学院成都分院生产的中科测控TC-4850爆破测振仪。TC-4850爆破测振仪是一款专为工程爆破设计的多功能监测仪，仪器轻小便携、耐压抗击、操作性优越，配接三轴向振动速度传感器(TCS-B3型)能完成加速度、速度、位移、压力、温度等动态过程的监测、记录、报警和分析。仪器自带显示屏和操作键盘，用户无须电脑支持就能在现场完成设置和数据读取。触发电平0～10 V任意可调(标准传感器0～35 cm/s)；记录时长1～5 590 s，任意可调；分辨率0.000 1 cm/s；读数精度0.1 %。测点距巷道迎头距离采用YHJ红外激光测距仪测量，精度1 mm。为了实现三轴向振动速度传感器与底板基岩快速耦合，采用熟石膏粉作为耦合剂，石膏粉加水(水∶石膏＝1∶2)搅拌后具有较好的流动性且能够实现传感器与底板的快速凝固(初凝

8～10 min,终凝 60 min)并具有一定的黏结力,爆破振动监测仪器现场安装图见图 5-6。

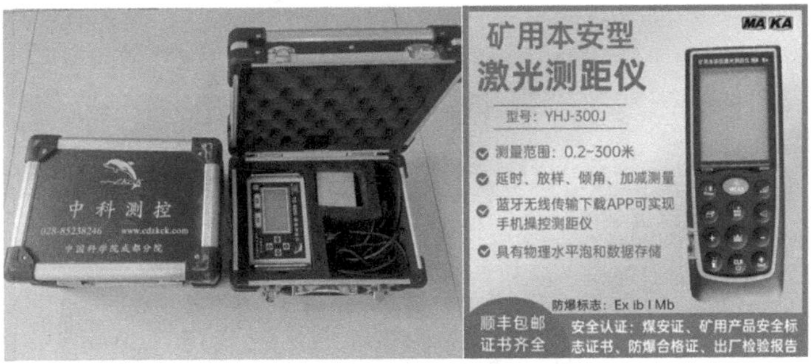

图 5-5　爆破振动监测仪器

(a) 石膏制备　　(b) 振动传感器安装

图 5-6　爆破振动监测仪器现场安装图

5.3.3　爆破振动监测结果与分析

本次巷道爆破电子雷管段别共布置 8 段(1～8 段,每段间隔 500 ms,8 个掏槽眼雷管为 1 段,20 个辅助眼的为 2～6 段,6 个底孔的为 7 段,9 个周边眼的为 8 段),总计爆破时长 4.0 s,故爆破振动监测采集时长设置为 5.0 s。巷道爆破现场图见图 5-7。M1～M4 测点传感器能够拾取三方向爆破振动速度信号等数据,1 890 m 中段胶带巷道掘进爆破测振结果见表 5-2;径向(x 方向,指向爆源)、切向(y 方向)和垂向(z 方向)三方向的振动速度及合成矢量振动速度的爆破测振结果图见图 5-8～图 5-11。

(a) 爆破前　　(b) 爆破后

图 5-7　巷道爆破现场图

表 5-2　1 890 m 中段胶带巷道掘进爆破测振结果

编号	爆距 R/m	总装药量 Q/kg	比例距离	最大振速/(cm/s)							
				径向	主频/Hz	切向	主频/Hz	垂向	主频/Hz	合成速度	主频/Hz
M1	33.70	84	7.69	1.88	571.43	2.80	250.00	2.39	500.00	3.18	0.22
M2	43.70		9.98	1.23	235.29	2.71	210.53	1.90	333.33	3.11	0.20
M3	54.70		12.50	0.59	666.67	1.09	363.64	0.82	333.33	1.45	0.51
M4	65.85		15.04	0.70	363.64	0.53	333.33	1.63	571.43	1.79	0.52

注：比例距离为爆距 R 与总装药量 Q 的立方根之比，即 $\rho=K/\sqrt[3]{Q}$，那么萨道夫斯基公式可转化为$V=K\rho^{\alpha}$。

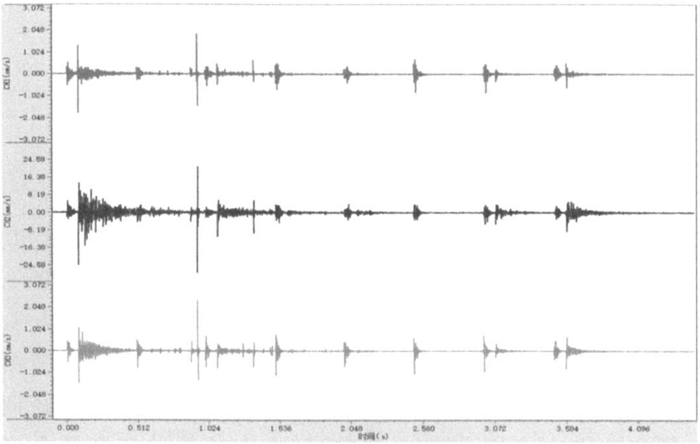

(a) 各方向质点振动速度

图 5-8　M1 测点爆破测振结果图

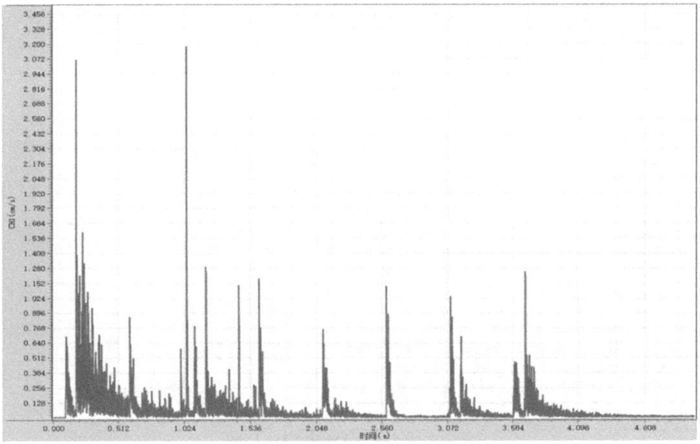

(b) 三方向合成质点振动速度

图 5-8 （续）

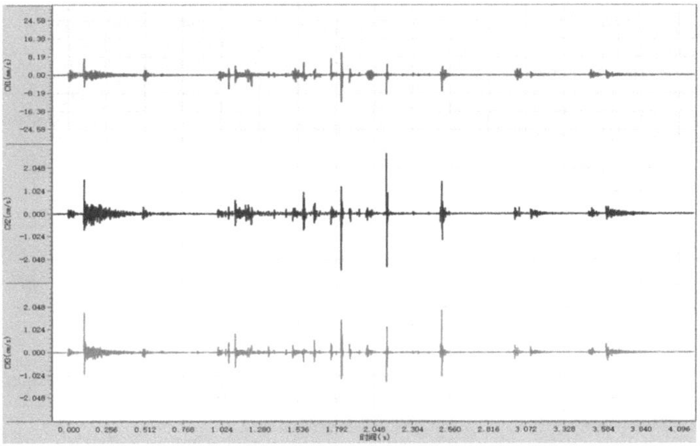

(a) 各方向质点振动速度

图 5-9　M2 测点爆破测振结果图

爆破时必然产生爆破地震、空气冲击波、碎石飞散及有害气体，因而爆破作业会存在危及爆区附近人员、设备、建筑物及井巷等安全的可能。爆破作业地震强度主要与炸药量、爆源距离、岩石特性、爆破条件及方法、地质地形条件有关。爆破地震波是一种复杂的波系，包含体波和面波。面波，特别是其中的瑞利波的

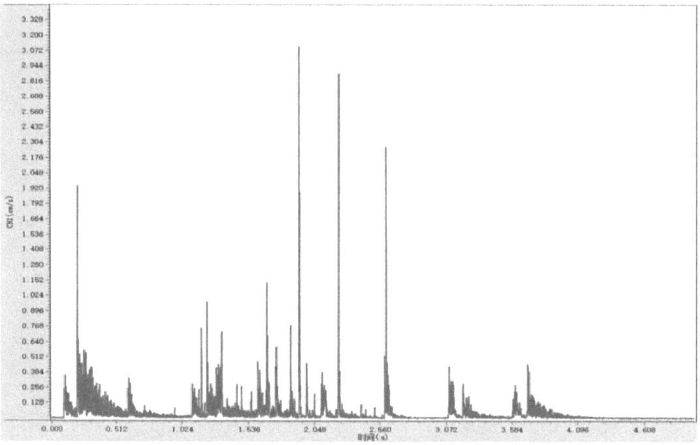

（b）三方向合成质点振动速度

图 5-9 （续）

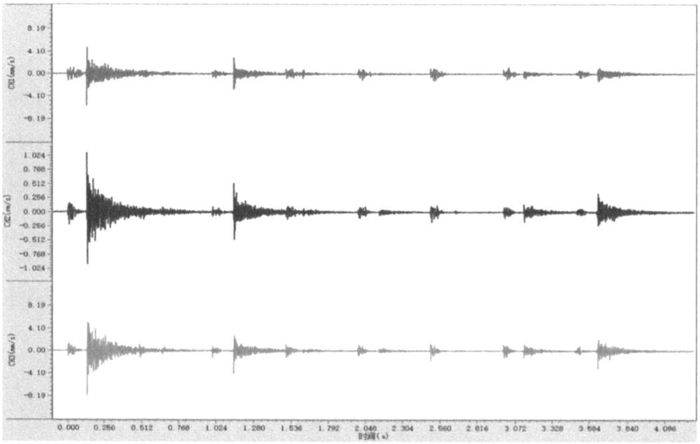

（a）各方向质点振动速度

图 5-10　M3 测点爆破测振结果图

频率低、衰减慢、携带的能量较多，是造成围岩破坏和引起地表震动危及建筑物安全的主要因素。作为一个评估爆破扰动响应的重要指标，爆破振动速度是指在爆破地震波作用下介质质点往复运动的速度。由上述各测点爆破测振结果图可以看出，各测点质点振动信号存在 8 个聚集区域，各区域存在一定的时间差，显然振动信号活动与各炮孔内的导爆管的段别是相互呼应的。另外，随着距爆

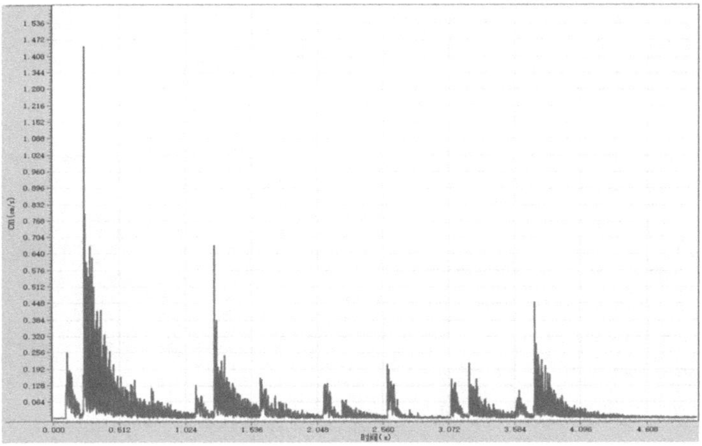

(b) 三方向合成质点振动速度

图 5-10 （续）

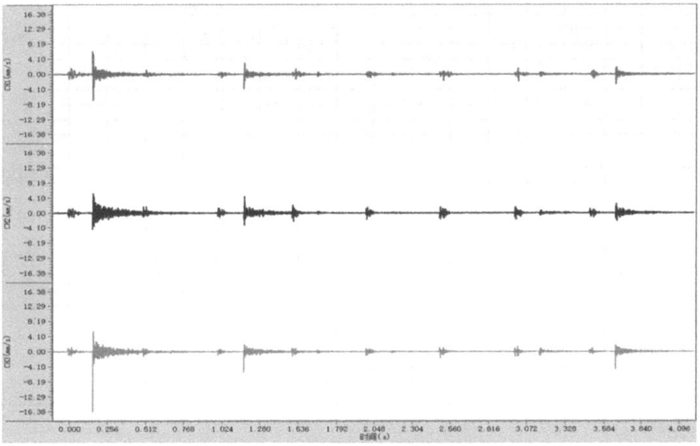

(a) 各方向质点振动速度

图 5-11　M4 测点爆破测振结果图

源距离的增大，测点的质点振动速度呈指数型衰减特征。在井巷爆破设计及施工过程中，提前对爆破引起地表或围岩质点的振动速度进行预测，对提高施工效率、保障作业安全，避免爆破施工对地面建(构)筑物及地下工程的破坏具有重要意义。目前，国内外最常用的预测爆破质点振动速度的公式是萨道夫斯基经验公式。萨道夫斯基公式是由苏联科学院地球物理研究所的萨道夫斯基等通过研

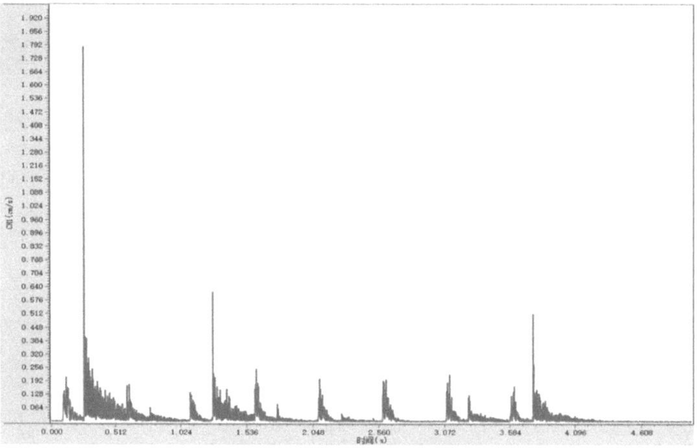

(b) 三方向合成质点振动速度

图 5-11 (续)

究集中药包的爆破地震效应，按照大量实测数据和相似律原理得到的经验公式。该公式在中国应用较为广泛，且已纳入《爆破安全规程》(GB 6722—2014)[143]。

$$V=K\left(\frac{\sqrt[3]{Q}}{R}\right)^{\alpha} \tag{5-1}$$

式中，V 为测点峰值振动速度，cm/s；Q 为总装药量，kg；R 为爆距，即测点和爆源的距离，m；K 和 α 为与地形和地质条件相关的系数与衰减指数，应通过现场试验确定(一般需要 3 个以上测点)，在无试验数据的条件下，可以参考表 5-3 进行经验取值。

表 5-3　爆区不同岩性的 K、α 值

岩性	K	α
坚硬岩石	50～150	1.3～1.5
中硬岩石	150～250	1.5～1.8
软岩石	250～350	1.8～2.0

根据 4 个测点获得的三方向爆破振动信号可知，测点 $M1$～$M3$ 呈现规律性的衰减特征，而测点 $M4$ 表现出了些许异常，由此根据测点 $M1$～$M3$ 数据借助软件自动拟合可得出萨道夫斯基经验公式(5-1)中的 K、α 值，见表 5-4，研究中采用三方向合成矢量速度信号得出的结果作为计算依据，即 K＝90.63，α＝

1.58。根据式(5-1)可变换得出爆破振动安全允许距离的计算公式：

$$R_0=\left(\frac{K}{V_0}\right)^{\frac{1}{\alpha}}Q^{\frac{1}{3}} \tag{5-2}$$

式中，R_0 为爆破振动安全允许距离，m；V_0 为保护对象所在地安全允许质点振速(3 个分量中的最大值)，cm/s；Q 为装药量，kg，齐发爆破取总药量，延时爆破取最大单段药量，考虑到矿山井巷爆破时地下空间狭小，分段微差爆破的爆破冲击波产生叠加效应，该参数值取全断面爆破大装药量。

表 5-4 不同测点和方向计算的 K、α 值

测点	参数	垂向	切向	径向	三向合成
M1～M4	K	15.35	701.78	56.45	33.58
	α	0.95	2.58	1.69	1.13
M1、M2、M3	K	10.89	156.34	227.84	90.63
	α	0.89	1.90	2.18	1.58
M1、M2、M4	K	36.36	762.31	7.07	21.71
	α	1.46	2.63	0.55	0.90

评估爆破对不同类型建(构)筑物、设施设备和其他保护对象的振动影响，应采用不同的安全判据和允许标准。地面建筑物、电站(厂)中心控制室设备、隧道与巷道、岩石高边坡和新浇大体积混凝土的爆破振动判据，采用保护对象所在地基础质点峰值振动速度和主振频率。爆破振动安全允许标准见表 5-5。例如，本次巷道掘进爆破装药量 84 kg，考虑围岩稳定性和安全系数，取安全允许质点振动速度 V_0 为 20 cm/s，可得出距离巷道的爆破振动安全允许距离 R_0 为 11.40 m。相应地，对于边坡，V_0 取 10 cm/s，可得出边坡的爆破振动安全允许距离 R_0 为 17.67 m。

表 5-5 爆破振动安全允许标准

序号	保护对象类别	安全允许质点振动速度 V_0		
		$f\leqslant10$ Hz	$10<f\leqslant50$ Hz	$f>50$ Hz
1	土窑洞、土坯房、毛石房屋	0.15～0.45	0.45～0.90	0.90～1.50
2	一般民用建筑物	1.50～2.00	2.00～2.50	2.50～3.00
3	工业和商业建筑物	2.50～3.50	3.50～4.50	4.50～5.00
4	一般古建筑与古迹	0.10～0.20	0.20～0.30	0.30～0.50
5	水电站及发电厂中心控制室设备	0.50～0.60	0.60～0.70	0.70～0.90

表 5-5(续)

序号	保护对象类别		安全允许质点振动速度 V_0		
			$f \leqslant 10$ Hz	$10 < f \leqslant 50$ Hz	$f > 50$ Hz
6	水工隧洞		7.00～8.00	8.00～10.00	10.00～15.00
7	交通隧道		10.00～12.00	12.00～15.00	15.00～20.00
8	矿山巷道		15.00～18.00	18.00～25.00	20.00～30.00
9	永久性岩石高边坡		5.00～9.00	8.00～12.00	10.00～15.00
10	新浇大体积混凝土(C20)	龄期:初凝～3 d	1.50～2.00	2.00～2.50	2.50～3.00
		龄期:3～7 d	3.00～4.00	4.00～5.00	5.00～7.00
		龄期:7～28 d	7.00～8.00	8.00～10.00	10.00～12.00

注:爆破振动监测应同时测定质点振动相互垂直的 3 个分量。表中质点振动速度为 3 个分量中的最大值,振动频率为主振频率。频率范围根据现场实测波形确定或按如下数据选取:硐室爆破 f 小于 20 Hz;露天深孔爆破 f 为 10～60 Hz,露天浅孔爆破 f 为 40～100 Hz;地下深孔爆破 f 为 30～100 Hz,地下浅孔爆破 f 为 60～300 Hz。

根据式(5-2),即便加大装药量,基于表 5-3 中的 K、α 经验值,巷道掘进爆破对邻近巷道和露天边坡的爆破振动安全允许距离不超过 30 m 和 50 m。此外,爆破飞石安全距离 S 可根据经验公式计算,即 $S=(40/2.54)\times D$(D 为炮孔直径,取 4.2 cm),爆破飞石安全距离计算结果为 66.1 m。地下爆破时,对人员和其他保护对象的空气冲击波安全距离由设计确定,地下大爆破的则须经专家论证。

5.4 巷道围岩松动圈厚度测量

5.4.1 松动圈概念及测定意义

在岩体中开挖巷道或隧道以后,巷道周围岩体的原岩应力状态遭到破坏,围岩受力状态由三向变为近似两向,围岩内产生应力集中或卸荷且围岩强度显著下降。当重分布应力大于围岩强度时,围岩发生破裂,破裂从巷道周边开始逐渐向深部扩展,直至达到新的平衡为止。这种在巷道周围形成一定厚度的沿开挖边界似环状分布的破裂区就是松动圈(图 5-12)。由松动圈支护理论可知,巷道支护的对象是巷道围岩松动圈中的碎胀变形压力和松动围岩自重应力,支护的作用是阻止松动圈形成过程中碎胀变形的产生及扩展,松动圈厚度越大,围岩变形力越大，越不利于支护。松动圈厚度既是分析巷道围岩稳定性的一个重要指标，又是巷道进行支护选型和设计的主要参考依据。可见，如何准确、合理地测定巷道围岩松动圈的厚度在工程实践中显得尤为重要。

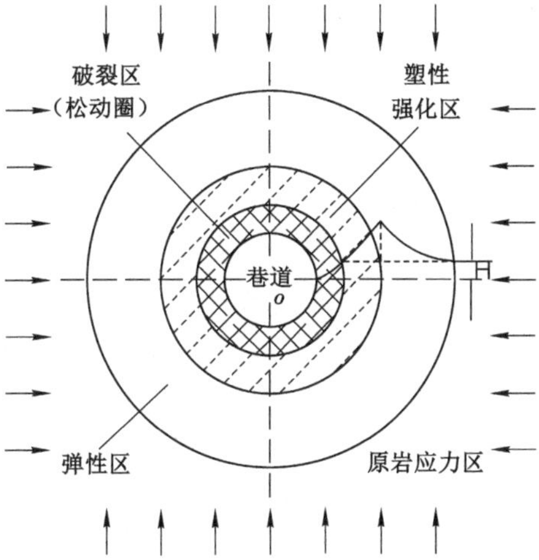

图 5-12 巷道围岩松动圈分布示意图

松动圈的大小和分布形状受诸多因素的制约，既受地应力、岩体性质、地质构造等自然因素的影响，又受巷道断面形状及尺寸、巷道施工方式、开采扰动等人为因素的干扰。目前，确定松动圈厚度的方法主要有现场实测法、理论预测法和数值计算法 3 种。理论预测法利用机器学习方法如神经网络、支持向量机、灰色理论、未确知聚类等建立松动圈厚度评价指标体系并基于样本数据进行预测。实际上，巷道松动圈受众多指标影响且所处地质条件千差万别，想要构建准确的预测模型需要海量的相同地质条件的样本数据。另外，基于有限元、离散元等算法的数值模拟方法虽然方便、经济，但模拟结果误差较大。因此，现场实测是准确确定松动圈厚度的科学手段。现场实测有声波法、多点位移计法、地质雷达法和钻孔电视法等，声波法对岩性质量要求较高，存在隐伏构造或者局部裂隙区时难以精确识别和分析。相比之下，多点位移计法和地质雷达法等方法的测量误差较大，而钻孔电视法因其直观、准确的显著优势在业内被广泛采用。

围岩松动圈对支护设计的影响较大，而支护力对松动圈的尺寸影响不大。现场观测表明，当松动圈 $L_p=0$ 时，完全可以裸体不支护；当松动圈 $L_p=0\sim40$ cm 时，若围岩整体性好，不易风化的围岩可不支护或只喷混凝土就能有效维护；当松动圈 $L_p=40\sim100$ cm 时，采用锚杆悬吊理论和喷层局部支护方式；如果 $L_p=130\sim150$ cm，一般常用的料石碹（刚性）支护就不适应；当 $L_p>150$ cm，刚性支护已难以维护。上述分析说明，松动圈厚度越大，收敛变形量越大，支护越困难。此外，在同一巷道中不同支护形式下，松动圈的量测值没有明显区别，即说明支护对松动圈尺寸影响不大，因为松动圈在开挖后短时间内就已形成。

5.4.2 松动圈厚度测试设备和原理

本次松动圈测试采用徐州中矿华泰科技开发有限公司研发的 YTJ20 型钻孔电视仪（图 5-13），它由 YTJ20-Z 型岩层探测记录仪主机，YTJ20-S 型岩层探测记录仪探头、信号线、线盘、导杆等部件组成。主机与探头通过信号线连接，卷缩在线盘内的信号线长度可调以使探头适配不同深度的钻孔，探头（ϕ20 mm×30 mm）底部开有与导杆连接的螺纹孔，螺接的导杆单节长度为 1.0 m。该仪器主要功能为探测、测量、记录裂口与裂缝，也可用来探测填有钻屑的裂缝。通过多次实测图像的对比，可描述导水裂隙带发育和巷道围岩离层、错位、破裂等情况。该仪器可用来准确探测工程围岩裂隙发育发展、围岩变形发展及松动圈等，广泛应用于矿山顶板离层垮冒、地下突水、巷道支护失效等地下灾害工程预警预报和锚杆支护、围岩注浆加固、巷道修复等参数设计以及施工质量、支护方案评估分析等多个领域，为矿山压力及岩土工程监测分析提供可靠、有效的技术支撑。

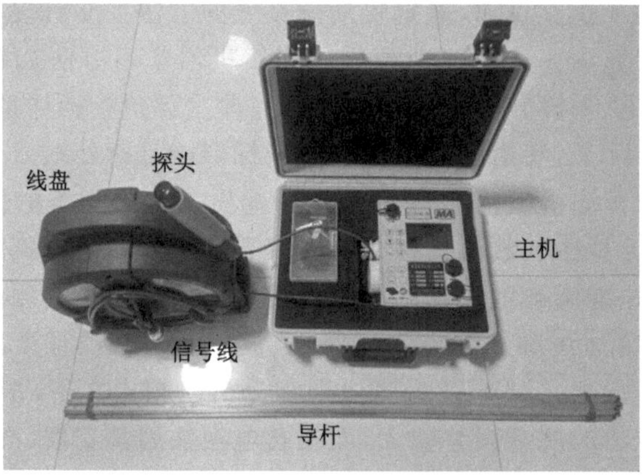

图 5-13　YTJ20 型钻孔电视仪

该仪器适用环境温度为 0～+40 ℃，湿度不大于 95%（+25 ℃），仪器属于矿用本质安全型（ExibIMb），存储容量为 32 G，正常使用时间大于 4 h。工作原理为：通过在巷道围岩中布置一定深度和直径的孔，借助导杆将探头缓慢送入钻孔内可实时捕捉孔壁围岩状态的图像，并由视频信号线传输到主机显示器显示出来，采用记忆卡可将图像及视频存储起来。探头内的电子罗盘、主机内的位移测量编码器等各传感器可实时测量并记录探头的方向角、倾向角、横滚角及探头深度等参数，各参数值叠加显示在视频及图像左下角。

上述仪器在使用时，需要采用气动凿岩机或者凿岩台车按照设计方案在巷道围岩中先钻凿一定深度、直径及数量的钻孔，钻孔孔径（不低于探头孔径）和深度（大于松动圈厚度）根据需要设定，钻孔施工完毕后采用压风管或者水管进行吹孔，清洗孔内碎屑。岩层探测包括以下步骤：

① 系统开机：将与探头相连的信号线插头与主机连接后按下电源开关，等待 20 s，仪器进入开机状态，屏幕显示实时画面。此时，画面左上角显示时间，右下角自上而下分别显示钻孔方位角、倾角、横滚角及摄像头在孔内距孔口的深度。

② 深度清零：将线盘内的信号线绕过深度测量轮后，用导杆将探头送到钻孔孔口处，按下 RESET 键，进行深度清零。

③ 视频录制：按 REC 键，将探头以 5 cm/s 左右的速度往钻孔底部推进，导杆逐节接长，此时处于录像状态，仪器录制钻孔内情况，并存储于 U 盘。

④ 钻孔拍照：在准备录像状态下或录像过程中，按 SNAP 键拍照，可将关键部位的图片记录下来。

⑤ 探测结束：探头推至孔底后，按 STOP 键，停止录像。逐节回收导杆，将信号线回收至线盘。

另外，现场按 PLAY 键，可回放录像情况，按 DOWN 键回放上一个录像情况，按 ESC 键停止回放。取下 U 盘，可将录制内容在电脑端进行编辑处理。当然，将录像和图片导入岩层裂隙测量分析软件中可进行裂隙平面展布和长度计算。

5.4.3　松动圈厚度测试方案与结果

本次巷道围岩松动圈厚度测试布置了两处测点，分别位于 1 890 m 中段 2# 胶带巷道、5# 盘区 1 950 m 分段巷道与 1 940 m 分段巷道的连接巷（简称“1940—1950 连接巷”）。胶带巷道断面形状为三心拱形，掘进断面尺寸为：巷宽 4.7 m、墙高 2.2 m、拱高 1.6 m，净断面 4.5 m×3.5 m；测点底板标高 +1 894.84 m，地面标高 +2 165.0 m，埋深 270.16 m，测量巷道支护状态后的围岩松动圈厚度。1940—1950 连接巷断面形状也为三心拱形，掘进断面尺寸为：巷宽 4.7 m、墙高 2.4 m、拱高 1.6 m；净宽 4.5 m，墙高 2.2 m，拱高 1.5 m；

测点底板标高＋1 935.79 m，地面标高＋2 149.31 m，埋深 213.52 m，测量巷道未支护状态下的围岩松动圈厚度。

5.4.3.1　1 890 m 中段 2＃胶带巷道围岩松动圈

选择在新开掘的 1 890 m 中段 2＃胶带巷道贯通处布点，采用安百拓 Boomer K111 凿岩台车在 1 890 m 中段 2＃胶带巷道围岩中间隔钻凿 9 个钻孔（$K_1 \sim K_9$），钻孔孔径 32 mm，深 2.5 m，孔间距约 0.8 m，顶板分布 9 个孔，帮部各布置 1 个孔。巷道围岩松动圈现场测量过程示意图见图 5-14。

（a）爆破开挖后未支护巷道　（b）布点和钻孔

（c）压风清孔　（d）松动圈测量

图 5-14　巷道围岩松动圈现场测量过程示意图

该巷道位于下矿体底部白云岩中，测量位置围岩已进行锚网喷支护。根据各个钻孔捕捉的视频，可以方便地提取各钻孔内任意深度的孔壁裂隙分布图，见表 5-6。由表 5-6 可知，各个钻孔在孔口位置孔壁围岩较为破碎，随着向深部探测，孔壁岩石由破碎岩体变为裂隙岩体，但裂隙数量较少，围岩的整体稳定性较好。钻孔测量范围内，该巷道围岩松动圈厚度为 0.71～1.56 m，巷道两帮松动圈厚度小于顶板松动圈厚度，巷道隅角松动圈厚度最大，两帮围岩整体稳定性较好。巷道松动圈分布形态与巷道断面形状近似相同且基本上关于巷道竖轴线对称，见图 5-15。

表 5-6 1 890 m 中段 2#胶带巷道围岩松动圈测量结果

类别	方位(倾向/倾角)/(°)	不同深度钻孔孔壁裂隙形态				松动圈厚度/m
K_1	10.0 ∠4.5	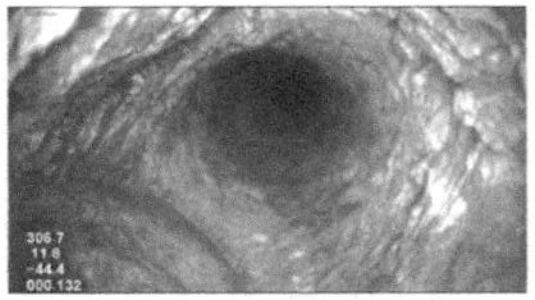	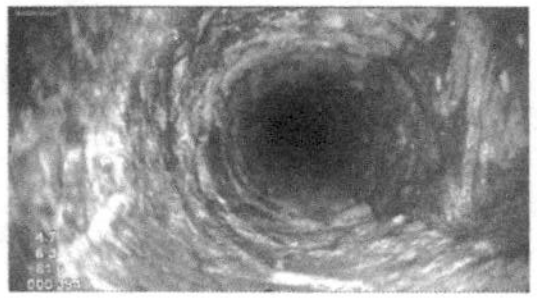	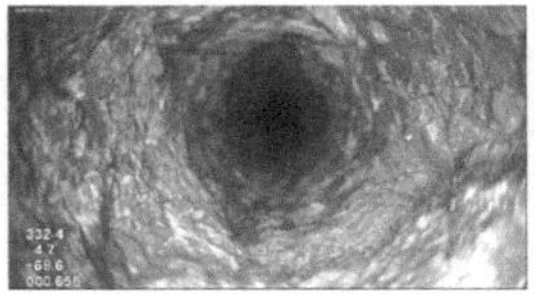	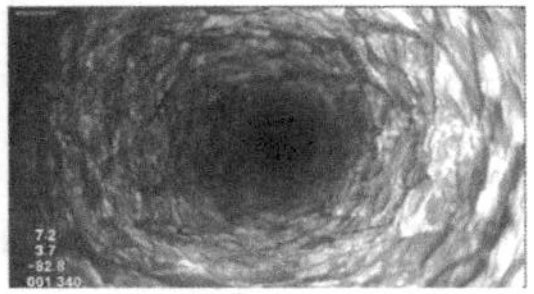	0.71
K_2	340.3 ∠39.2	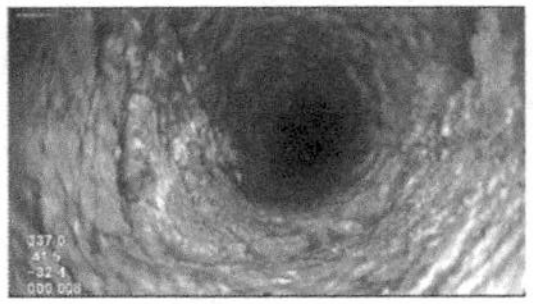	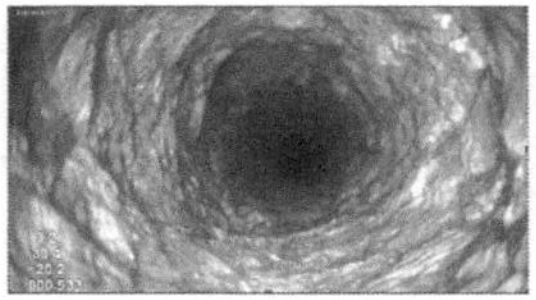	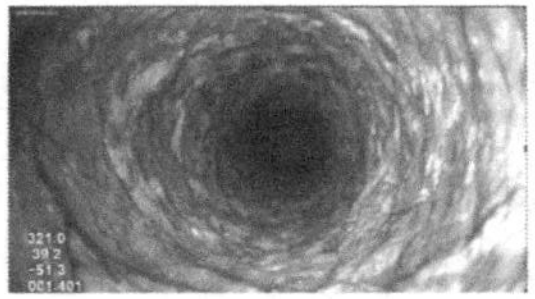	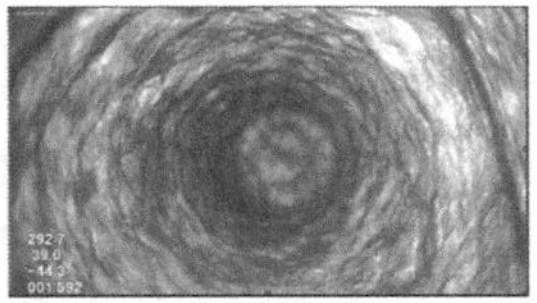	1.56
K_3	280.0 ∠59.0	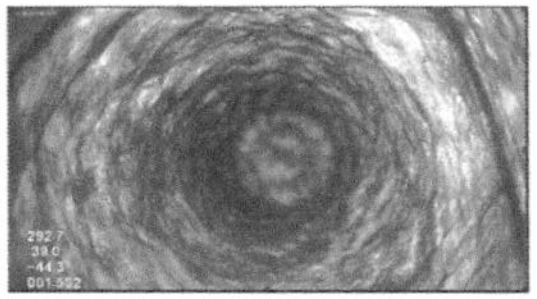	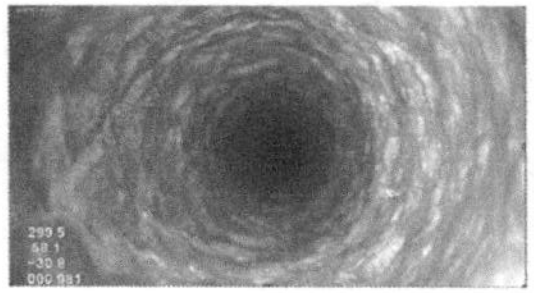	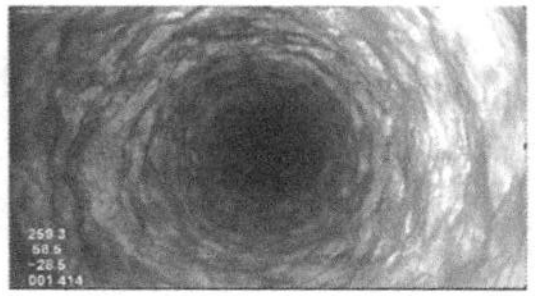	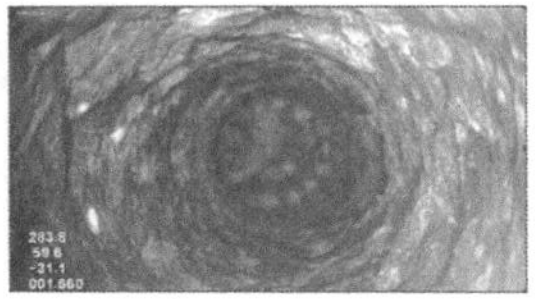	1.42

表 5-6(续)

类别	方位（倾向/倾角）/(°)	不同深度钻孔孔壁裂隙形态				松动圈厚度/m
K_4	272.7 ∠66.7	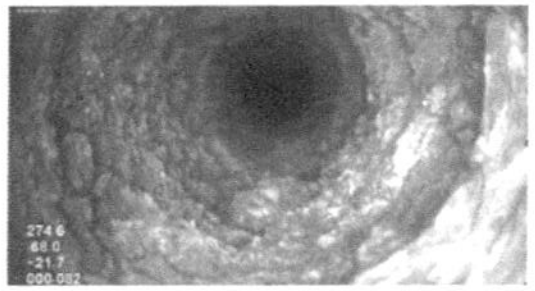	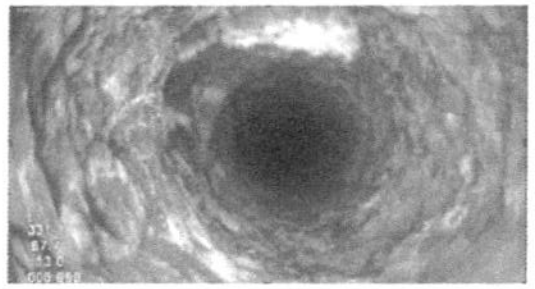	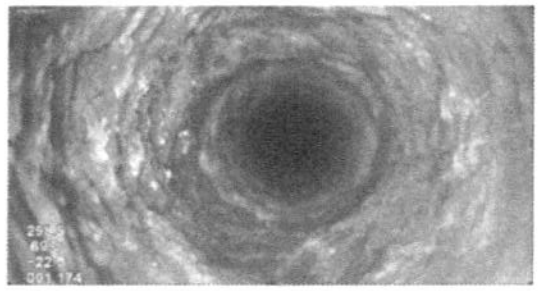	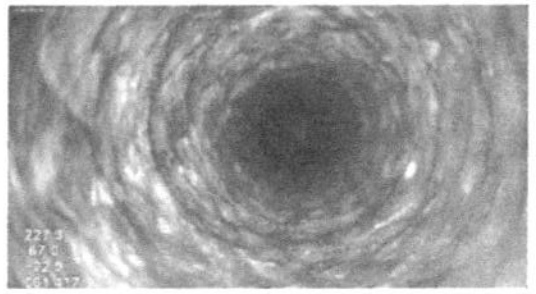	1.26
K_5	185.1 ∠88.6	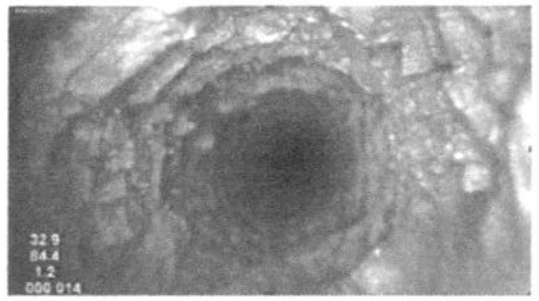	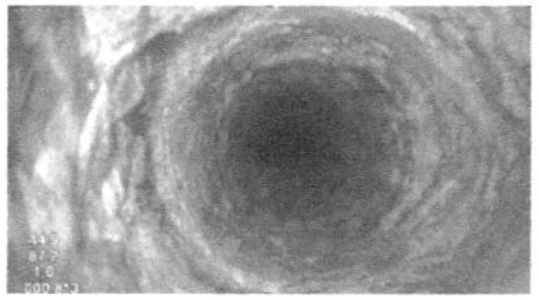	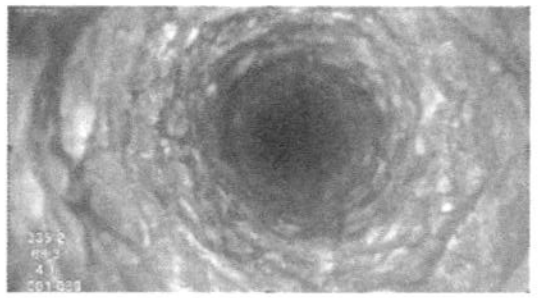	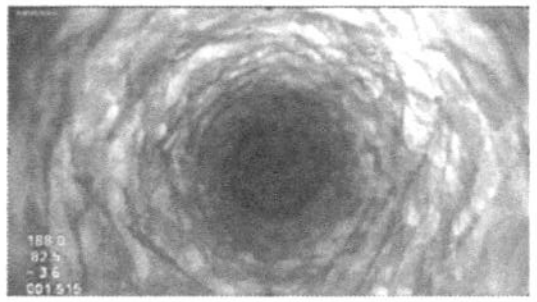	1.28
K_6	206.1 ∠61.7	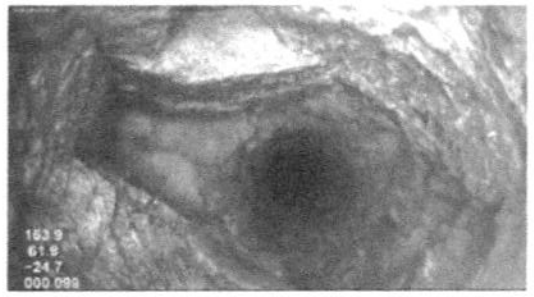	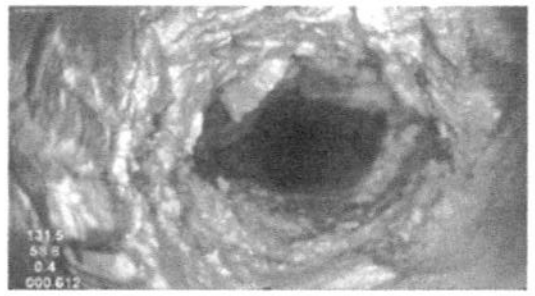	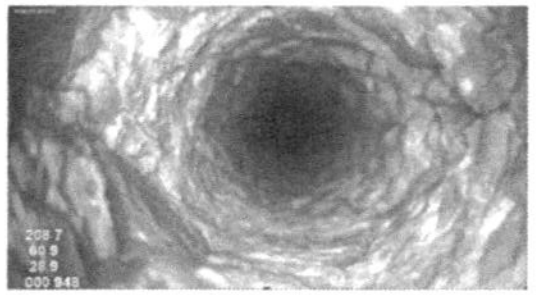	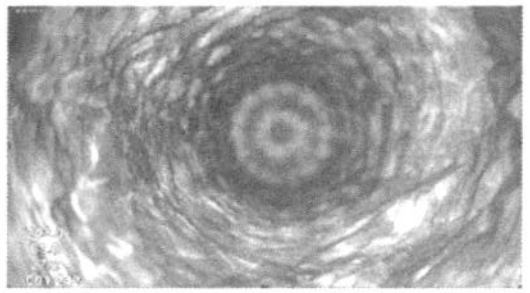	1.23

表 5-6(续)

类别	方位(倾向/倾角)/(°)	不同深度钻孔孔壁裂隙形态				松动圈厚度/m
K_7	163.0 ∠45.5	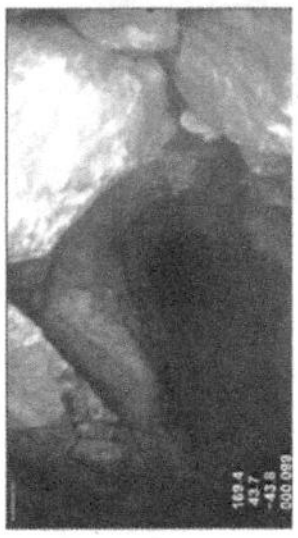	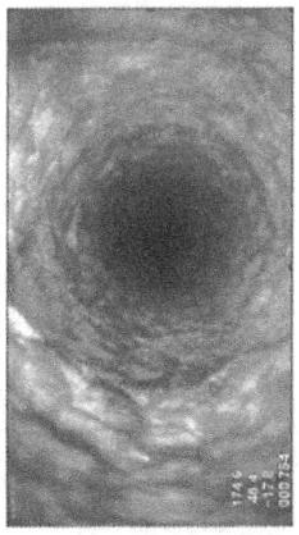	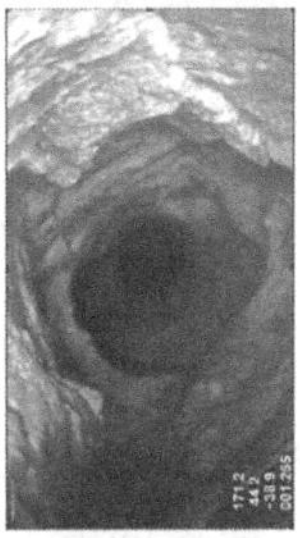	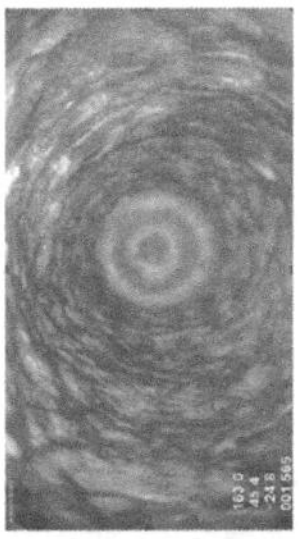	1.41
K_8	203.2 ∠10.7	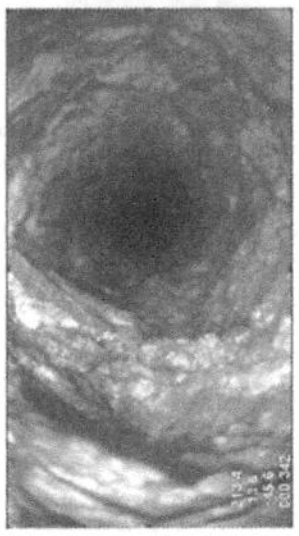	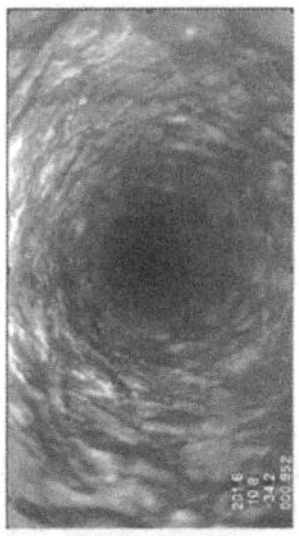	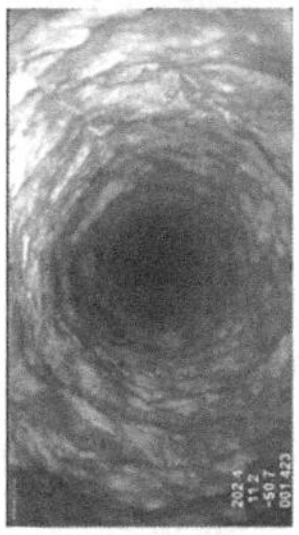	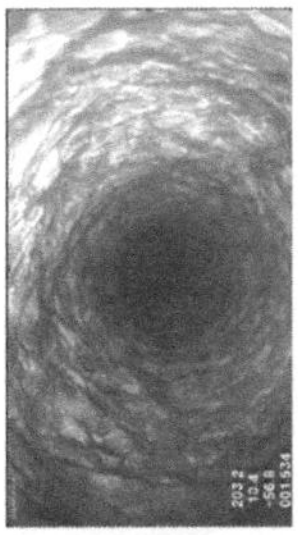	1.45
K_9	182.0 ∠8.5	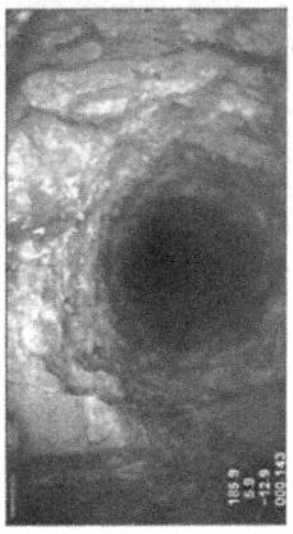	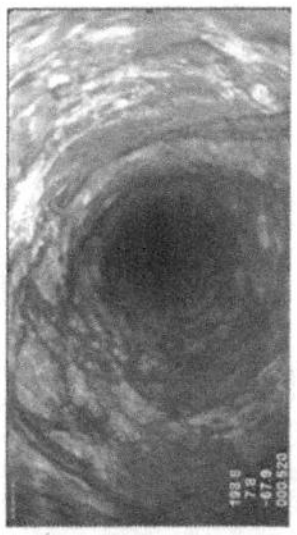	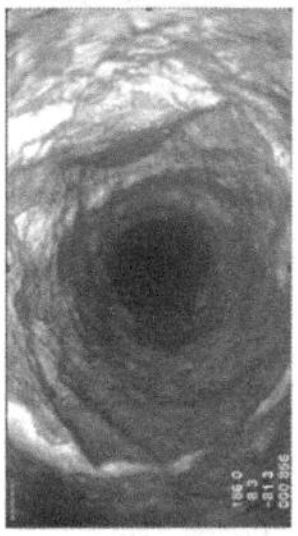	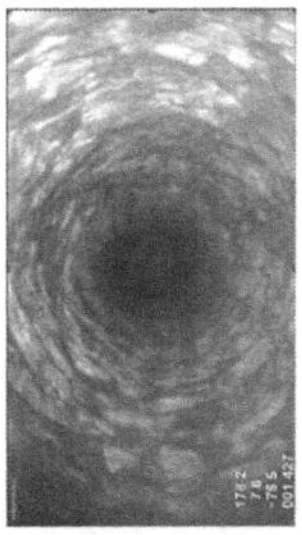	0.99

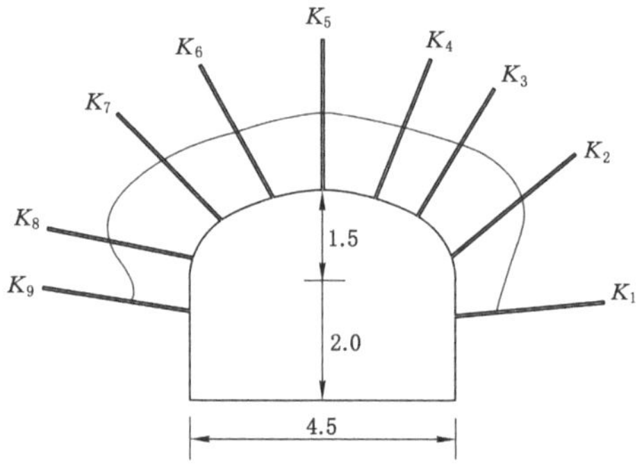

图 5-15　1 890 m 中段 2# 胶带巷道围岩松动圈分布图

5.4.3.2　1940—1950 连接巷围岩松动圈

1940—1950 连接巷由矿山的另一个承建单位施工，掘进采用钻爆法工艺，巷道测点位于贯通区域，所在层位处于下矿层和夹层与上矿层的交界处，开挖后围岩未进行及时支护。地质调查表明，巷道顶板围岩为上矿体，两帮围岩为夹层和下矿体。根据上述松动圈测量方法，考虑到未支护裸巷围岩的完整性较好，直接在 1940—1950 连接巷贯通处借助人工锚杆支护作业时进行了围岩松动圈测量，即利用顶板 7 个锚杆孔作为测量孔，孔间距约 800 mm，见图 5-16。此外，还在巷道右帮补钻一个帮部测量孔，距底板高度 1.5 m。8 个测量孔(自右帮依次命名为 $B_1 \sim B_8$)均采用 YT28 气动凿岩机进行施工，钻孔施工完成后采用凿岩机自带的水管对钻孔进行清孔，测量孔孔深 2.0 m，孔径 32 mm。

(a) 巷道围岩　　(b) 钻孔

图 5-16　巷道围岩松动圈测量钻孔施工图

通过测量发现，该处巷道围岩松动圈厚度较小，松动圈范围为 0.21～0.53 m，松动圈测量结果见表 5-7。巷道帮部围岩松动圈厚度小于顶板围岩松动圈厚度，见图 5-17，浅部围岩原生裂隙较少，深部围岩裂隙相对较发育，且发现该区域下矿岩体质量优于上矿岩体质量。巷道围岩整体稳定性较好，因而在裸巷状态下表现出较好的自稳能力。

表 5-7 1940—1950 连接巷围岩松动圈测量结果

类别	方位（倾向/倾角）/(°)	不同深度钻孔孔壁裂隙形态				松动圈厚度/m
B_1	205.2 ∠2.3	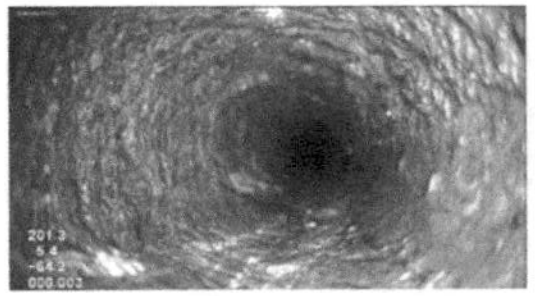	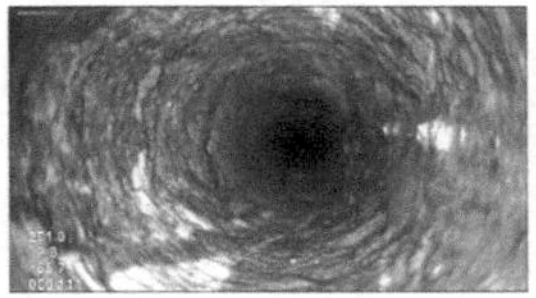	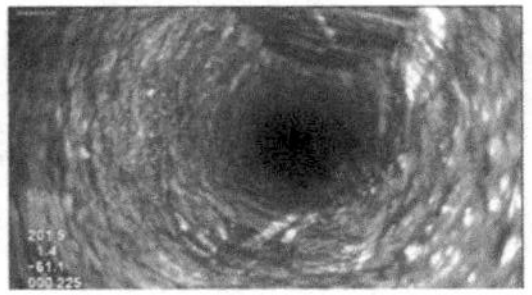	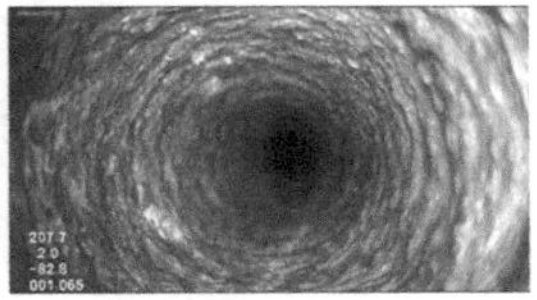	0.23
B_2	203.5 ∠18.4	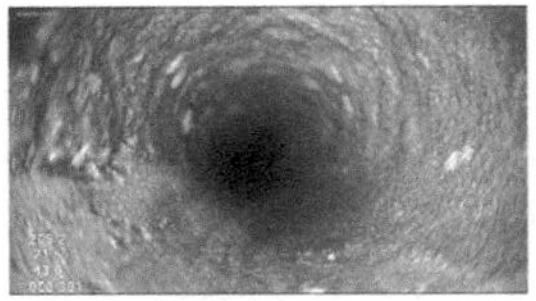	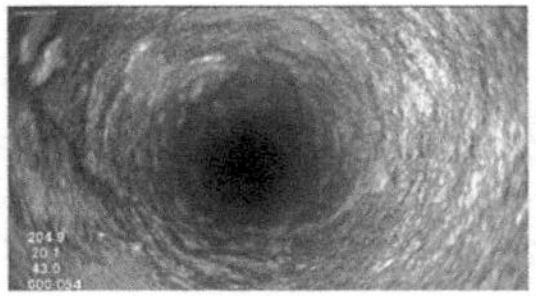	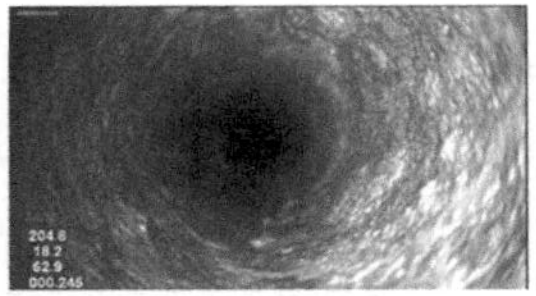	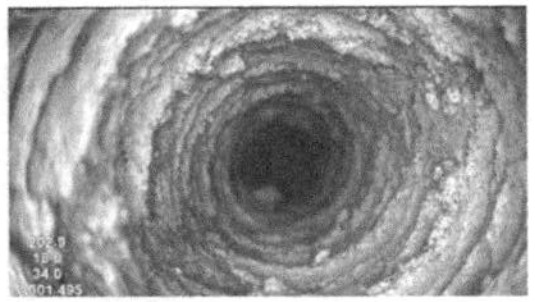	0.27
B_3	51.7 ∠34.7	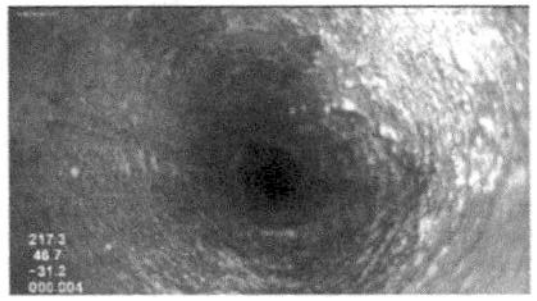	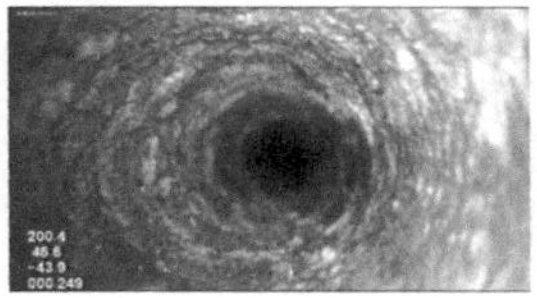	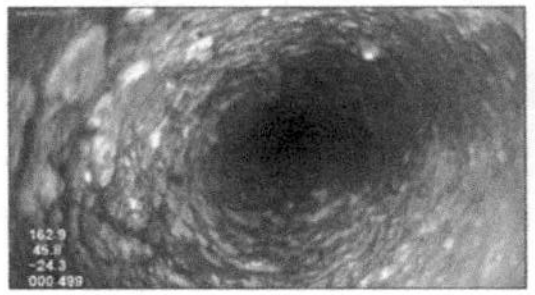	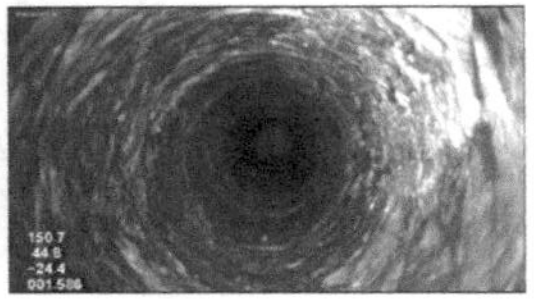	0.52

表 5-7(续)

类别	方位（倾向/倾角）/(°)	不同深度钻孔孔壁裂隙形态				松动圈厚度/m
B_4	278.4 ∠67.7	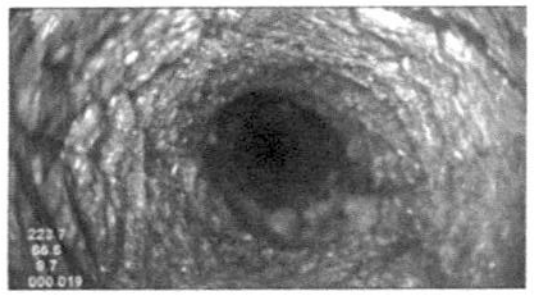	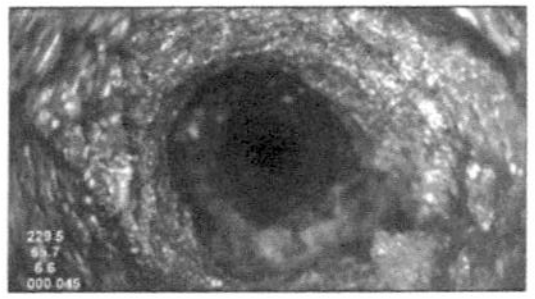	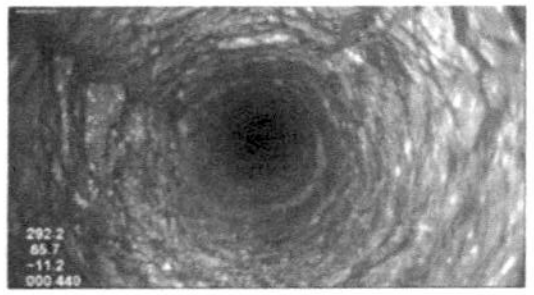	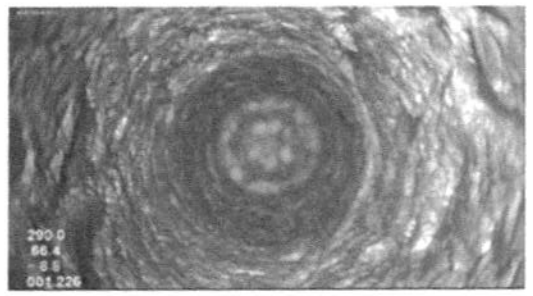	0.52
B_5	10.0 ∠64.7	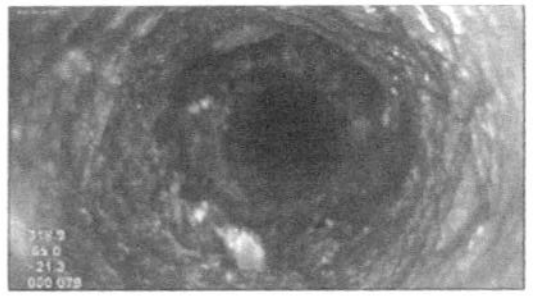	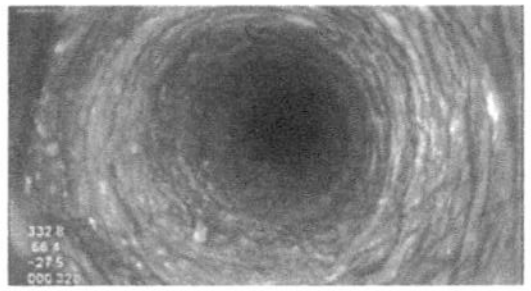	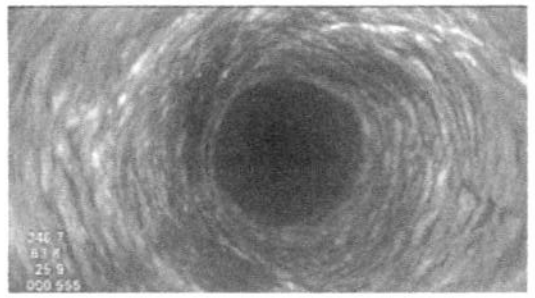	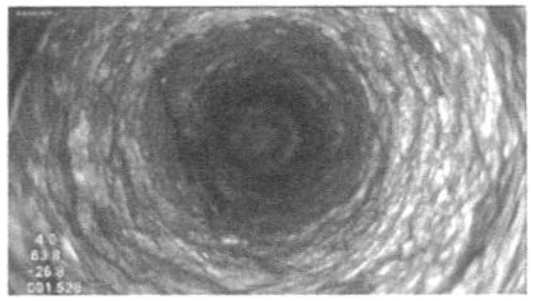	0.59
B_6	86.4 ∠68.2	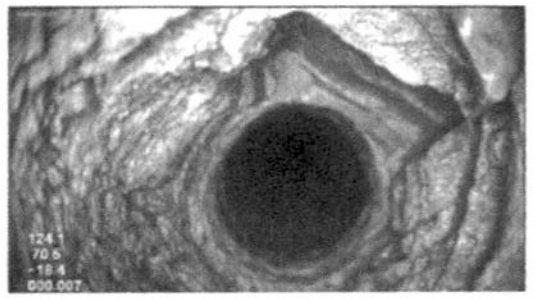	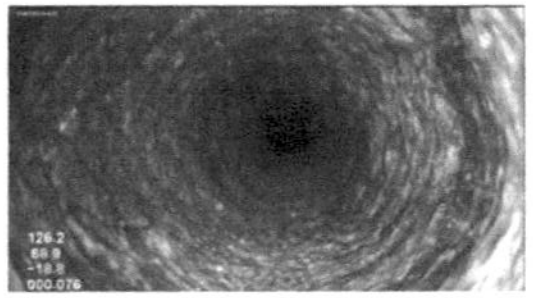	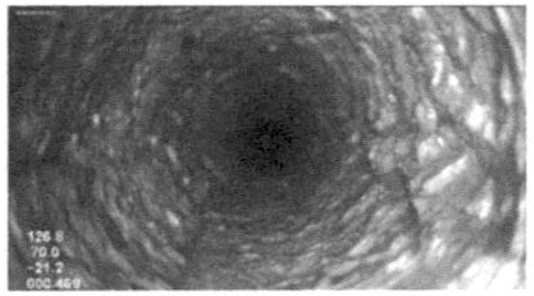	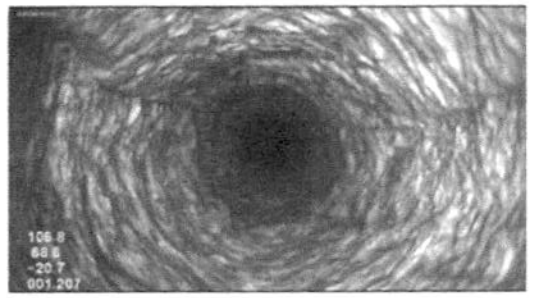	0.49

表 5-7(续)

类别	方位（倾向/倾角）/(°)	不同深度钻孔孔壁裂隙形态				松动圈厚度/m
B_7	236.6 ∠64.3	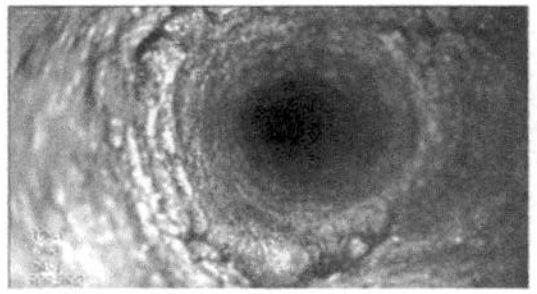	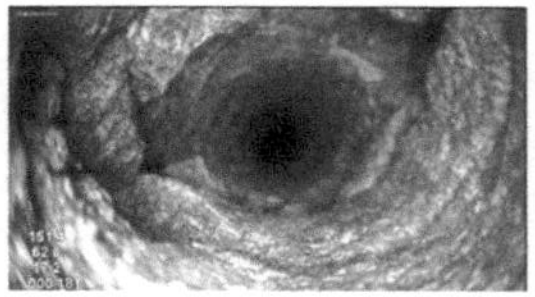	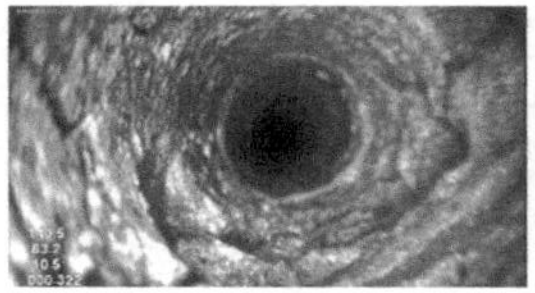	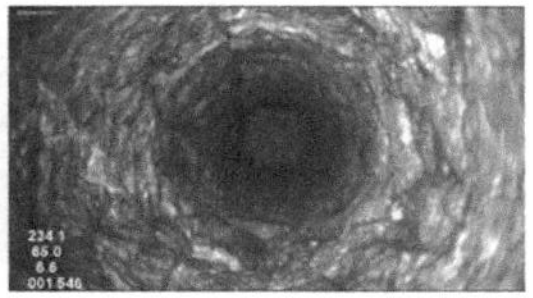	0.41
B_8	59.0 ∠34.5	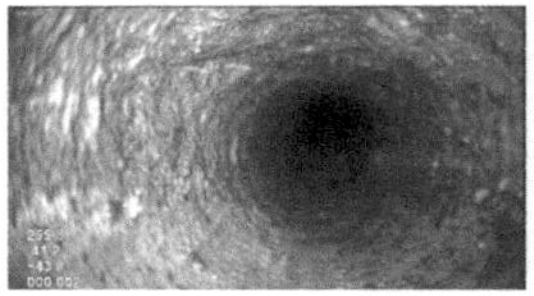	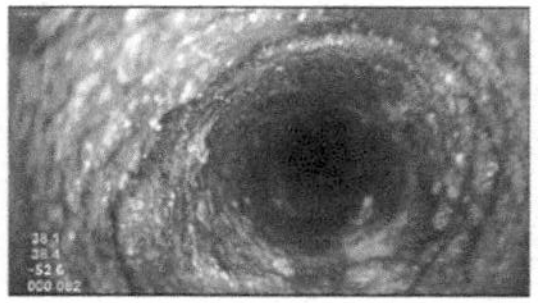	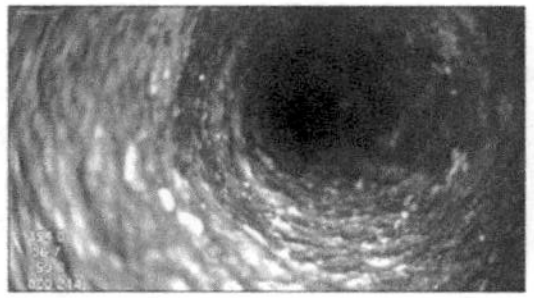	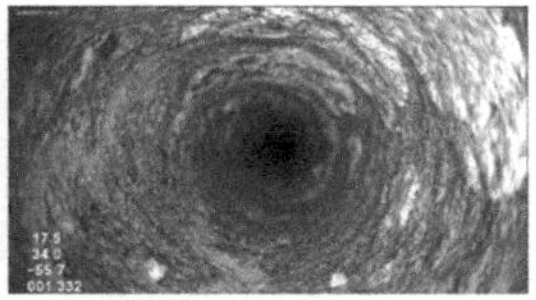	0.21

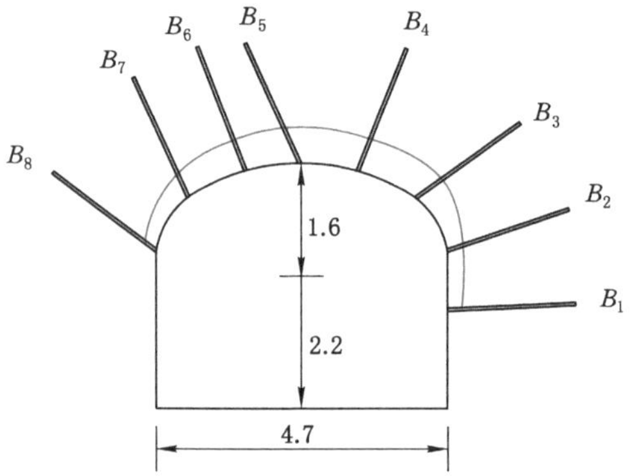

图 5-17　1940—1950 连接巷围岩松动圈分布图

根据上述巷道松动圈测量结果可知,开采范围内巷道围岩松动圈厚度最大不超过 1.56 m,巷道不同方位围岩松动圈厚度大小不一,表现为巷道隅角松动圈厚度最大,巷道两帮围岩松动圈厚度最小。1940—1950 连接巷围岩松动圈厚度远小于 1 890 m 中段 2# 胶带巷道围岩松动圈厚度,这表明巷道围岩松动圈厚度受巷道围岩岩体质量、巷道断面形状和地应力等因素的影响,特别是围岩岩体质量对松动圈厚度的影响最为显著。此外,根据钻孔孔壁裂隙形态分布图可知,巷道围岩中同样存在大量的原生裂隙,原生裂隙往往呈现闭合状态且个别遭受侵蚀作用呈现一定的颜色,使之与采动裂隙极易区分开来。另外,通过松动圈测试还发现,巷道围岩局部区域完整性较好,远离巷道围岩反而裂隙更发育,这说明巷道围岩各向异性很大。对于硬岩类型矿山,巷道周围存在采动裂隙但未相互贯通或松动,不一定存在如同软化巷道中那种连通的松动圈,因而称之为裂隙区或者裂隙范围更为科学。

5.5　巷道变形破坏力学响应

5.5.1　数值模拟方法简介

5.5.1.1　FLAC3D 软件和 Midas/GTS 软件介绍

(1) FLAC3D 软件

FLAC3D 是由 Itasca 科技公司在二维的有限差分程序 FLAC(fast lagrangian analysis of continua)的基础上研发的三维数值模拟软件,它能对岩土等材料的三维力学行为进行模拟分析,特别适合于模拟材料的屈服破坏、渐进破坏失稳、塑性流动、软化以及大变形等力学行为，广泛应用于岩土工程中的开挖与回填等施工研究、支护设计与分析、渗流、边坡稳定性评价和岩土动力学等多个研究领域。FLAC3D 自 1994 年开发出 1.0 版本以来，目前已发展到 7.0 版本。

① FLAC3D 使用特征

a. 命令驱动模式

FLAC3D 的操作模式包括人机交互模式和命令驱动模式，前者利用键盘在程序界面上逐条输入相应的语句命令来控制软件的操作；后者通过调用编写的命令流文件（＊.dat、＊.dvr、＊.txt）操作软件，这种方式便于命令的修改，应用较多。

b. 专一性

FLAC3D 设置有 12 种本构模型和 5 种计算模式，因而可针对性地模拟岩土工程中不同类型的力学行为，功能强大，可靠性高。它可以模拟各种材料结构和人工结构的受力与变形，如岩土体、锚杆、梁、壳、基桩等。此外，在构建的几何模型上还可建立界面来模拟节理、断层等地质构造以及各种物理边界等。

c. 开放性

FLAC3D 系统开放性强，体现在其内部嵌有 FISH 程序语言，用户可以定义软件内没有的变量及函数，编写相应的控制程序，以满足工程的特殊需要。用户还可以利用 C＋＋语言自定义新的本构模型，也可以利用有限元软件或其他建模软件建立复杂的模型，导入 FLAC3D 中进行后处理来弥补 FLAC3D 前处理功能的不足。

② FLAC3D 计算特征

FLAC3D 的原理是采用混合离散的连续介质方法来模拟材料的受力特性，同比有限元法中的离散集成法更精确、合理。它采用动态方程进行求解，可模拟静态和动态问题。FLAC3D 采用显示差分法求解微分方程，占用内存小，但求解线性问题时运行速度较慢，它较适合分析大变形、失稳、振动等动态问题、非线性问题或模拟实际可能出现的不稳定问题等。FLAC3D 的计算平衡时间取决于模型划分的网格尺寸、自然周期和计算模式。因而，对某些问题的模拟效果不大理想，如材料弹模和单元尺寸相差很大或网格很密的模型。此外，FLAC3D 的前处理功能不够强大，不适合建立复杂的地质模型。

采用 FLAC3D 进行模拟时，必须定义单元体、网格、本构模型、材料特性、边界条件和初始条件，之后进行求解即可得出模型的初始状态，再进行开挖等工况操作，进而求解相应的响应，FLAC3D 求解流程如图 5-18 所示。

(2) Midas/GTS 软件

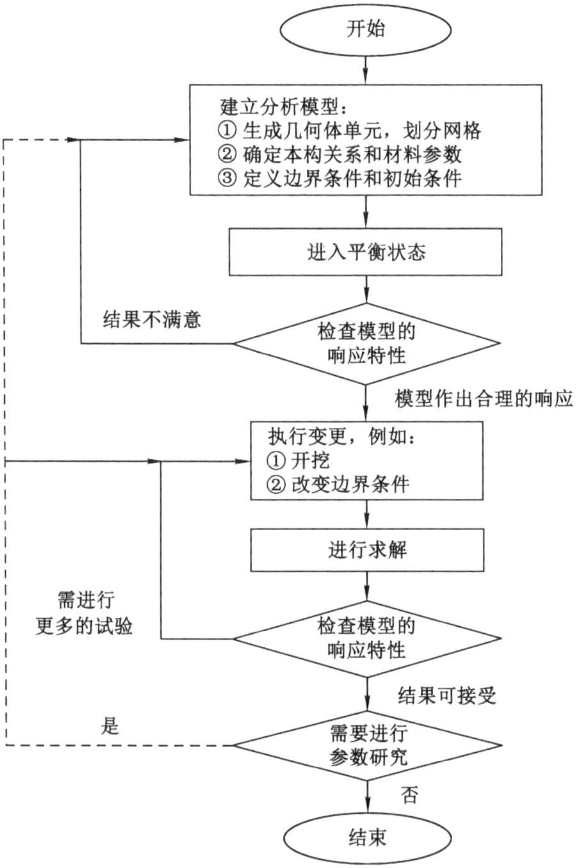

图 5-18　FLAC3D求解流程

Midas系列软件是由Midas IT公司开发的有关结构设计的有限元分析软件，它包含岩土隧道（GTS）和桥梁（civil）等10余种专业类型软件。Midas/GTS（geotechnical and tunnel analysis system）是针对岩土领域内应力（静力、动力）、固结、结构、渗流、施工等问题而研究设计的数值分析软件[144]。

Midas/GTS充分融合了Midas/FX＋的几何建模和网格划分等前处理功能与Midas/Civil的结构分析等后处理功能后，又添加了用于岩土工程领域的一些专用功能，软件的特点如下：

① 岩土领域内的专用模拟分析软件：能模拟岩土工程中的各种问题，既可模拟二维的平面，又可模拟三维的实体。

② 高效的前处理性能：汉化版的操作界面、几何建模方便快捷并伴有建模

助手，网格划分方式多样，数据交换功能强大，可导入 STEP、IGES、Parasolid、AutoCAD DXF(Wireframe)、STL(mesh) 等格式文件，能导出的文件格式有 *.STEP、*.IGES 和 *.STL(mesh)等。

③ 单元库和本构模型可自定义，开放性强。

④ 后处理功能强大：包括应力、应变云图、等值线图、模拟过程的动画、计算书和表格数据等。

⑤ 内嵌有限元快速求解器，图形处理功能齐全。此外，基于 Midas/GTS 建立的模型可以导出对应的节点和单元信息，利于与其他软件进行数据交换，使多方法下的数值模拟耦合技术成为可能。

5.5.1.2　Midas/GTS-FLAC3D 耦合模拟技术

FLAC3D 软件在前处理功能上存在很大缺陷，尤其是构建复杂地质模型时存在工作量大、过程烦琐、耗时、易出错等缺点，而 Midas/GTS 在前处理功能上则优势凸显。鉴于此，著者尝试将二者耦合，依托 Midas/GTS 优越的前处理性能，建立复杂地质体和工程结构的几何建模并进行网格划分后，然后提取或导出网格模型的单元和节点数据，再通过数据转换后导入 FLAC3D 进行后处理分析，从而实现复杂工程模型的快速构建与合理可靠分析。

Midas/GTS 在建模时，通过 Windows 窗口中的菜单和工具，可以生成几何平面(组)或三维实体(组)，还可以直接导入 dxf 格式的 CAD 文件，在此基础上进行操作可实现快速建模。软件内设置多种网格划分方式，可对模型自动划分网格，还可对网格进行各种操作和检验网格划分的质量，构建出的网格模型的节点耦合和单元质量非常好。

(1) Midas/GTS 和 FLAC3D 数据转换格式

Midas/GTS 和 FLAC3D 的网格形状和单元类型基本相同，不同的是二者单元节点的顺序和编号规则。若对 Midas/GTS 网格模型的数据格式进行转变，将其单元、节点的顺序和编号按照 FLAC3D 的数据格式进行重新排列即可实现。

Midas GTS NX 版自动 3D 网格划分在“默认四面体风格生成器(default tetra mesher)”的基础上新增了“混合网格生成器(hybrid mesher)”。“混合网格生成器”可以划分出以六面体为主，包括金字塔(即四棱锥)、三棱柱等的单元类型，这对于 FLAC3D 使用者来说是好事——单元网格质量明显改善。本程序目前支持转换的 GTS NX 单元类型包括六面体(hexahedron)、三棱柱(wedge)、金字塔(pyramid)、四面体(tetrahedron)4 种，其他单元类型暂不支持。Midas/GTS 软件设计的单元体类型有四面体、五面楔形体和六面体 3 种，分别对应于 FLAC3D 中的 tetrahedron、wedge 和 brick，其单元数据关系对照如表 5-8 所列，二者的节点数据格式和单元数据格式对照如表 5-9、表 5-10 所列。

表 5-8 Midas/GTS 与 FLAC3D 单元数据关系对照表

单元类型	单元节点编号	
	Midas/GTS	FLAC3D
六面体	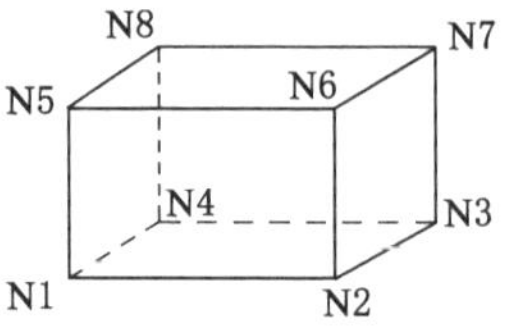	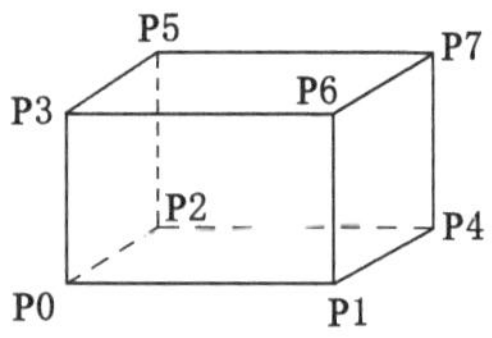
五面楔形体	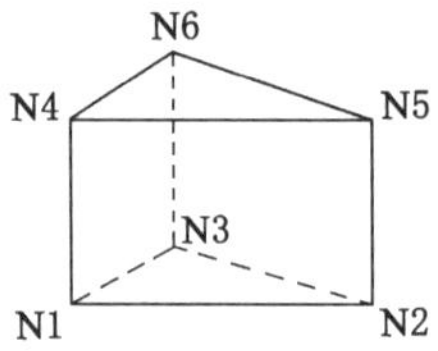	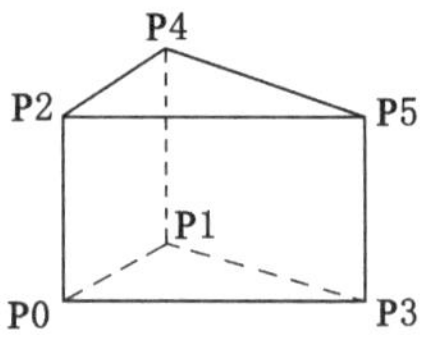
四面体	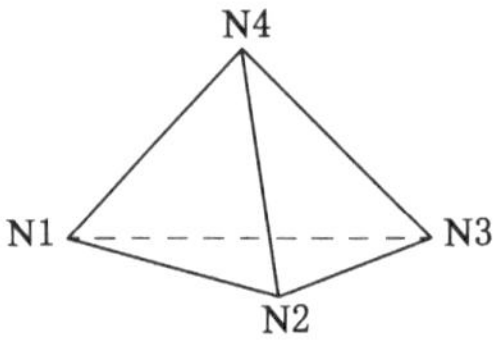	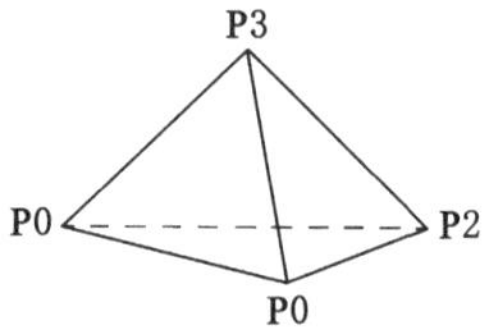

表 5-9 Midas/GTS 与 FLAC3D 节点数据格式对照表

Midas/GTS 导出节点的数据格式		节点号	坐标系	X 坐标	Y 坐标	Z 坐标
		1	整体直角	100	0	100
FLAC3D 可识别节点数据格式	节点关键字	节点号		X 坐标	Y 坐标	Z 坐标
	G	1		100	0	100

表 5-10 Midas/GTS 与 FLAC3D 单元数据格式对照表(以六面体单元为例)

Midas/GTS 导出单元数据格式(以六面体为例)		单元号	单元类型	属性号	属性类型	材料号	材料特性	节点号 1	节点号 2	节点号 3	节点号 4	节点号 5	节点号 6	节点号 7	节点号 8
		1	六面体	6	实体	4	—	1	2	3	4	5	6	7	8
FLAC3D 可识别单元数据格式(以六面体为例)	单元关键字	单元号						节点号 1	节点号 2	节点号 3	节点号 4	节点号 5	节点号 6	节点号 7	节点号 8
	Z B8	1						1	2	4	5	3	8	6	7

(2) Midas/GTS 和 FLAC3D 数据转换原理

根据 Midas/GTS 和 FLAC3D 的不同单元的节点编号规则以及二者节点和不同单元数据格式的对应关系，根据 FLAC3D 可接受的数据格式，著者应用 MATLAB 和 C 语言编写了 Midas/GTS 数据转换到 FLAC3D 的接口程序。利用 MATLAB 简便而强大的矩阵运算功能，将 Midas/GTS 中模型节点和单元的有用信息导出来，将其视为大型矩阵输入 MATLAB 中进行处理并转换成 FLAC3D 可识别的数据格式，程序运算结束后将数据信息存储到 *.Flac3d 的文件中。然后，利用 FLAC3D 的 impgrid 命令将上述文件导入 FLAC3D 中，那么在 FLAC3D 中则生成了相应的网格模型。在前处理的基础上，通过选择适当的本构模型，添加相应的材料参数、初始条件、边界条件和设定各种施工工况即可进行求解平衡。具体如下：

① 提取网格模型的单元、节点信息。分别提取 Midas/GTS 中模型的单元和节点信息，对单元和节点信息进行修改，删除无用信息。节点信息中，将“整体直角”一列信息去掉，其他几列信息保留。在提取的单元信息中，用数字替换“单元类型”一列的信息，其中将六面体换为 6，五面体换为 5，四面体换为 4。然后再删掉去“属性类型”列、“材料号”列和“材料特性”列的信息，其他列信息不做任何修改。将单元和节点提取出的有用信息导出到 Excel 中或复制出来分别存储在 *.txt 格式的文件中，再导入接口程序进行转换，模型节点、单元信息提取如图 5-19、图 5-20 所示。

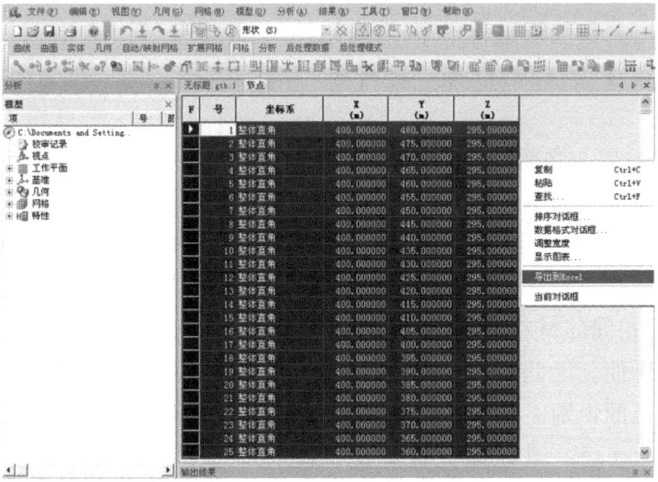

图 5-19　模型节点信息提取

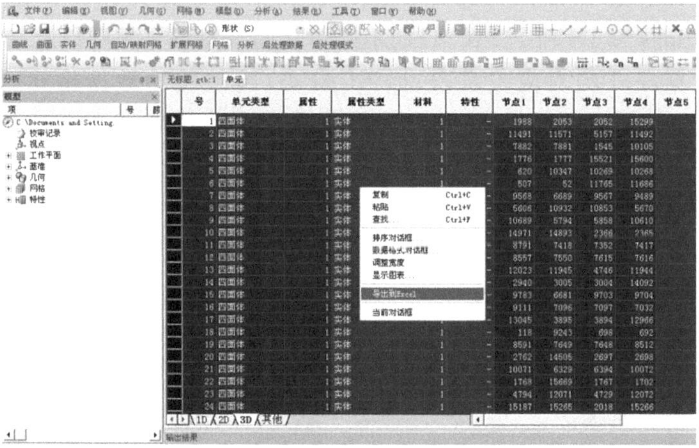

图 5-20　模型单元信息提取

② 节点、单元数据转换。由表 5-9 两款软件节点数据格式的对比关系可知，要使 Midas/GTS 的节点信息被 FLAC3D 识别并接受，需将 Midas/GTS 节点信息中的“坐标系”列信息删掉，并将“节点关键字”列的信息（如 G）添加到“节点号”列前面即可。同比节点数据转换，单元数据转换程序稍复杂些。它先根据单个单元的节点数判断单元类型（网格形状），再在单元号前添加相应的单元关键词（Z B8、Z T4或 Z W6）。然后基于单元类型，将单元的节点号按照表 5-10 罗列的数据对应关系进行重新排序，同时删掉“单元类型”列、“属性号”列、“属性类型”列和“材料特性”列的信息，“材料号”列数据信息保留，作为组（zgroup）的识别。

③ 单元分组与数据信息输出。在 FLAC3D 中，为便于分析计算，通常将不同的网格单元定义为不同名称的组，它可通过组名对组及其单元进行识别和归类。由表 5-10 中的单元数据可知，Midas/GTS 导出的单元信息中没有直接显示网格单元的网格组信息，只有网格单元的材料号信息。在 Midas/GTS 中划分网格时，将相同的材料属性赋给同一网格组内的单元，不同网格组的单元设置不同的材料属性。因此，每个网格组的单元都有唯一的材料编号，这样就实现了单元分组信息的识别。接口程序分组的原理是，对网格单元组从 g1 编号并将组名重新命名为 1，第一组的单元被检查一遍并赋予名称后，程序自动识别下一网格组的所有单元并将组名定义为 2，依次类推，直至识别了所有组的单元。此外，转换后的网格组导入 FLAC3D 后，可输入命令语句人为更改网格组的名称，网格组原来包含的单元不变。程序运输结束后，Midas/GTS 中网格模型的单元

和节点数据以及单元分组信息则以 *.Flac3d 的文件形式储存，以供 FLAC3D 调用进行后处理分析，Midas/GTS-FLAC3D 转换程序界面如图 5-21 所示，耦合模拟技术流程图如图 5-22 所示。

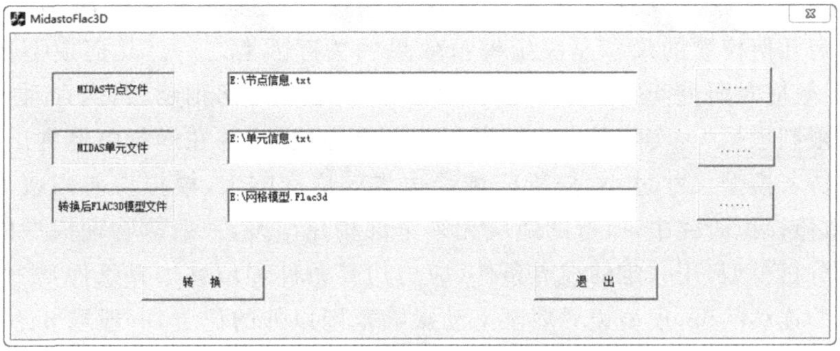

图 5-21　Midas/GTS-FLAC3D 转换程序界面

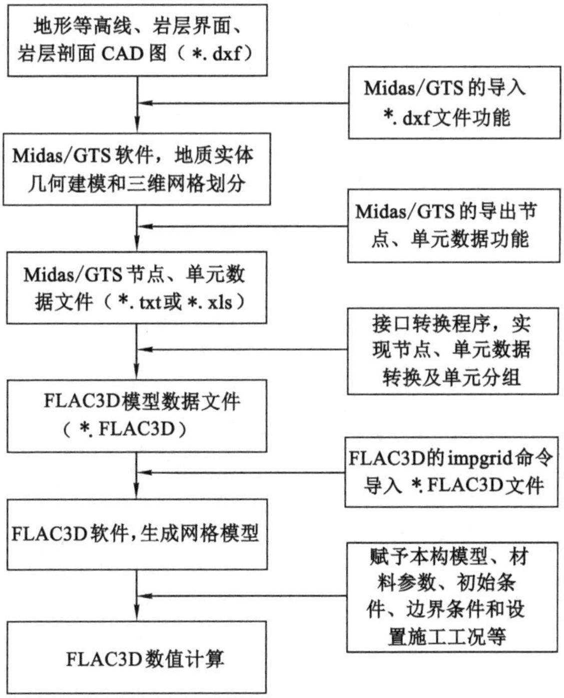

图 5-22　Midas/GTS-FLAC3D 耦合模拟技术流程图

5.5.2 计算模型和初始地应力场

5.5.2.1 几何模型构建与网格划分

采用数值模拟方法对采矿或岩土等领域内的问题进行研究时,如何科学、合理地确定几何模型的尺寸是决定模拟效果的关键因素之一。几何模型尺寸越大,边界效应对研究问题的影响越小,但计算机运算时间则越长,内存对模型单元数的限制也越大,实际操作中模拟很难顺利完成,软件在运行中经常出现"死机"现象;若模型尺寸过小,分析区域受边界效应影响大,模拟误差则较大。因此,在数值模拟研究中,所有的地层无须全部构建出来,一般取物理模型的一部分作为分析模型,用一定的边界条件(应力边界条件和位移边界条件)去代替原始介质的连续状态,模型边界取至采动影响范围以外的位置,一般取 3～5 倍的开挖半径范围。因此,模型的上下左右边界可简化为位移或应力边界条件。

昆阳磷矿二矿岩层倾角平均为 15°,选用掘进巷道涉及的主要岩层进行模型构建,包括粉砂质页岩(均厚 37.02 m)、顶板白云岩(均厚 1.40 m)、上矿体(均厚 6.70 m)、夹层(均厚 1.01 m)、下矿体(均厚 5.67 m)和底板白云岩。三心拱形巷道断面尺寸设计为墙高 2.2 m,巷宽 4.5 m,拱高 1.5 m。矿山中巷道主要分布在上矿层或者下矿层中,所以构建相应的两种模型,即巷道(墙高 2.2 m)位于下矿层和上矿层中。构建模型前,先在 CAD 里绘出地层模型的二维剖面图,然后再导入 Midas/GTS 中扩展成实体和进行布尔差集等运算,基于圣维南原理,最后构建的模型尺寸为 50 m×50 m×50 m(长×宽×高),如图 5-23 所示。

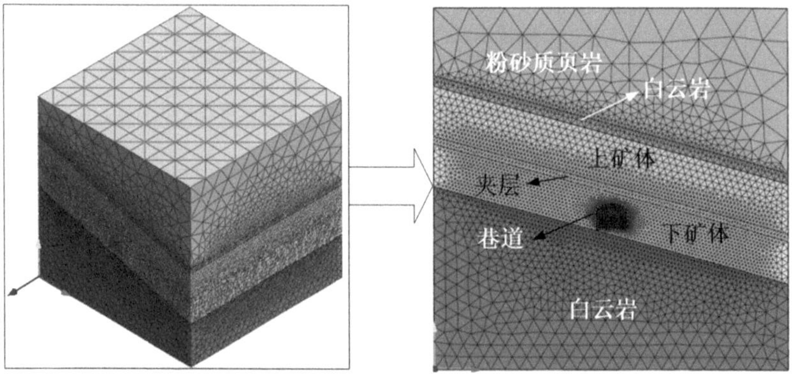

图 5-23 下矿层巷道 Midas/GTS 网格模型

几何模型建立后要划分网格,目的是将模型离散化以方便微积分计算,将简化的几何单元近似为连续介质体,然后根据变形协调条件综合求解。网格划分的合理与否决定了模拟的收敛速度和精度，通常网格划分要综合考虑模拟精度、收敛速度、模型尺寸、计算机配置以及划分区域的复杂性等。网格划分过大，虽然工作量较小、运算速度快，但模拟效果较差；网格划分过小，模拟精度高，但运算时间长，对计算机的配置要求高。一般对分析区域网格的划分要适当加密，远离分析区域的网格可以划分得疏松些。Midas/GTS 中应用较多的是自动划分网格和尺寸控制功能，对建立的几何模型不同实体和关注区域定义合适的单元尺寸，具体为底板白云岩层 1.0 m、下矿体 1.0 m、巷道 0.2 m、夹层 0.5 m、上矿体 1.0 m、顶板白云岩 1.0 m 和粉砂质页岩 2.0 m。构建相应的网格模型，节点数量 193 793 个、单元数量 926 426 个，节点完全耦合，如图 5-23 所示。

5.5.2.2 本构模型和材料参数的确定

岩土本构关系是通过一些试验测试少量的岩土体弹塑性应力-应变关系曲线，然后再通过岩土塑性理论及某些必要的补充假设，将这些试验结果推广到复杂应力、组合状态上去，求取应力-应变的普遍关系，得出应力-应变关系的数学表达式即称岩土本构模型。岩土材料的多样性及其力学特性的差异性，决定了无法采用统一的本构模型来表达其在外力作用下的力学响应特性。FLAC3D 内置的本构模型有空模型、3 个弹性模型和 8 个塑性模型。空模型一般用于洞穴、开挖及回填模拟；弹性模型一般用各向同性弹性模型，多用于原岩状态的模拟；塑性模型多采用莫尔-库仑模型，常用于边坡稳定性分析、地下开挖分析等。

岩体材料参数反映了其物理力学性质，它的大小决定着岩体强度及其在外力作用下的稳定性和受力特性。FLAC3D 中需要确定的材料参数有弹性变形参数和强度参数。各向同性弹性模型所需的材料参数为变形参数体积模量 K 和切变模量 G。莫尔-库仑模型所需的材料参数除变形参数外，还有强度参数内聚力、内摩擦角和抗拉强度。K 值反映岩体的抗体积变形能力，G 值反映岩体的抗剪切变形能力，二者可通过弹性模量(杨氏模量)E 和泊松比 μ 计算，计算公式见式(5-3)。岩石内聚力不是力，它表示岩石承受各向不等力的能力，是岩石存在状态的重要标志。内摩擦角反映岩石的摩擦特性和在剪应力作用下的力学响应。抗拉强度表示岩石在拉力作用下发生破坏前所承受的最大应力，用来衡量其抗拉特性。根据表 2-22 和式(5-3)得出矿区模拟所需的矿岩材料参数，见表 5-11。

$$\begin{cases} K = \dfrac{E}{3(1-2\mu)} \\ G = \dfrac{E}{2(1+\mu)} \end{cases} \tag{5-3}$$

表 5-11　模型矿岩材料参数

矿岩类型	密度 /(kg/m³)	体积模量 /MPa	切变模量 /MPa	内摩擦角 /(°)	内聚力 /MPa	抗拉强度 /MPa
黑色粉砂质页岩	2 718.80	2 506.67	1 504.00	34.99	0.84	0.21
顶板白云岩	2 768.79	2 397.44	1 508.06	30.94	0.44	0.10
上矿层磷块岩	2 776.96	2 262.82	1 423.39	32.14	0.46	0.11
夹层黏土岩	2 444.62	833.33	178.57	36.50	0.10	0.01
下矿层磷块岩	2 790.50	1 980.39	759.40	26.06	0.33	0.10
底板白云岩	2 778.96	3 094.20	1 681.10	31.96	0.70	0.18

注:夹层黏土岩参数数值根据经验估计(E=0.5 GPa,μ=0.40)。

5.5.2.3　初始地应力场的生成

在采矿工程等领域内,初始地应力场的存在和影响不容忽略,初始地应力既是影响岩体力学性质的重要控制因素,也是岩体所处环境条件下发生改变时引起变形和破坏的重要力源之一。因此,要想较真实地进行工程模拟仿真,必须保证初始地应力场的可靠性。初始地应力场生成的主要目的是模拟所关注分析阶段之前岩土体已经存在的应力状态。

FLAC3D 中初始地应力场的生成方法有弹性求解法、分阶段弹塑性求解法、改变参数的弹塑性求解法、快速应力边界法(S-B 法)和 Step 1 法等等。弹性求解法中模型开挖前不出现屈服,求解速度较快,所需参数少。但在工程实际中,在残余构造应力作用下,岩土体内部局部存在屈服区域是可能的。因此,原岩应力的数值模拟中往往选用莫尔-库仑本构模型。本书采用 Step 1 法模拟初始地应力,Step 1 法采用弹塑性求解,只设置体积模量、切变模量和内摩擦角 3 个参数,通过添加初始应力条件和应力边界条件加快模型的平衡过程,模型计算一步即可迅速平衡。该法合理可靠,方便快捷,行之有效。

基于构建的网格模型,根据得出的地应力分布规律公式(以地表最大标高+2 170 m 为准),先在 txt 文本中编写后处理命令流,包括定义莫尔-库仑模型、根据表 5-11 赋予不同矿岩材料参数,然后施加位移边界条件、应力边界条件和初始条件,最后定义一个步数求解,即得出矿区岩体的原岩应力,将初始位移场和速率场清零,并以.sav 的格式储存起来以供调用。将上述生成的网格模型通过 Import Grid 导入 FLAC3D 中,再通过 Call 命令调入 txt 格式的后处理命令流即可自动求解并保存结果,如图 5-25 所示。由数值运算结果可知,模拟出的最大垂直应力、最大和最小水平主应力的大小分别为 9.60 MPa、17.75 MPa、7.60 MPa,与式(4-49)计算出的理论值 9.60 MPa、17.80 MPa、7.59 MPa 非常接近，地应力的分布特征和理论公式基本吻合。为了消除原岩应力对原岩变形的影响，这里将原岩应力引起的位移场置零，只研究开挖等采矿活动引起的应力、位移变化。一般来说，基岩岩体在原岩应力下只产生弹性变形，无塑性区，图 5-24 充分证实了这一观点。

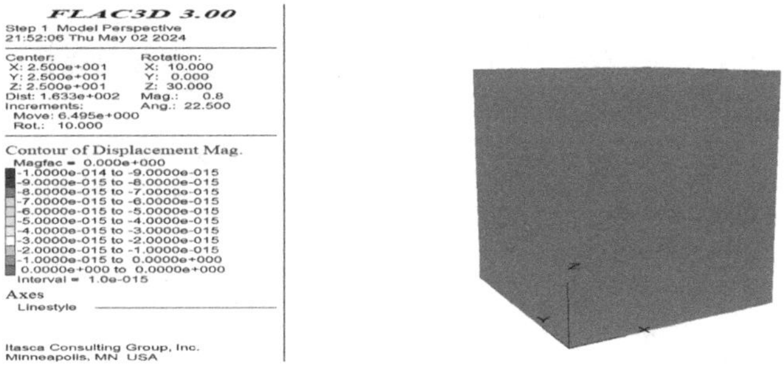

(a) 位移场

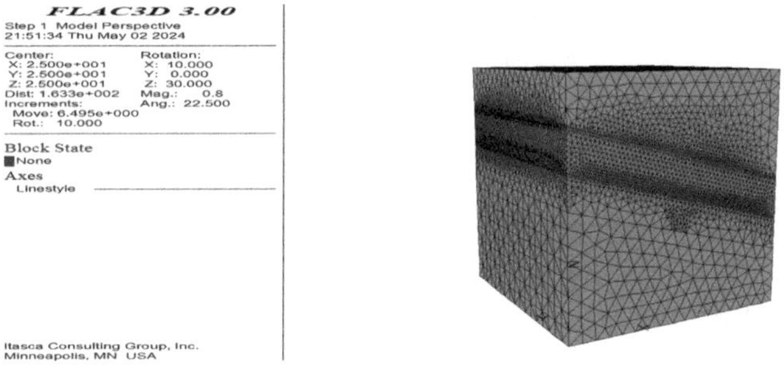

(b) 塑性区

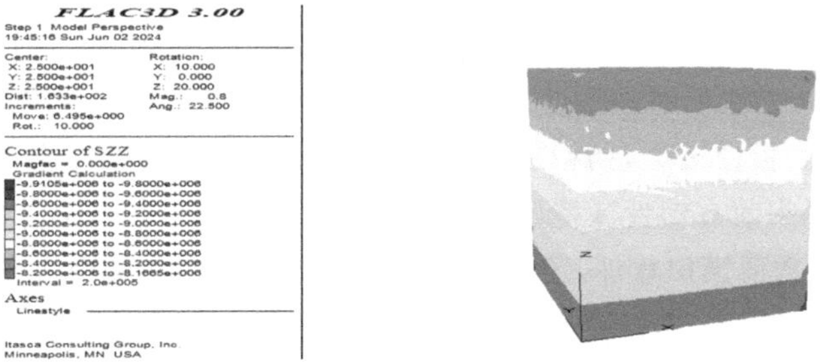

(c) 竖向应力场 SZZ

图 5-24　模型开挖前力学状态

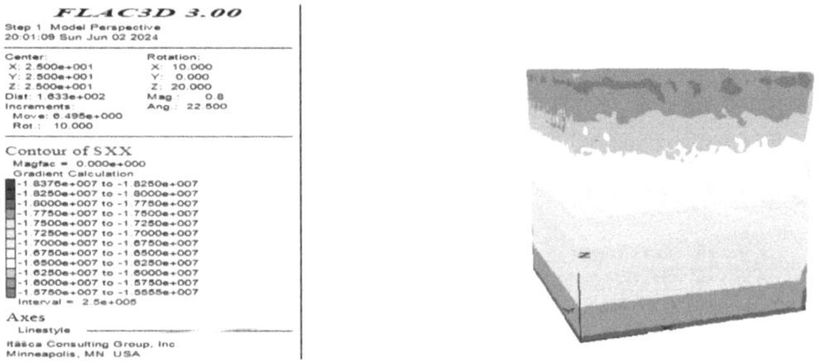

(d) 水平应力场 SXX

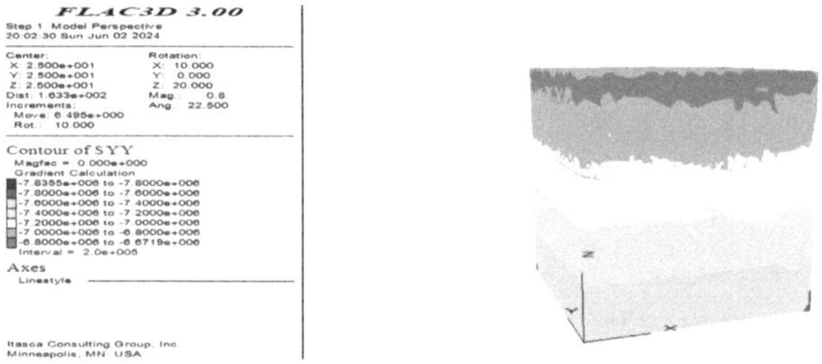

(e) 水平应力场 SYY

图 5-24 （续）

5.5.3 巷道开挖围岩力学响应

5.5.3.1 下矿体巷道开挖模拟

基于上述模型，我们在程序中执行了巷道（位于下矿体中）开挖活动，为了研究巷道前方岩体应力特征和变形破坏情况，巷道开挖长度设置为 25 m。下矿层巷道围岩塑性区分布范围见图 5-25。由图可知，巷道塑性区范围约 1.5～3.5 m，比松动圈范围略大，塑性区内围岩主要发生以剪切为主的破坏，底板围岩塑性区（2.5～3.5 m）大于顶板围岩塑性区（1.5～2.5 m），顶板塑性区发育至夹层，底板塑性区发育至底板白云岩，两帮围岩塑性区最小（0.5～1.0 m）；迎头围岩主要发生拉伸破坏，迎头前方塑性区范围 1～2 m，呈扇形分布形状。

此外，根据数值模拟软件，还可以生成巷道开挖后围岩各个方向上应力和位移的分布云图，见图 5-26 和图 5-27。针对 X 方向上的围岩应力分布，巷道顶底板中自岩壁向深部转移，压应力由卸荷状态变为集中状态最终减小至原岩状态，最小为 5.0～7.5 MPa，最大为 25 MPa；两帮压应力出现卸荷，自巷壁向围岩深部转移，巷道压应力由 2.5 MPa 逐渐增大至原岩应力状态。针对 Y 方向上的围岩应力分布，巷道围岩及迎头前方岩体围岩应力均处于卸荷状态，最小压应力 2 MPa 左右，

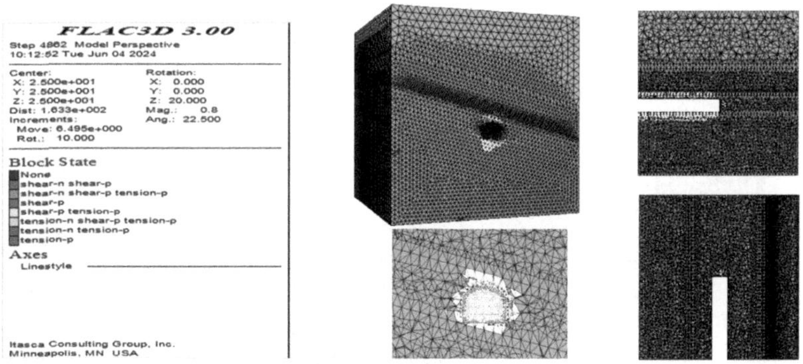

图 5-25 下矿层巷道围岩塑性区分布范围

随着离巷边距离的增大，Y 方向逐渐增大至原岩应力状态。对于 Z 方向上的围岩应力分布，顶底板压应力出现卸荷，越靠近巷边应力集中系数越小，巷边最小竖向应力 2 MPa 左右。迎头前方岩体竖向应力变化随着距离增大呈现先卸荷后集中的趋势，最终趋于原岩应力，最小应力 2 MPa，最大应力 12 MPa。

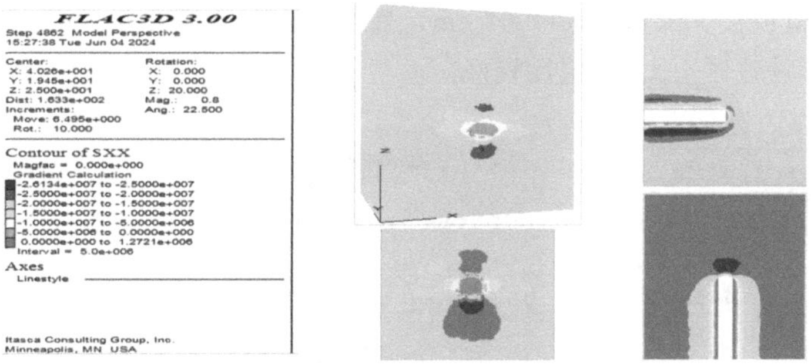

(a) SXX 应力云图

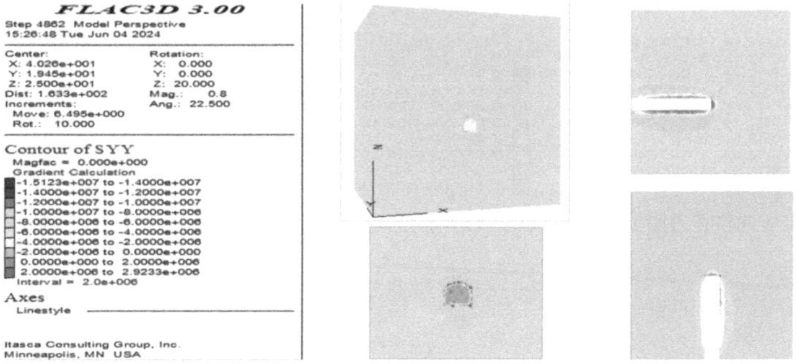

(b) SYY 应力云图

图 5-26 下矿层巷道围岩应力云图

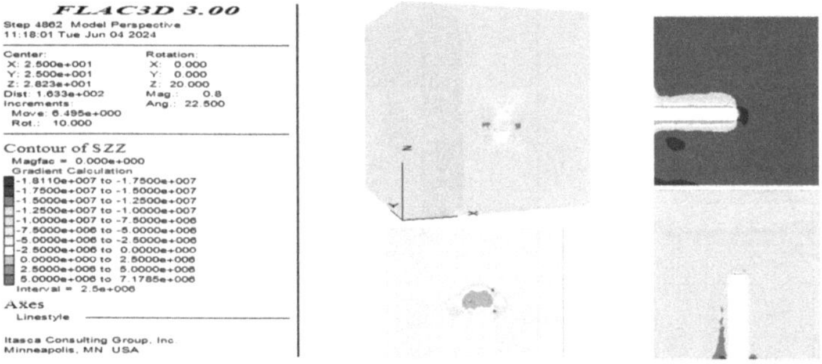

(c) SZZ应力云图

图 5-26 （续）

同样，借助数值模拟方法还可以得出巷道开挖后的围岩变形特征，见图 5-27。由图可知，对于 X 方向上位移变化，巷道两帮受压向外变形，右帮变形量（最大 5.80 cm）大于左帮（最大 1.32 cm）。对于 Y 方向上位移变化，巷道围岩变形受抑制以致变形量不大，迎头 Y 方向最大变形量 2.18 cm。对于 Z 方向位移变化，巷道顶板沉降量最大（6.62 cm），底板最大鼓出量 1.33 cm。可见，该巷道围岩变形量整体不大，稳定性较好。

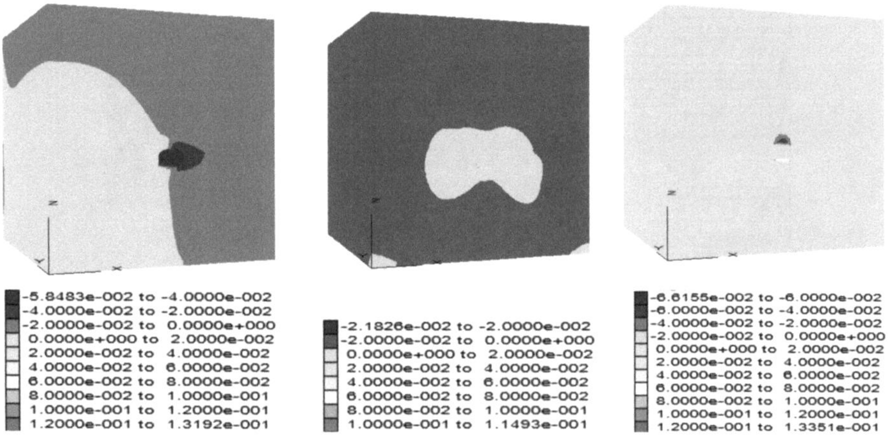

(a) X 方向位移云图　(b) Y 方向位移云图　(c) Z 方向位移云图

图 5-27　下矿层巷道围岩位移云图

5.5.3.2　上矿体巷道开挖模拟

同理，采用 Midas/GTS 软件构建了相同断面的上矿层巷道数值模型，采用自动网格划分功能对模型进行网格划分，其中各岩层网格尺寸设定为：巷道0.2 m、底板白云岩层2.0 m、下矿体1.0 m、夹层0.5 m、上矿体1.0 m、顶板白云岩0.5 m和粉砂质页岩1.0 m。网格模型节点数量176 232个、单元数量1 000 975个，节点完全耦合，网格质量较好，如图5-28所示。参照上小节下矿层巷道模型应力边界条件，首先根据三方向应力大小施加到模型边界，设置相同的模型参数和本构方程，采用Step 1法生成初始地应力场。然后执行巷道开挖（同样开挖巷道进尺25 m）命令，可得出开挖后非支护条件下巷道围岩的力学行为，主要包括塑性区、应力和位移分布。

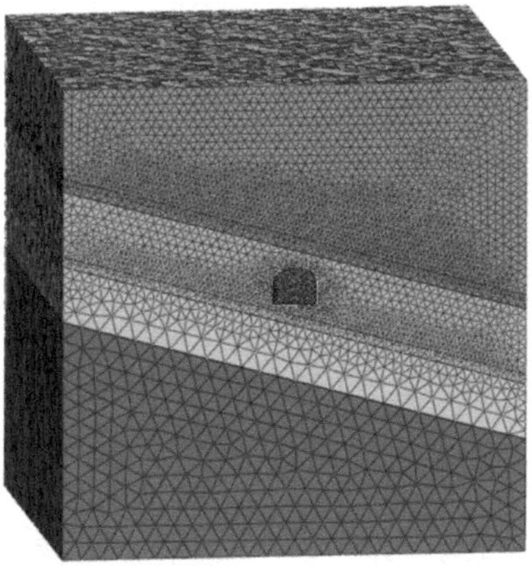

图5-28　上矿层巷道Midas/GTS网格模型

上矿层巷道围岩塑性区分布范围见图5-29。由图可知，上矿层巷道围岩塑性区范围约1～4 m，比松动圈范围略大，塑性区内围岩主要发生剪切为主的破坏。由于巷道底板为强度较低的夹层和下矿体，底板围岩塑性区（3～4 m，发育至下矿层）大于顶板塑性区（1.0～2.0 m，在上矿层内发育），两帮围岩塑性区（0～0.5 m）最小；迎头围岩主要发生拉伸破坏，迎头前方塑性范围0～1 m，呈扇形分布形状。通过与下矿层巷道围岩塑性范围对比可发现，上矿层巷道顶板围岩塑性区小于下矿层巷道顶板塑性区，但其底板塑性区相对较大，两帮塑性区则相对较小。这和巷道围岩的岩性有关，下矿层及夹层岩性较差，破碎岩体塑性区范围同比完整岩体的较大。

上矿层巷道开挖后，围岩应力分布同样可采用数值模拟软件计算出来，X、Y、Z各方向围岩应力分布云图见图5-30。由巷道围岩X方向上的应力分布特征可知，自巷道顶底向围岩深部转移，顶板压应力由卸荷状态变为集中状态最终减小至原岩状态，最小应力为7.5～10.0 MPa，最大应力约为27.5 MPa；底板围

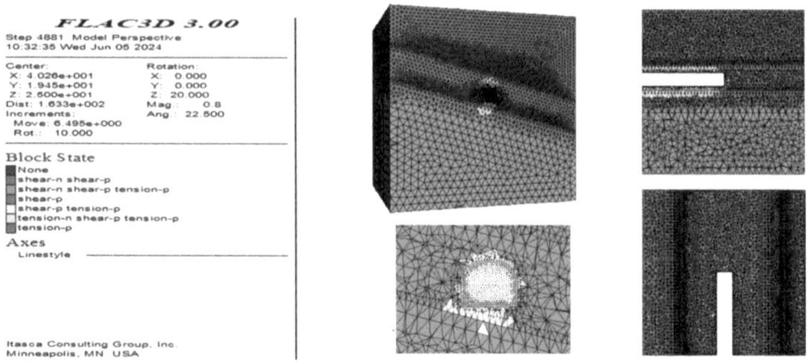

图 5-29　上矿层巷道围岩塑性区分布范围

岩出现卸荷状态，自底板的 6.4 MPa 逐渐增大到深部围岩的原岩应力状态；两帮压应力出现卸荷，最小应力为 1.7 MPa，应力自巷壁朝深部围岩逐渐增大至原岩应力状态，巷壁最小为自巷壁向围岩深部转移，巷道压应力由2.5 MPa 逐渐增大至原岩应力状态；迎头前方 SXX 大小由小到大，先卸荷再集中最后降低到原岩应力，最小应力约为 5 MPa，最大应力约为 21.5 MPa。针对 Y 方向上的围岩应力分布，巷道顶底板围岩处于卸荷状态，底板最小卸荷为 0～1.25 MPa(拉应力)，顶板最小载荷为 0～2 MPa(压应力)，底板卸荷程度高于顶板卸荷程度，两帮围岩出现应力集中，最大压应力为 12～13 MPa，前方迎头处于卸荷状态，最小应力为 5 MPa 左右。对于 Z 方向上的围岩应力分布，顶底板压应力出现卸荷(最小为 0～2 MPa)，越靠近巷边应力集中系数越小，巷边最小竖向应力为5 MPa左右；迎头前方岩体竖向应力变化随着距离增大呈现先卸荷后集中的趋势，最终趋于原岩应力，最小应力为 4.2 MPa，最大应力为 13 MPa。由上述上矿层巷道围岩应力分析可知，两巷道围岩分布特征类似，量级相当，可见围岩岩性对围岩应力分布规律影响不大，但倾角导致应力和变形呈现非对称现象。

此外，根据数值模型可进一步求出上矿体巷道开挖后的围岩变形大小，下矿层巷道围岩应力云图见图 5-31，X 方向上巷道围岩产生收敛变形，左帮最大变形量为 3 cm，右帮最大变形量为 3.2 cm，顶底板受侧限没有显著位移；Y 方向是位移变化，巷道围岩变形量不大，主要体现在迎头掌子面，最大变形量为 1.0 cm；对于 Z 方向位移变化，顶板沉降 2 cm，底鼓 7 cm，两帮受侧限无明显沉降。与下矿层巷道位移变形特征相比，变形规律类似；下矿层巷道变形量显著大于上矿层巷道变形量。

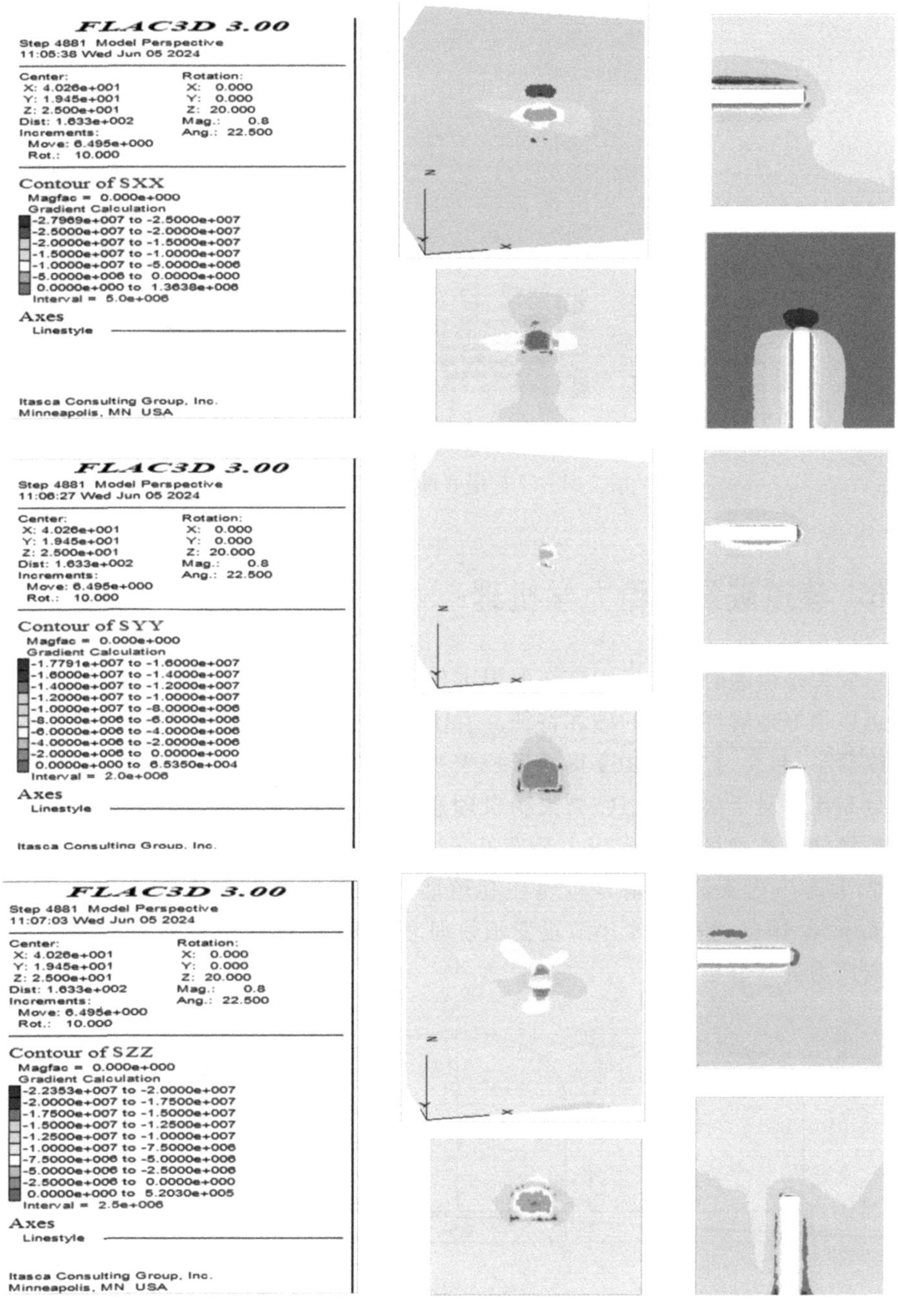

图 5-30　上矿层巷道围岩各方向应力云图

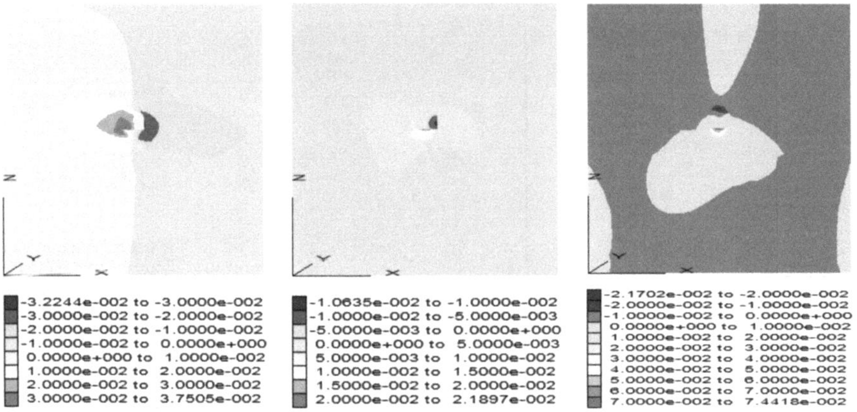

(a) X方向位移云图　　(b) Y方向位移云图　　(c) Z方向位移云图

图 5-31　下矿层巷道围岩应力云图

5.6　巷道破裂失稳力学机理

应力是引起岩体变形和破坏的根本作用力，从应力角度研究岩石的力学行为可以很好地解释岩石的破坏特征。岩体和岩石的破坏失稳正是在应力作用下裂纹萌生、起裂、扩展和相互贯通形成宏观断裂的过程。因而，掌握巷道围岩应力分布规律对于揭示巷道破裂失稳机理意义重大，采用理论方法求取围岩应力解析解能够准确量化围岩应力分布特征。昆阳磷矿二矿巷道断面形状主要有3种，巷道净宽 4.5 m，差异体现在巷道墙高不同（2.0 m、2.2 m 和 2.5 m，见图 5-32）。因此，基于 4.4 小节复变函数理论能够对 3 种三心拱断面形状巷道的围岩应力进行解析。

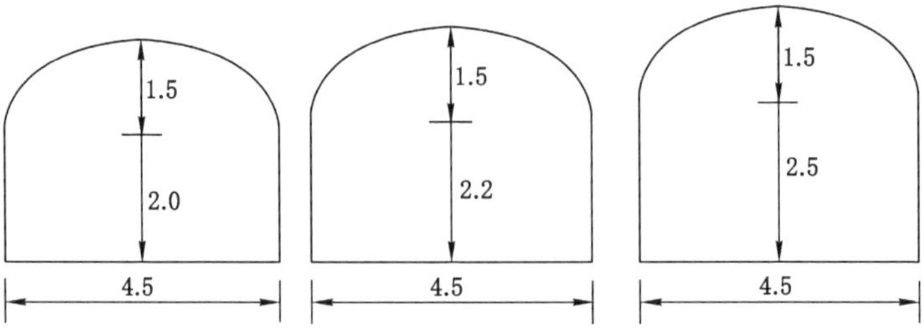

(a) 2.0 m 墙高　　(b) 2.2 m 墙高　　(c) 2.5 m 墙高

图 5-32　不同断面形状巷道

5.6.1　2.0 m 墙高巷道围岩应力分布规律

5.6.1.1　巷边应力分布特征

针对墙高为 2.0 m 的三心拱形巷道及受力条件,根据弹性力学理论可知,巷道近似为无限大平面体中的孔洞,可将该类型巷道视为二维的平面应变问题进行力学求解。假设巷道顶部远场应力为 p,侧向远场应力为 λ_p,设定 λ 为 0、0.25、0.50、1.0、2.0、3.0 和 4.0 等 7 种工况,那么根据复变函数成套解法可求出巷道周边围岩环向应力大小(围岩壁面上径向应力为 0),利用 Origin 软件可绘制出不同侧压系数下巷道周边应力集中系数分布极坐标图,如图 5-33 所示。

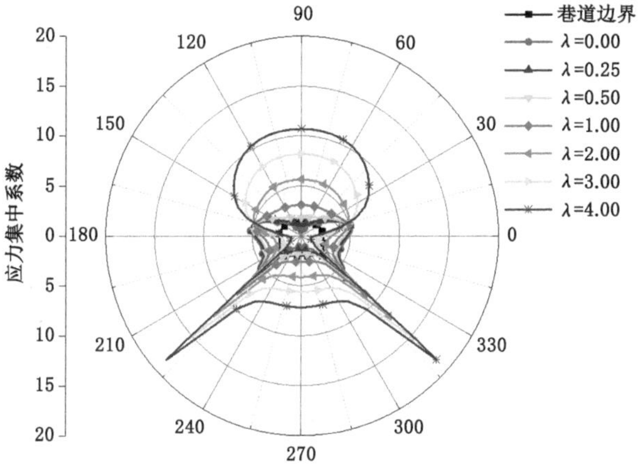

图 5-33　不同侧压系数下 2.0 m 墙高巷道周边应力集中系数分布

由图 5-33 可知,巷道开挖后围岩原岩应力平衡状态遭到破坏,围岩应力重新分布直至达到新的平衡,表现为巷边上切向应力出现应力集中,径向应力为 0。不同侧压系数下集中应力大小和方向不一,但均沿巷道竖轴线呈对称分布。当 λ 为 0 时,即只有竖向应力作用时,三心拱形巷道顶板出现拉应力,最大值 ($-0.93p$) 位于巷道顶板中心;随着向两帮移动,逐渐由应力集中系数逐步变小的拉应力变为应力集中系数逐渐变大的压应力,上隅角最大压应力集中系数为 2.97,水平帮部集中应力为 $2.63p$。自帮部至底部转移,集中压应力先减小后增大,下隅角压应力集中系数最大为 2.70。自下隅角到底板中心,应力逐渐减小并变为拉应力,底板中心处拉应力最大 ($-0.95p$),巷边整体切向应力分布形态呈蝴蝶状。随着 λ 增大,巷道顶底板的拉应力逐渐减小并变为压应力,两帮压应力逐步减小,两隅角压应力逐步增大。例如,当 λ 为 1.00 时,巷道周边切向应力均为压应力,巷道顶底板中心压应力分别为 $1.60p$ 和 $0.58p$,帮部压应力为 $1.76p$,

上隅角最大压应力为 $2.66p$，下隅角最大压应力为 $5.78p$，切向应力分布呈现蛤蟆形状。随着 λ 的进一步增大，水平帮部压应力逐渐减小至 0 后变为拉应力，顶底板及上下隅角压应力逐渐增大。当 λ 增大到 4 时，两水平帮部应力为拉应力（$-0.85p$），顶底板中心压应力最大，应力集中系数分别为 9.22 和 5.17，上下隅角最大压应力分别为 $5.91p$ 和 $15.51p$，切向应力分布呈现糖果状。随着 λ 进一步增大，两帮拉应力集中系数越来越大，顶底板压应力集中系数越来越大。因此，对于水平应力较小的巷道，顶底板受拉应力较大极易发生拉伸破裂形式的冒顶，两帮不易发生剪切破坏；对于水平应力较大的巷道，两帮承受较大拉应力以致出现拉伸破坏类型的片帮，而顶底板往往不易发生压剪破坏。

5.6.1.2 围岩应力分布特征

根据复变函数理论可以求出平面应变问题中巷道围岩内任意一点的径向应力和切向应力。因此，考察了围岩中离巷壁不同距离处围岩应力的分布特征，通过设置 3 种工况（围岩不同位置）来分析围岩应力分布规律，即特征点极径为 $2r$、$4r$ 和 $6r$。在巷道围岩中沿同一极径环向均匀布置了 35 个测点，代入编制程序可求出各点在不同侧压系数下的径向应力和切向应力，见图 5-34。

由图 5-34 可以看出，巷道应力分布关于巷道竖轴线呈现明显的对称分布规律，不同侧压系数下巷道围岩应力大小呈现显著的差异，同一侧压系数下不同位置（极径和极角）的径向应力和切向应力也不相同。对于极径为 1 倍巷道半径处围岩径向应力分布，不同侧压系数下围岩应力分布特征类似，即径向应力从巷道顶板中心到巷帮部再到底板中心呈先增大后减小的“不规则凸形”分布规律。当 λ 为 0 至 4 时，顶板中心应力集中系数依次为 0.26、0.33、0.40、0.53、0.81、1.09、1.36，水平左帮应力集中系数分别为 0.23、0.36、0.48、0.73、1.24、1.74、2.25，底板下隅角应力集中系数分别为 0.41、0.54、0.66、0.92、1.44、1.95、2.47。随着向底板中心转移，应力集中系数逐渐减小，底板中心应力集中系数分别为 0.27、0.29、0.32、0.36、0.45、0.54、0.63。可见，顶板中心应力集中系数比底板中心应力集中系数偏大（λ 为 0 除外），而水平帮部处径向应力比顶板中心处的略大（λ 为 0 除外），下隅角径向应力相对最大。对于极径为 1 倍巷道半径处围岩切向应力分布，不同侧压系数下围岩应力分布呈现不同变化规律，即切向应力从巷道顶板中心到巷帮部再到底板中心呈现“规则凹形”（$\lambda>1$）、“近直线形”（$\lambda=1$）和“规则凸形”（$\lambda<1$）的分布规律。当 λ 从 0 到 4 时，顶板中心应力集中系数依次为 −0.01、0.32、0.66、1.33、2.67、4.01、5.35，水平帮部处应力集中系数分别为 1.23、1.24、1.26、1.29、1.35、1.42、1.48，底板中心应力集中系数分别为 −0.02、0.30、0.61、1.24、2.50、3.76、5.02，顶板应力集中程度高于底板应力集中程度（λ 为 0 除外）。水平帮部切向应力为极大值或者极小值。

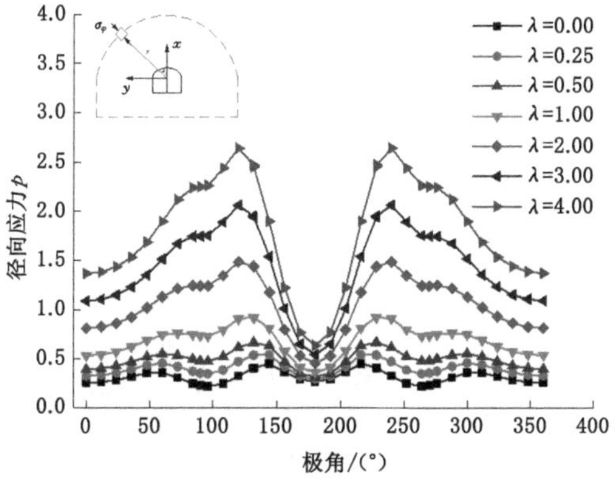

(a) 1倍巷径距离处围岩径向应力

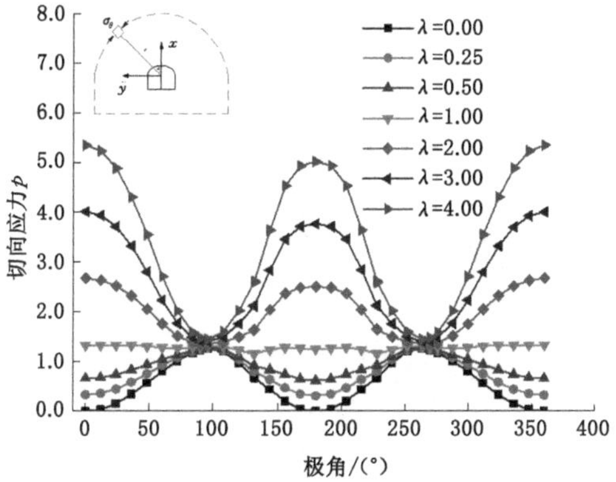

(b) 1倍巷径距离处围岩切向应力

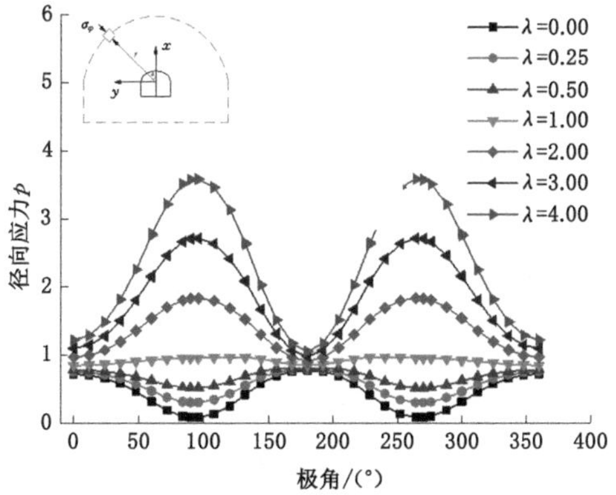

(c) 3倍巷径距离处围岩径向应力

图 5-34　2.0 m 墙高巷道围岩不同位置应力大小

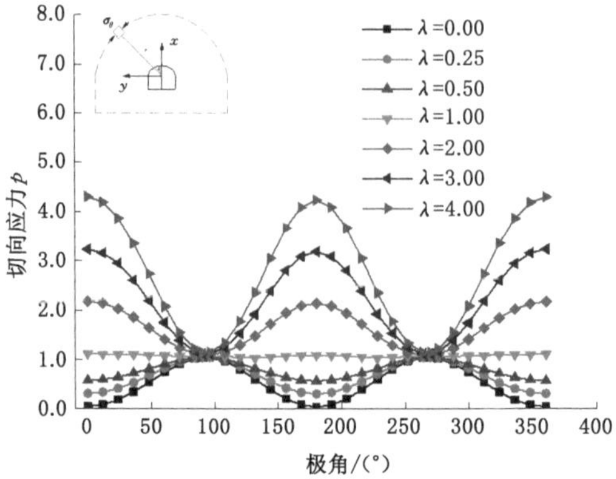

(d) 3倍巷径距离处围岩切向应力

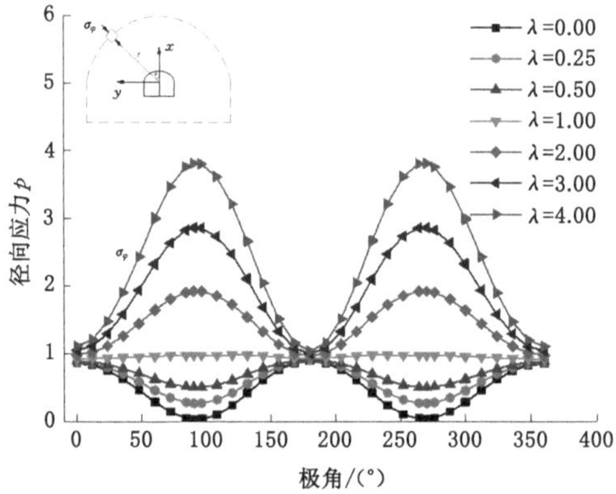

(e) 5倍巷径距离处围岩径向应力

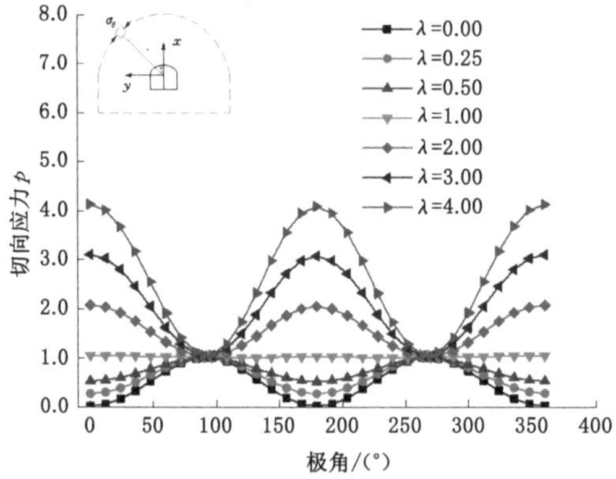

(f) 5倍巷径距离处围岩切向应力

图 5-34 (续)

对于极径为 3 倍巷道半径处围岩径向应力分布，不同侧压系数下围岩应力分布特征不一，但呈现一定的规律，即应力从巷道顶板中心到巷帮部再到底板中心呈现“规则凹形”($\lambda<1$)、“近直线形”($\lambda=1$)和“规则凸形”($\lambda>1$)的分布规律。当 λ 从 0 到 4 时，顶板中心应力集中系数依次为 0.72、0.75、0.78、0.85、0.97、1.10、1.22。水平帮部处应力为极大值或极小值，应力集中系数分别为 0.08、0.30、0.52、0.95、1.83、2.70、3.58，底板中心应力集中系数依次为 0.78、0.79、0.81、0.84、0.91、0.98、1.05，底板应力略大于顶板中心应力。相比而言，极径为 3 倍巷道半径处围岩切向应力分布规律与极径为 1 倍巷道半径处围岩切向应力分布规律基本一致，差异在于量级不同，即随着侧压系数由 0 到 4，顶板中心应力集中系数依次为0.05、0.31、0.58、1.11、2.18、3.24 和 4.30，水平帮部处应力集中系数分别为 1.04、1.05、1.05、1.07、1.09、1.12 和 1.15，底板中心应力集中系数分别为 0.04、0.31、0.57、1.09、2.14、3.19 和 4.23，顶板应力集中程度高于底板的集中程度。水平帮部切向应力为极大值或者极小值。

不同侧压系数下极径为 5 倍巷道半径处围岩的径向应力分布特征与极径为 3 倍巷道半径处围岩径向应力分布规律相同。顶板围岩径向应力集中系数为 0.86、0.88、0.89、0.93、0.99、1.05、1.12，底板围岩径向应力集中系数为 0.90、0.91、0.92、0.94、0.97、1.01、1.04，水平帮部围岩径向应力集中系数为 0.04、0.27、0.51、0.98、1.93、2.87、3.82。相比之下，顶板围岩切向应力集中系数分别为0.03、0.28、0.54、1.05、2.08、3.11、4.13，底板围岩切向应力集中系数为 0.02、0.28、0.53、1.04、2.06、3.08、4.09，水平帮部围岩切向应力集中系数为 0.02、0.28、0.53、1.04、2.08、3.08、4.09。由此可见，当围岩中点的极径为 5 倍巷道半径时，顶、底板中心径向和切向应力近似为竖向应力 p 和水平应力 λ_p，水平帮部径向和切向应力近似为 λ_p 和 p。这充分说明巷道围岩 5 倍极径距离外的围岩应力和原岩应力非常接近，也就是说，巷道开挖影响范围约为 5 倍巷道半径。

综上所述，昆阳磷矿二矿巷道斜井和中段胶带运输巷的墙高为 2.0 m，根据第 4 章地应力分布规律，可知该类型巷道侧压系数约为 1.8～2.0。显然，巷边上切向应力在顶底板产生较大的集中应力(2～4 倍竖直应力)，两帮出现卸荷(压应力相对较小，0.8～0.9 倍竖直应力)。可见，两帮巷道围岩稳定性较好，不容易发生拉伸或者压剪破坏；相比而言，顶、底板承受较高的压应力，相对容易发生压剪破坏。

5.6.2 2.2 m 墙高巷道围岩应力分布规律

5.6.2.1 巷边应力分布特征

针对墙高为 2.2 m 的巷道，可绘制出不同侧压系数下巷边切向应力分布图，见图 5-35。可见，该类型巷道和墙高 2.0 m 的巷道的巷边切向应力分布规律类似，不同之处在于各位置应力大小不同，即应力集中系数不同。

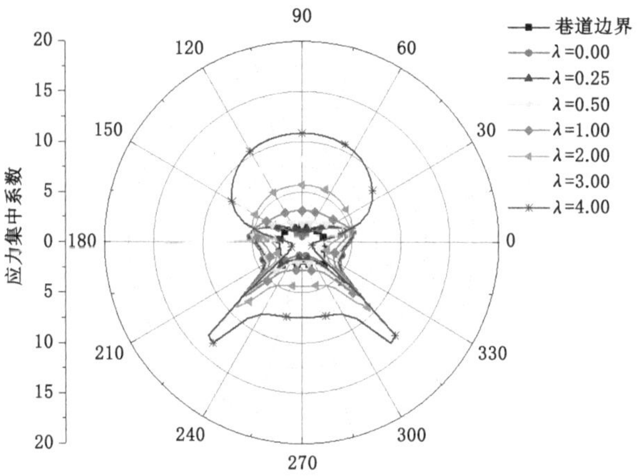

图 5-35 不同侧压系数下 2.2 m 墙高巷边切向应力分布

当λ为0时，巷道顶底板中心、水平帮部、上隅角和下隅角（最大）的应力集中系数分别为−0.94、−0.93、2.63、3.01、6.33。随着λ的增大，顶、底板拉应力逐渐减小并变为渐增压应力，水平帮部压应力逐渐减小并变为渐增的拉应力，上隅角、下隅角压应力也逐渐增大。当λ为0.5时，顶板、底板、上隅角、下隅角的最大应力集中系数分别为0.35、−0.16、2.19、2.88、5.27；当λ为1.0时，顶板、底板、水平帮部、上隅角、下隅角的最大应力集中系数分别为1.63、0.62、1.75、2.74、5.21；当λ为2.0时，顶板、底板和水平帮部的最大应力集中系数分别为4.20、2.18、0.88；当λ为4.0时，顶板、底板和水平帮部的最大应力集中系数分别为9.35、5.30、−0.88。可见，该类型巷道在水平构造应力不大的状态下顶、底板较容易率先发生拉伸破坏，出现冒顶事故，两帮所受的压应力不容易发生压剪破坏。当水平构造应力大于竖直应力时（λ=1～2），两帮集中压应力相对较小，顶板集中压应力相对较大，同比帮部更容易发生压剪破坏；当水平构造应力远大于竖直应力时，两帮集中应力变为拉应力，顶板压应力仍为较大的集中压应力，故两帮较顶板更易发生拉伸破坏，出现片帮。

5.6.2.2 围岩应力分布特征

针对墙高2.2 m巷道围岩应力分布特征，采用复变函数成套解法代入程序同样可以求出围岩中任意一点的径向应力和切向应力。类似地，设置3种工况（围岩不同位置）来分析围岩应力分布规律，即特征点极径为$2r$、$4r$和$6r$。在巷道围岩中沿同一极径环向上均匀布置了35个测点，2.2 m板墙高巷道各测点在不同侧压系数下的径向应力和切向应力大小见图5-36。

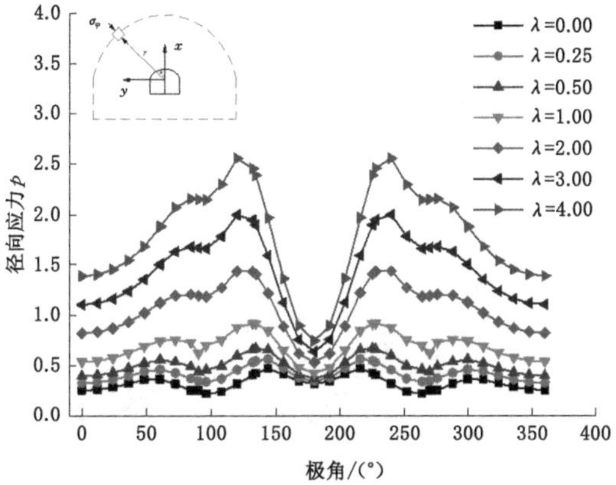

(a) 1倍巷径距离处围岩径向应力

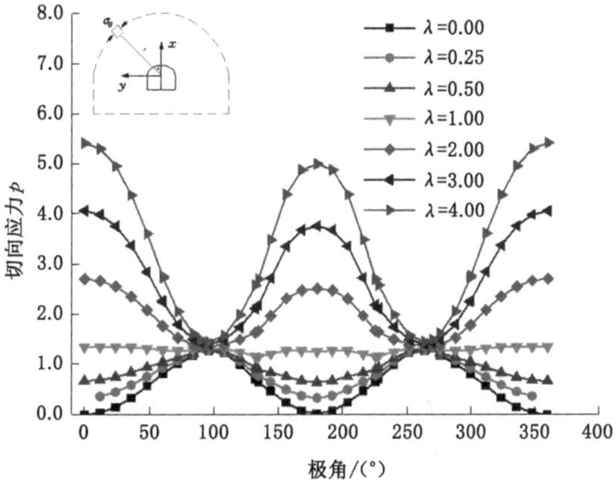

(b) 1倍巷径距离处围岩切向应力

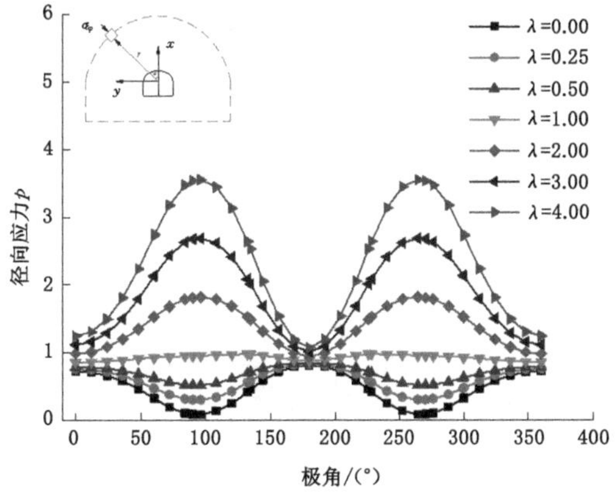

(c) 3倍巷径距离处围岩径向应力

图 5-36 2.2 m 墙高巷道各测点在不同侧压系数下的应力大小

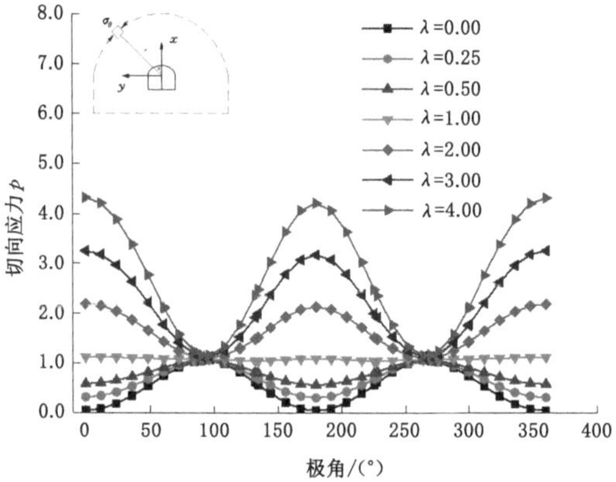

(d) 3倍巷径距离处围岩切向应力

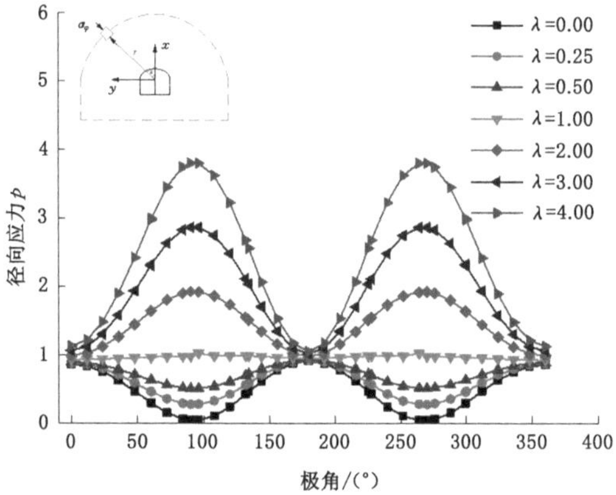

(e) 5倍巷径距离处围岩径向应力

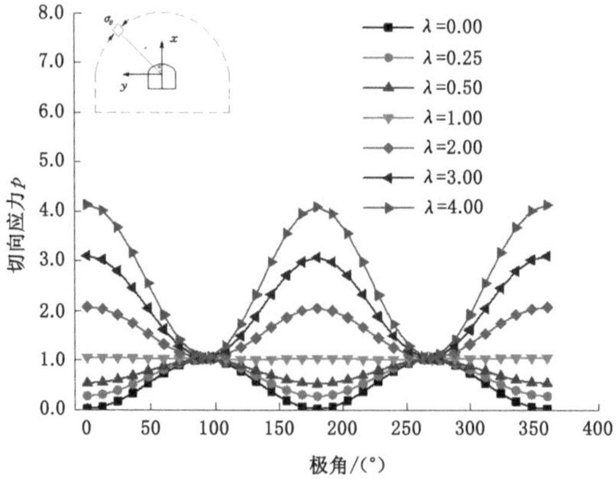

(f) 5倍巷径距离处围岩切向应力

图 5-36 （续）

由图 5-36 可以看出，2.2 m 墙高巷道围岩中不同位置的围岩应力与侧压系数、位置密切相关。不同侧压系数下巷道围岩径向应力、切向应力大小呈现显著的差异，同一侧压系数下不同位置（极径和极角）的径向应力和切向应力也不相同。该类型巷道围岩应力的分布规律与 2.0 m 墙高巷道围岩应力分布规律类似，差异在于各特征点应力的集中系数不同。对于极径为 1 倍巷道半径处围岩径向应力分布，当 λ 为 0 至 4 时，顶板中心应力集中系数依次为 0.25、0.32、0.40、0.54、0.82、1.10、1.39，底板中心应力集中系数分别为 0.32、0.34、0.37、0.42、0.53、0.64、0.74，水平帮部应力集中系数分别为 0.25、0.34、0.44、0.62、1.19、1.67、2.15。对于极径为 1 倍巷道半径处围岩切向应力分布，自 λ 自 0 到 4 时，顶板中心应力集中系数依次为−0.01、0.33、0.66、1.34、2.70、4.06、5.41，底板中心应力集中系数分别为 0.01、0.32、0.63、1.26、2.50、3.75、5.00，水平帮部应力集中系数分别为 1.31、1.32、1.34、1.36、1.36、1.42、1.49。

当围岩中点的极径为 4 倍巷道半径时，随着 λ 从 0 增大到 4，顶板中心径向应力集中系数依次为 0.72、0.75、0.78、0.85、0.98、1.11、1.24，底板中心径向应力集中系数分别为 0.81、0.82、0.87、0.94、1.00、1.07，水平帮部径向应力集中系数分别为 0.08、0.30、0.52、0.95、1.81、2.67、3.54。相比而言，顶板中心切向应力集中系数依次为 0.05、0.31、0.58、1.12、2.18、3.25、4.32，底板中心切向应力集中系数分别为 0.04、0.30、0.56、1.08、2.12、3.17、4.21，水平帮部切向应力集中系数分别为 1.04、1.05、1.06、1.07、1.10、1.13、1.19。

当围岩中点的极径为 6 倍巷道半径时，随着 λ 从 0 增大到 4，顶板中心径向应力集中系数依次为 0.86、0.88、0.89、0.93、0.99、1.06、1.13，底板中心径向应力集中系数分别为 0.92、0.92、0.93、0.95、0.98、1.01、1.05，水平帮部径向应力集中系数分别为 0.04、0.27、0.51、0.98、1.92、2.86、3. 80。相比之下，顶板中心切向应力集中系数依次为 0.03、0.29、0.54、1.06、2.08、3.11、4.14，底板中心切向应力集中系数分别为 0.02、0.27、0.53、1.03、2.05、3.07、4.08，水平帮部切向应力集中系数分别为 1.02、1.02、1.02、1.03、1.04、1.06、1.07。

由上述围岩应力分布规律可知，2.2 m 巷道围岩中 2 倍巷道半径距离处的应力受开挖作用的显著影响；当距离增大到 6 倍巷道半径时，无论径向应力还是切向应力基本上等于原岩应力。可见，巷道受开挖作用的影响区域约为 5 倍巷道半径范围。

5.6.3 2.5 m 墙高巷道围岩应力分布规律

5.6.3.1 巷边应力分布特征

对于墙高为 2.5 m 的巷道，同样可绘制出不同侧压系数下巷边切向应力分布图(径向应力为 0),见图 5-37。可见,该类型巷道和墙高 2.0 m、2.2 m 的巷道的巷边切向应力分布规律类似,不同之处在于各位置应力大小不同,即应力集中程度不一,应力集中系数和侧压系数及巷边位置紧密相关。

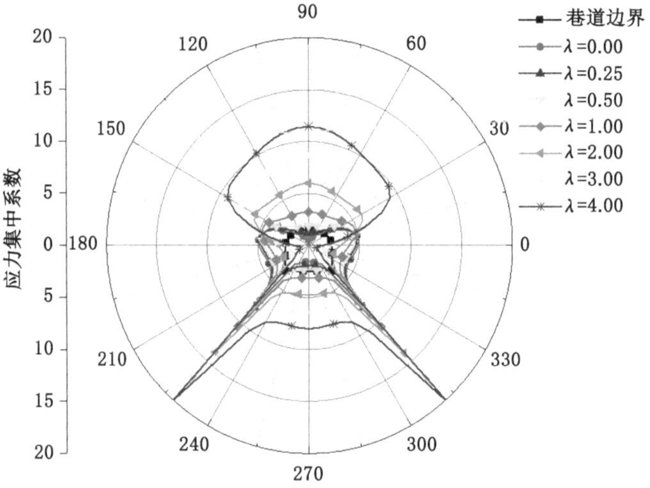

图 5-37 不同侧压系数下 2.5 m 墙高切向应力分布

由图 5-37 可知,巷边切向应力关于巷道竖轴线完全对称,不同侧压系数下切向应力分布形状与墙高 2.0 m、2.2 m 巷道的完全一致。当 λ 为 0 到 4 时,巷道顶板中心的切向应力集中系数分别为−0.96、−0.28、0.39、1.75、4.47、7.19、9.91,顶板中心的切向应力集中系数依次为−0.97、−0.57、−0.16、0.65、2.27、3.88、5.50,水平帮部的切向应力集中系数分别为 2.61、2.40、2.19、1.76、0.92、0.07、−0.77。可见,巷道顶、底板切向应力随着侧压系数的增大由集中拉应力变为集中压应力,两帮切向应力呈现相反的规律。因而,在不同地应力状态下巷道的受力状态不同,破坏模式及形态显然也不同。当巷道所处区域地应力中水平应力主导时,巷壁两帮承受较小压应力或者拉应力,而顶、底板承受较高压应力。因而,巷道顶板可能发生压剪破坏,巷帮可能发生张拉破坏。

5.6.3.2 围岩应力分布特征

同样地,针对墙高 2.5 m 巷道围岩中应力分布特征,采用复变函数成套解法代入程序可以求出围岩中任意一点的径向应力和切向应力。类似地,设置 3 种工况(围岩不同位置)来分析围岩应力分布规律,即特征点极径为 $2r$、$4r$ 和 $6r$。在巷道围岩中沿同一极径环向上均匀布置 35 个测点,各测点在不同侧压系数下的径向应力和切向应力大小见图 5-38。

由图 5-38 可知,2.5 m 墙高巷道围岩中不同位置的围岩应力与侧压系数、

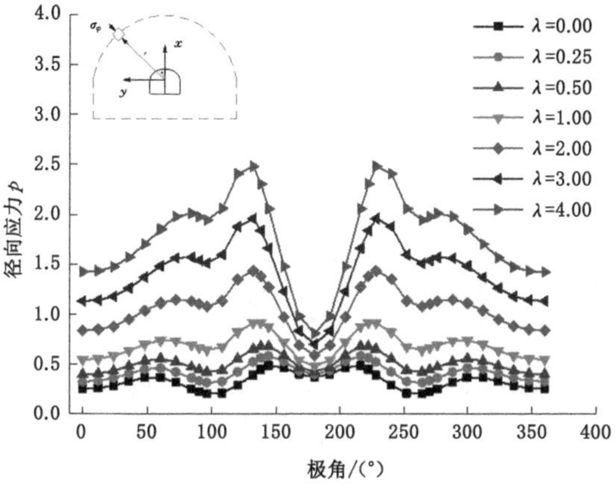

(a) 1倍巷道半径距离处围岩径向应力

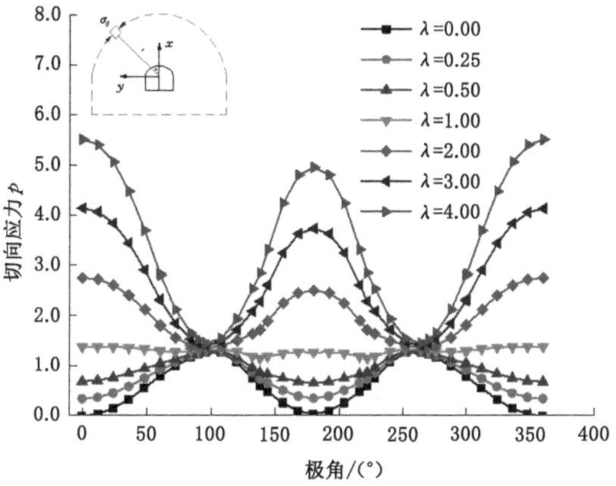

(b) 1倍巷道半径距离处围岩切向应力

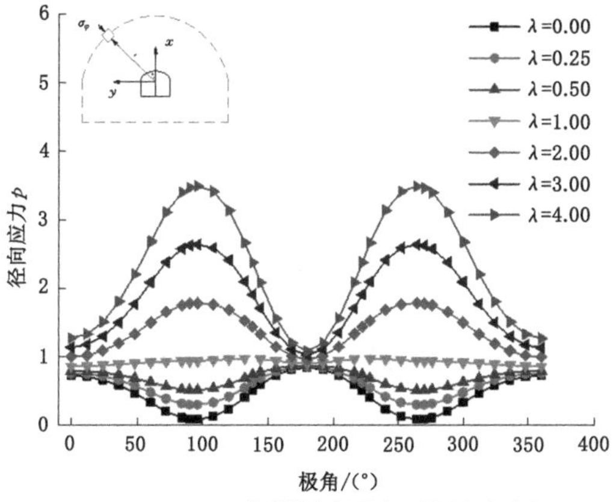

(c) 3倍巷道半径距离处围岩径向应力

图 5-38 2.5 m 墙高巷道围岩各测点在不同侧压系数下应力大小

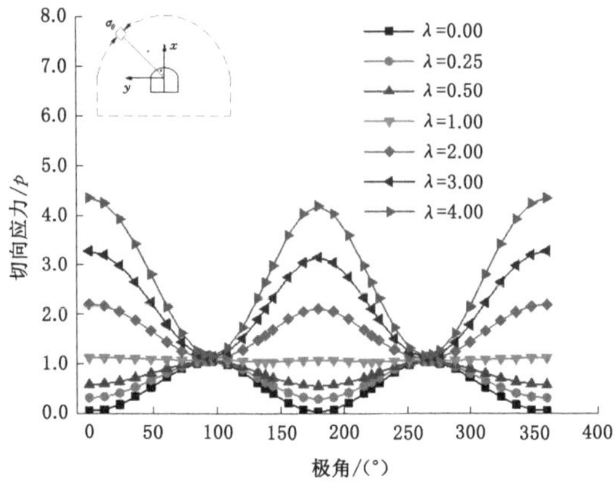

(d) 3倍巷道半径距离处围岩切向应力

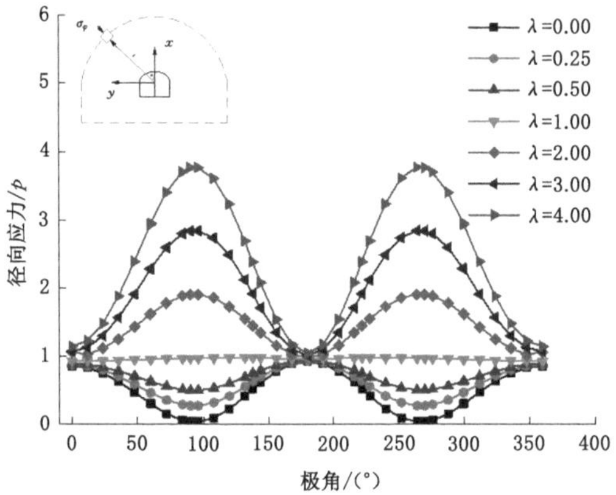

(e) 5倍巷道半径距离处围岩径向应力

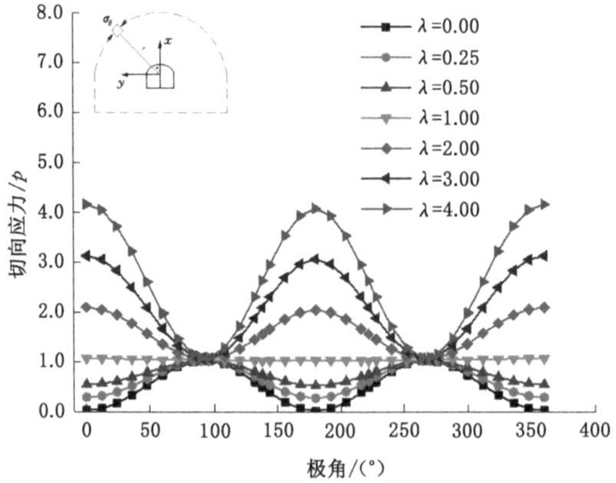

(f) 5倍巷道半径距离处围岩切向应力

图 5-38 (续)

位置密切相关。不同侧压系数下巷道围岩径向应力和切向应力分布规律与上述2.0 m、2.2 m墙高巷道的基本一致，差异仍体现为应力集中程度不同。对于极径为1倍巷道半径处围岩径向应力分布，当λ为0至4时，顶板中心应力集中系数依次为0.25、0.33、0.40、0.54、0.84、1.13、1.42，底板中心应力集中系数分别为0.37、0.40、0.43、0.48、0.59、0.70、0.81，水平帮部应力集中系数分别为0.22、0.33、0.44、0.66、1.10、1.54、1.97。对于极径为1倍巷道半径处围岩切向应力分布，自λ自0到4时，顶板中心应力集中系数依次为−0.01、0.33、0.68、1.39、2.75、4.13、5.51，底板中心应力集中系数分别为0.03、0.34、0.65、1.26、2.49、3.72、4.95，水平帮部应力集中系数分别为1.22、1.24、1.26、1.30、1.37、1.44、1.52，顶、底板均为压应力。

当围岩中点的极径为4倍巷道半径时，随着λ从0增大到4，顶板中心径向应力集中系数依次为0.72、0.75、0.79、0.86、0.99、1.13、1.27，底板中心径向应力集中系数分别为0.84、0.85、0.87、0.90、0.96、1.02、1.08，水平帮部径向应力集中系数分别为0.09、0.30、0.51、0.93、1.78、2.62、3.46。相比而言，顶板中心切向应力集中系数依次为0.05、0.32、0.59、1.12、2.20、3.28、4.35，底板中心切向应力集中系数分别为0.03、0.29、0.55、1.07、2.11、3.15、4.19，水平帮部切向应力集中系数分别为1.04、1.05、1.06、1.08、1.11、1.15、1.18。

当围岩中点的极径为6倍巷道半径时，随着λ从0增大到4，顶板中心径向应力集中系数依次为0.86、0.88、0.89、0.93、1.06、1.07、1.14，底板中心径向应力集中系数分别为0.93、0.94、0.94、0.96、0.99、1.02、1.05，水平帮部径向应力集中系数分别为0.04、0.27、0.51、0.97、1.90、2.83、3.76。相比之下，顶板中心切向应力集中系数依次为0.03、0.29、0.54、1.06、2.09、3.12、4.16，底板中心切向应力集中系数分别为0.02、0.27、0.52、1.03、2.04、3.06、4.07，水平帮部切向应力集中系数分别为1.02、1.02、1.02、1.03、1.05、1.07、1.08。

同样地，当围岩中点距离巷道半径5倍以上时，巷道顶、底板径向应力近似为竖向地应力，切向应力近似为水平地应力，两帮径向应力近似为水平地应力而切向应力近似为竖向地应力。巷道开挖对原岩应力的影响范围为5倍巷道半径大小，再次证实了岩石力学理论中的圣维南定理。

5.6.4 巷道围岩变形破坏诱发机制解释

根据前一小节的分析结果，可以绘制3种类型巷道围岩径向和切向应力集中系数随侧压系数变化的曲线图，见图5-39、图5-40。由图5-39(a)可知，随着侧压系数的增大，3类巷道巷壁顶底板中心应力集中系数逐渐增大，应力均由最初的拉应力变为压应力，顶板中心集中应力大于底板中心集中应力；墙高越大，顶、底板中

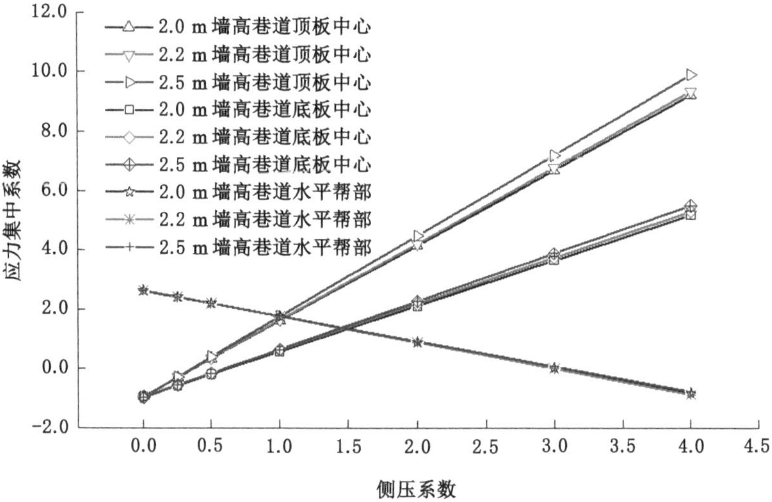

(a) 巷壁位置

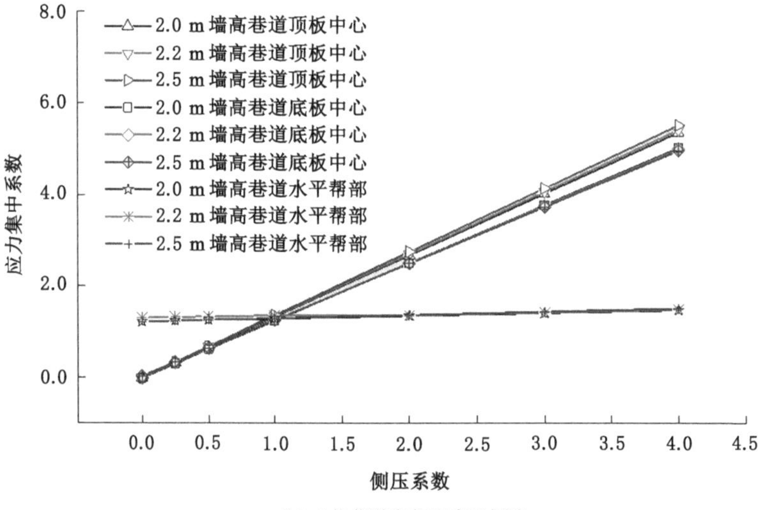

(b) 1倍巷道半径距离处围岩

图 5-39 不同墙高巷道围岩切向应力与侧压系数变化曲线图

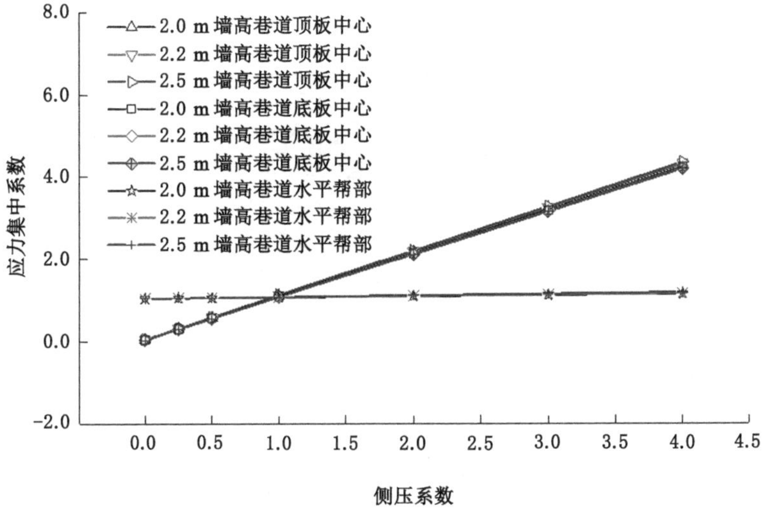

(c) 3倍巷道半径距离处围岩

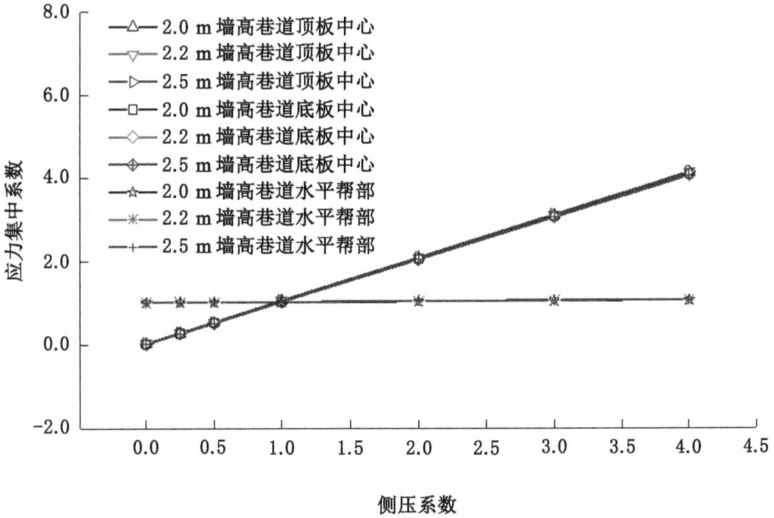

(d) 5倍巷道半径距离处围岩

图 5-39 (续)

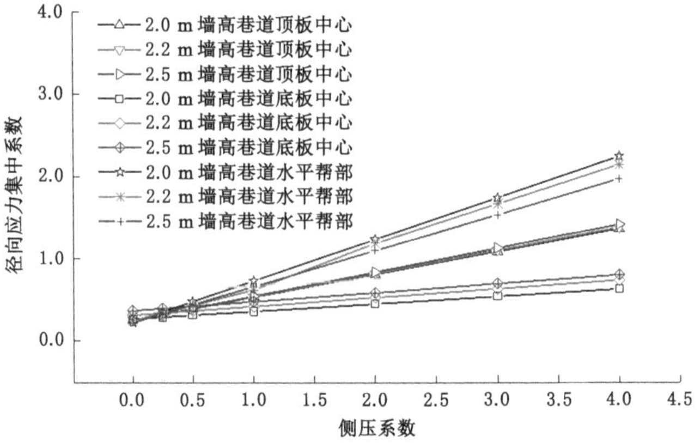

(a) 1倍巷道半径距离处围岩

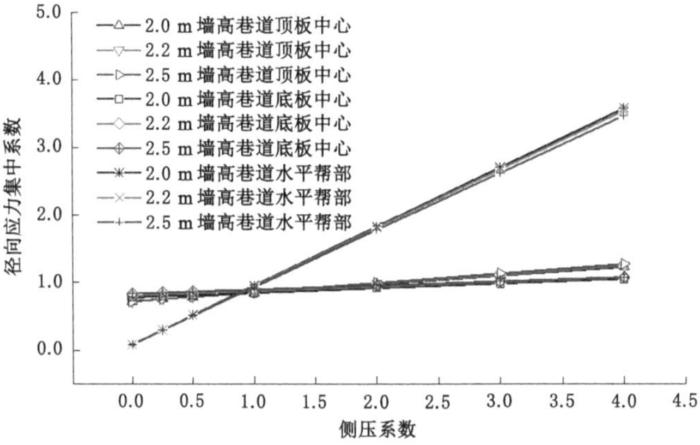

(b) 3倍巷道半径距离处围岩

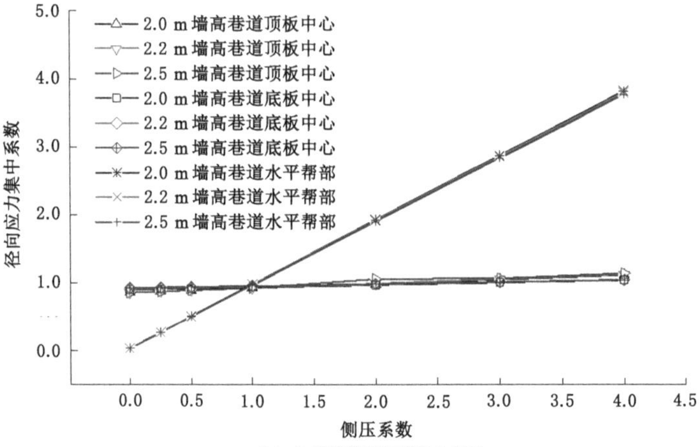

(c) 5倍巷道半径距离处围岩

图 5-40　不同墙高巷道围岩径向应力与侧压系数变化曲线图

心应力的集中系数越大。相比之下,水平两帮应力集中系数随着侧压系数的增大而减小,且由压应力减小为拉应力,但墙高大小对其影响不大。对于极径为1倍巷道半径处围岩切向应力分布,随着侧压系数增大,顶、底板和水平帮部切向应力均相应增大,顶板集中应力大于底板集中应力,二者的应力集中系数随墙高的增大略增大,但两帮应力集中与墙高尺寸的关系不太显著。对于极径为3倍和5倍巷道半径处围岩切向应力分布,顶、底板切向应力集中系数近似相等,均近似等于侧压系数,两帮侧压系数近似为1,基本不受墙高尺寸影响。也就是说,极径为1倍以上巷道半径距离外的围岩应力受巷道断面形状的影响不再显著。

对于不同巷道围岩径向应力分布,开挖后巷壁上径向应力为0。巷道围岩中极径1倍巷道半径处径向应力集中系数与侧压系数关系见图5-40(a),径向应力集中系数均随着侧压系数的增大而增大,顶板应力集中系数高于底板应力集中系数,底板应力集中系数高于水平两帮应力集中系数;顶板应力集中系数与墙高尺寸成反比,底板和水平两帮应力集中系数则与其成正比。当极径变为3倍和5倍巷道半径时,墙高对径向应力大小的影响较小。由上分析可知,巷道断面尺寸引起的形状差异对围岩应力分布具有一定影响,影响范围主要在极径为1倍巷道半径范围内,但影响程度较侧压系数及围岩位置的较小。

结合矿区地应力分布规律,根据上述复变函数理论解析解,可知矿山地应力(σ_{hmax}/σ_z)在山地地貌下的侧压系数为1.8～2.0,巷道顶、底板出现压应力集中,两帮出现卸荷,见图5-41。以矿山无轨运输巷道(墙高2.2 m)为例,顶板压应力同比竖直应力的应力集中系数为3.69～4.20,底板压应力同比竖直应力的应力集中系数为1.87～2.18。两帮压应力卸荷后同比竖直应力的集中系数为1.05～0.88。可见,巷道两帮巷壁不易发生破裂,而顶、底板在集中高压应力下较易发生压剪破坏。另外,若巷道没有沿脉布置(假设垂直走向),那么根据地应力分布规律可知,巷道所受的侧应力为最小水平主应力,同比竖直应力略小,即侧压系数略小于1,巷边表现为底板卸荷(应力集中系数约为0.5),顶板压应力集中(>1.5),两帮压应力略集中(集中系数较小,1.0～1.4),应力区域较大的地方仍为顶板和隅角,帮部和底板同比顶板发生破坏的可能较小。矿山工程实践表明,昆阳磷矿二矿巷道变形破坏类型以巷道冒顶或者塌方为主,两帮虽未支护但很少出现变形破坏现象。

矿山巷道变形破坏失稳的诱因主要是复杂地质条件和顶板集中压应力,复杂地质条件包括地质构造(溶洞、褶皱和断层)、软弱破碎岩体(岩溶侵蚀岩体、裂隙岩体、破碎带、软弱夹层)和地下水,特别是软弱破碎岩体、溶洞及断层破碎岩体,巷道开挖揭露后围岩自稳能力差,在地下水和空气风化作用及高压应力压剪作用下顶板极易出现局部冒顶,如不能及时采取措施可能进一步诱发坍塌事故。矿山发生多处冒顶及塌方事故主要原因均是巷道掘进遇到了溶洞、断层或者软

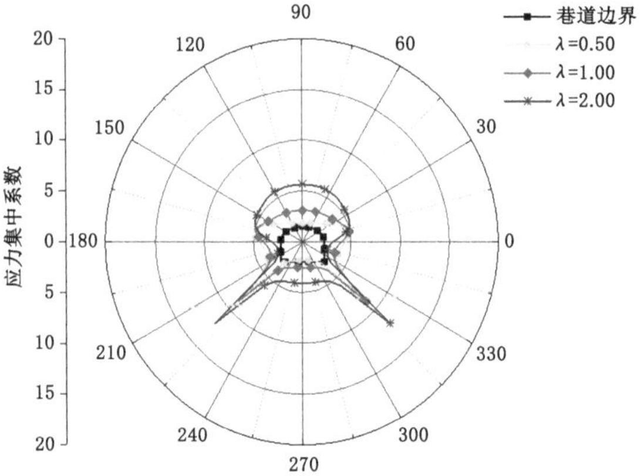

(a) 2.0 m 墙高巷道

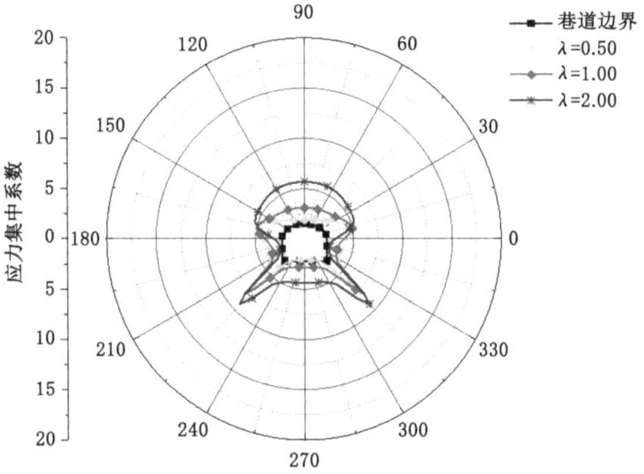

(b) 2.2 m 墙高巷道

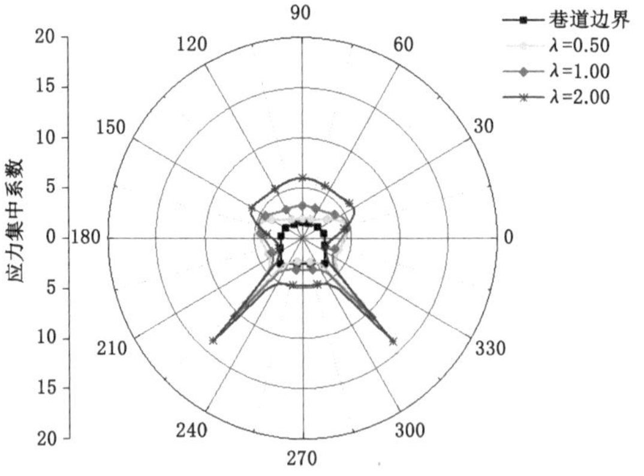

(c) 2.5 m 墙高巷道

图 5-41　昆阳磷矿二矿不同墙高巷道围岩径向应力分布

弱破碎带，岩体质量较差，不具备自稳能力。此外，白云岩主要成分为白云石[化学分子式 $CaMg(CO_3)_2$]，与石灰岩类似，遇水溶解易产生溶洞，所以矿区浅部岩层如大塘组白云岩和宰格组白云岩岩层中溶洞较为发育，如辅助斜坡道在2022年施工过程中先后发生的“2·20塌方事件”和“3·29塌方事件”均是揭露溶洞所致。另外，下矿体和底板白云岩假整合接触，底板白云岩上部赋存微小溶蚀孔洞。此外，受构造运动和压扭作用，断层和褶皱附近岩体也较破碎，掘进揭露时也易造成巷道冒顶和塌方。可见，矿山顶板变形破坏主要是质量较差岩体和集中压应力共同主导的，地下水和爆破振动分别起到软化和诱导的辅助作用。因此，矿山施工应严格遵循预测预报、有疑必探、先探后掘、先治后采。

5.7　巷道变形破坏的水化作用

巷道变形破坏的水化作用主要表现为水与围岩矿物发生的物理化学作用导致岩体力学性能劣化。水渗入围岩后，与黏土矿物（如蒙脱石、伊利石）发生水化反应，导致矿物颗粒间黏结力下降，摩擦系数减小，抗剪强度显著降低。含水率增加会提高孔隙水压力，降低岩石有效应力，削弱围岩承载能力。这一过程在深部高地应力环境中尤为明显，可能诱发围岩流变加速和脆性破坏。另外，长期水化作用可溶解岩石胶结物，导致裂隙扩展和岩石微结构破坏。可见，水化作用的关键影响因素是水化时间、围岩矿物组成和应力-渗流耦合作用。为了考察巷道变形破坏的水化作用机理，本小节基于流固耦合原理探索不同水压对岩体水化作用的影响机制。根据地下水位所处位置不同设置4种工况条件，即工况1：地下水位为25 m，即水位距模型底部距离 $z=25$ m，模型孔隙水压力为0.25 MPa；工况2：地下水位为50 m，模型底部孔隙水压力为0.50 MPa；工况3：地下水位为100 m，模型底部孔隙水压力为1.00 MPa；工况4：地下水位为200 m，模型底部孔隙水压力为2.00 MPa。地应力大小及各主要岩层物理材料参数与前文保持一致，由《昆阳磷矿二矿水文地质勘探岩石试验物理力学测试报告》等资料获得岩石孔隙率、渗透系数和饱和容重，见表5-12。巷道所处层位为下矿体，巷道断面尺寸为墙高2.2 m、巷宽4.5 m、拱高1.5 m。

表5-12　矿山主要岩体渗流参数

岩石名称	渗透系数/(m/s)	孔隙率	容重/(kN/m³)
顶板粉砂岩	9.99×10^{-13}	0.029	26.95
顶板白云岩	1.20×10^{-9}	0.064	28.52
上矿层磷块岩	4.97×10^{-7}	0.064	28.52

表 5-12(续)

岩石名称	渗透系数/(m/s)	孔隙率	容重/(kN/m³)
夹层凝灰质黏土岩	5.01×10^{-9}	0.086	26.26
下矿层磷块岩	4.97×10^{-7}	0.069	29.01
底板白云岩	1.20×10^{-9}	0.011	28.03

5.7.1 巷道围岩渗流场分布特征

渗流-应力耦合作用下开挖巷道后，不同初始地下水位下巷道围岩孔隙水压力及渗流矢量云图如图 5-43 所示。由图可知，巷道开挖后巷壁附近围岩孔隙水压力下降为 0，水压力等值线向下凹陷。根据达西定律可知，孔隙水压力差会导致地下水渗流场发生改变，地下水通过孔隙、裂隙等渗流通道向巷道内部流动。当地下水渗流达到稳态时，巷道周边形成一个漏斗形的降水区，拱顶上方孔隙水压力下降幅度最大。降水区外巷道开挖对渗流场的影响较小，孔隙水压力大小与开挖前的基本一致。孔隙水压力随埋深增大呈线性增加，漏斗形降水区范围随着初始地下水位的升高逐渐增大。

地下水渗流速度能够很好地反映出不同工况下地下水的流动规律，从图 5-43 中可以看出，在各工况下最大流速位置出现在巷道拱脚处，距离巷道开挖面越远，地下水的渗流速度越小；初始孔隙水压力越大，对巷道渗流场产生的扰动范围越大。地下水水位高度决定了巷道开挖后的地下水渗流的水头能量，当地下水水位较高时总水力坡度较大，巷道开挖后地下水流速大，涌水量大。不同工况下巷道开挖面处最大地下水渗流速度分别为 4.30×10^{-7} m/s、8.87×10^{-7} m/s、1.96×10^{-6} m/s、4.55×10^{-6} m/s。

5.7.2 巷道围岩位移场分布形态

不同初始地下水位下巷道围岩在未支护条件下的位移云图如图 5-44 所示.由图可知，巷道围岩左右两帮的水平位移分布相对均匀，主要表现为巷道两侧直墙向洞内收敛变形，竖向位移表现为巷道底板鼓起的位移大于拱顶沉降的位移，且位移大小随着距巷壁距离的增加逐渐减小。4 种工况下围岩变形量随初始水位的增大而增大，巷道最大竖向变形出现在底板中心，分别为 76.60 cm、80.61 cm、88.62 cm、107.88 cm；各工况下巷道右帮的位移分别为 31.48 cm、33.19 cm、36.30 cm、44.19 cm；左帮位移分别为 22.6 cm、23.69 cm、25.90 cm、30.88 cm。可见，巷道围岩变形增长幅度与初始地下水位成正比，地下水水位越高，巷道开挖后围岩位移增长幅度越大，其中巷道底鼓量受地下水水位高度的影响最为显著。

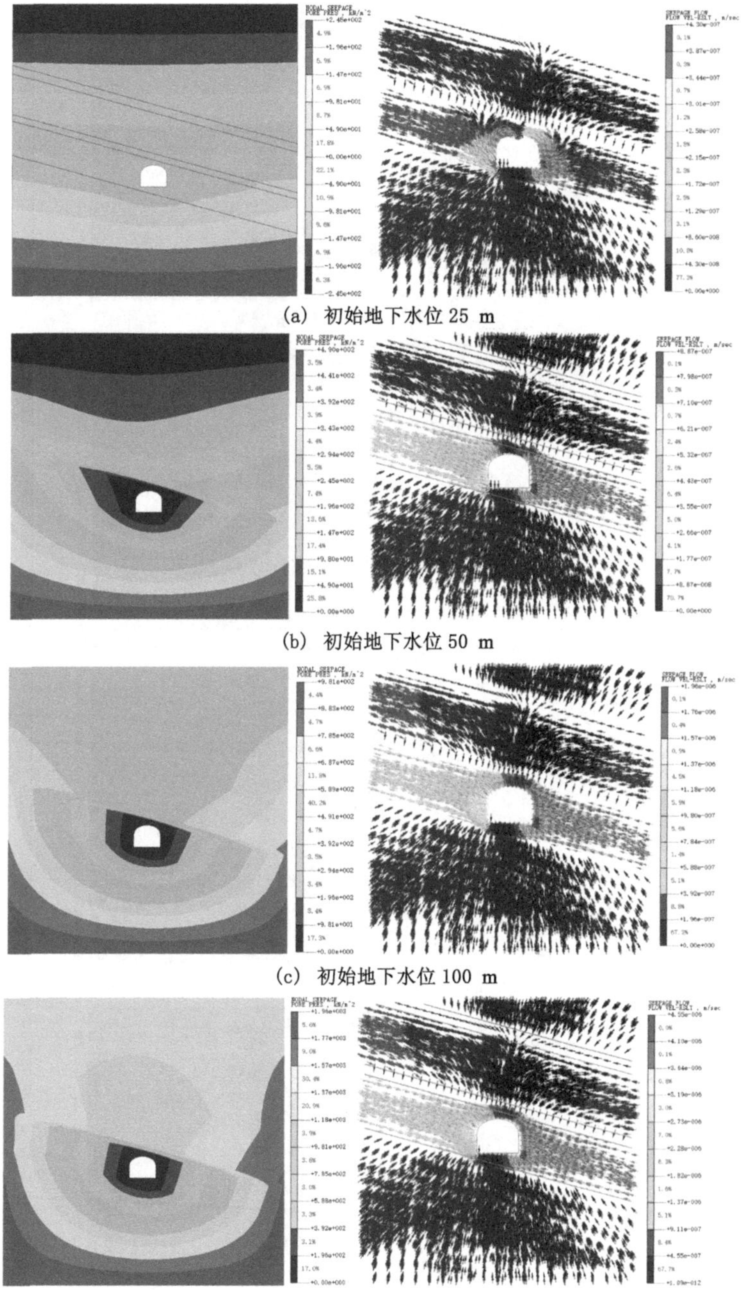

(a) 初始地下水位 25 m

(b) 初始地下水位 50 m

(c) 初始地下水位 100 m

(d) 初始地下水位 200 m

图 5-43　不同初始地下水位下巷道围岩孔隙水压力及渗流矢量云图

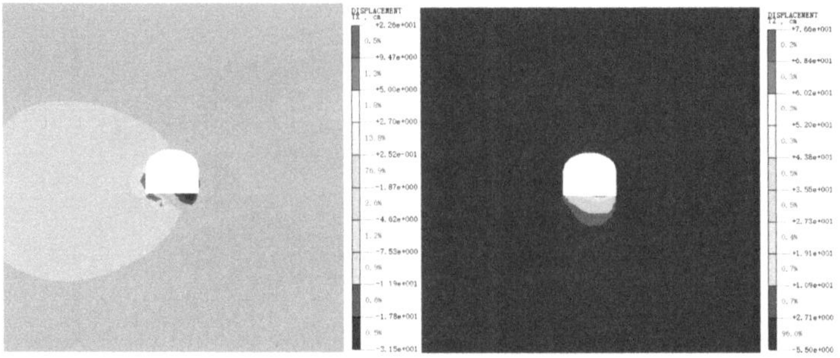

(a) 初始地下水位 25 m

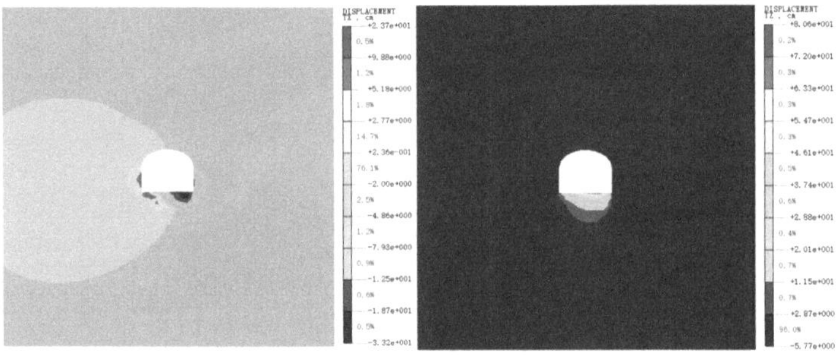

(b) 初始地下水位 50 m

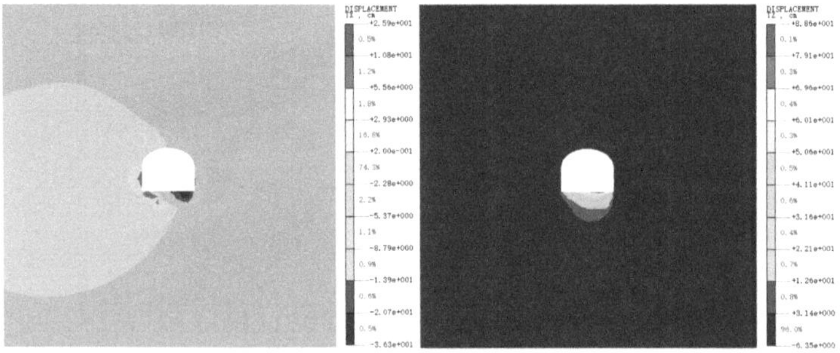

(c) 初始地下水位 100 m

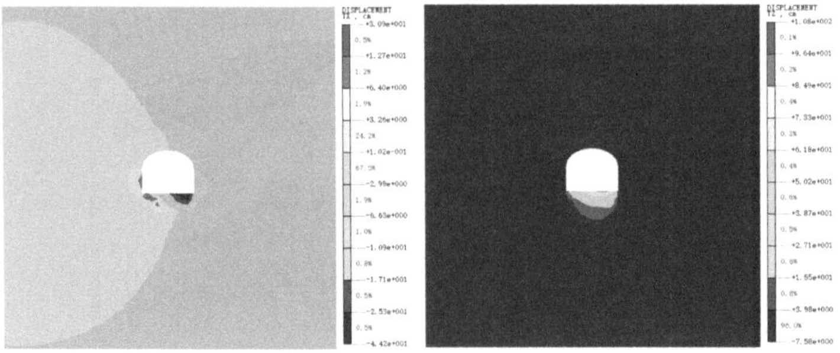

(d) 初始地下水位 200 m

图 5-44　不同初始地下水位下巷道围岩在未支护条件下的位移云图

5.7.3　巷道围岩应力场分布规律

地下岩体在巷道开挖前处于初始平衡状态，开挖作用导致巷道围岩应力在地应力、渗流场的作用下发生重分布。图 5-45 为不同初始地下水位下巷道围岩的水平和垂直应力云图。由图可知，4 种工况下水平应力云图和垂直应力云图分布规律相同，围岩应力变化幅度随着与距巷壁距离的增大而减小。随着孔隙水压的增大，作用在围岩上的渗透力增大，围岩应力相应增大。

5.7.4　巷道围岩塑性区范围

不同初始地下水位下巷道围岩塑性区分布如图 5-46 所示。由图可知，围岩主要发生剪切屈服破坏，不同工况下围岩的塑性区分布情况大致相同，均从巷道中心逐渐向外扩展，其中巷道底部塑性破坏最严重，其次是巷道两帮，顶板的破坏范围相对较小。随着地下水位的增加，围岩塑性区的范围逐渐增大，在 4 种工况下拱顶围岩破坏深度范围为 0.8～1.5 m，巷道两帮围岩破坏深度范围为 1.43～2.62 m，巷道底板破坏深度范围为 1.7～4.5 m。

综上所述，地下水对巷道围岩的软化效应较为显著，表现为随着初始地下水位的增加巷道围岩孔隙水压力逐步增大，围岩渗流-应力耦合作用增强，巷道变形量和塑性范围逐渐增大。可见，地下水是昆阳磷矿二矿巷道变形破坏的关键影响因素之一。

5.8　本章小结

矿区变形破坏呈现顶板冒顶片帮为主的特征，主要诱因是地质条件较差，特别是隐伏的软弱破碎带，岩体破碎和地下水是引起巷道变形的主导因素。本研究首先采用 TC-4850 爆破测振仪测定了1 890 m 中段 2＃胶带巷道爆破信号，计算得出萨道夫斯基公式中 K 和 α 分别为 90.63 和 1.58，爆破振动安全允许距离为 11.40 m。其次，利用 YTJ20 型钻孔电视仪在 1 890 m 中段 2＃胶带巷和 1 950 m 分段巷道测定巷道围岩松动圈最大 1.56 m。再次，采用 Midas-FLAC3D 耦合软件分别构建了上矿层巷道和下矿层巷道数值模型，模拟巷道开挖后的力学响应，围岩应力二者相当，下矿层巷道变形量显著大于上矿层巷道变形量，而塑性区范围和岩性质量成反比。再次，基于复变函数理论解析了不同侧压系数下 3 种墙高巷道围岩径向应力和切向应力大小，墙高对 1 倍巷道半径范围内围岩应力分布有显著影响，地应力受巷道开挖作用影响范围约为 5 倍巷道半径。最后，结合应力分布特征和地质因素揭示了矿区巷道变形破坏机理，即巷

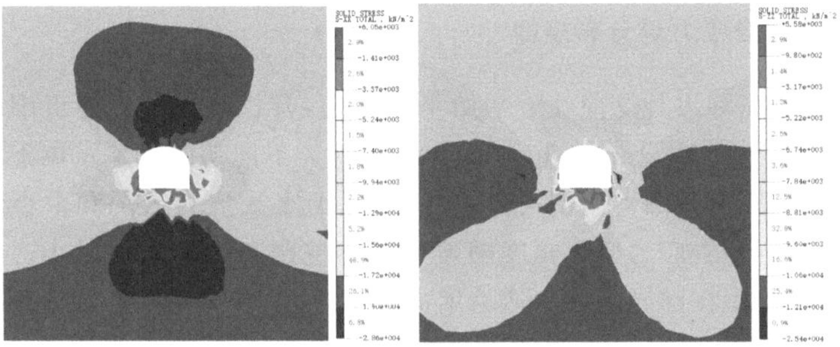

(a) 初始地下水位 25 m

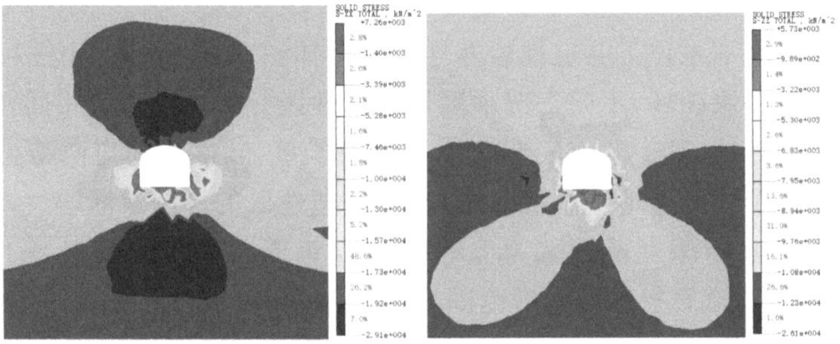

(b) 初始地下水位 50 m

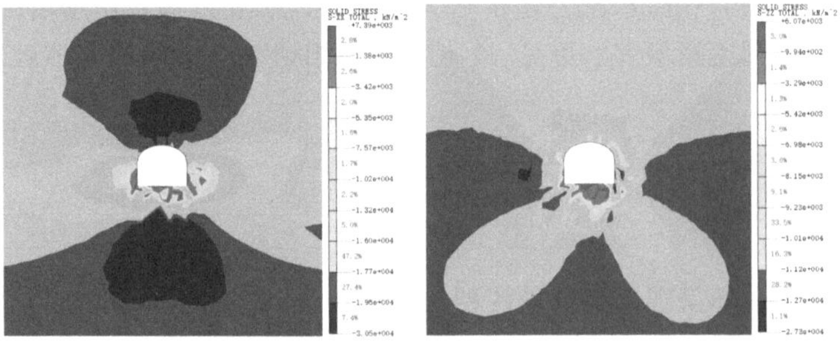

(c) 初始地下水位 100 m

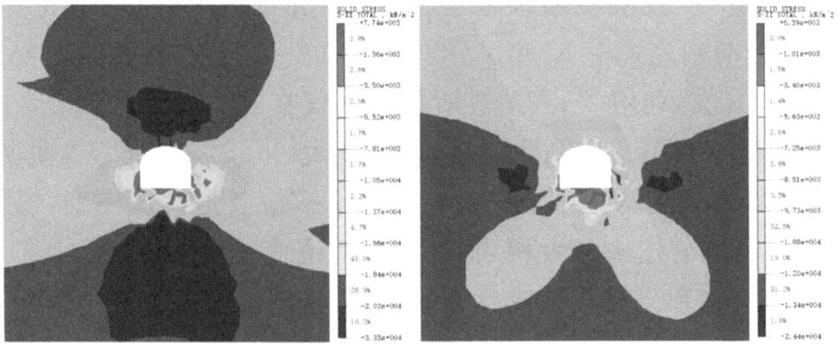

(d) 初始地下水位 200 m

图 5-45 不同初始地下水位下巷道围岩应力云图

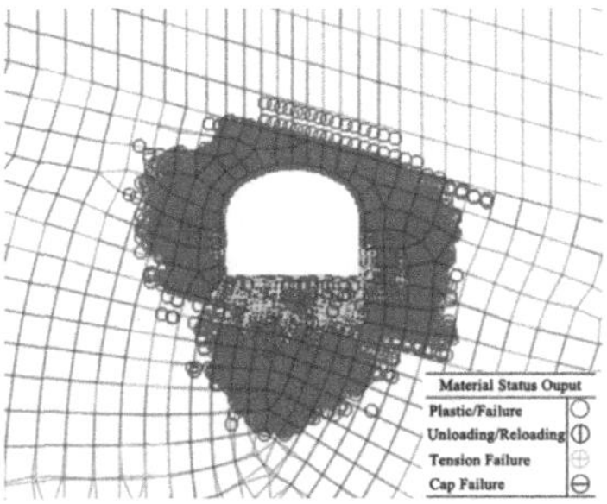

(a) 初始地下水位 25 m

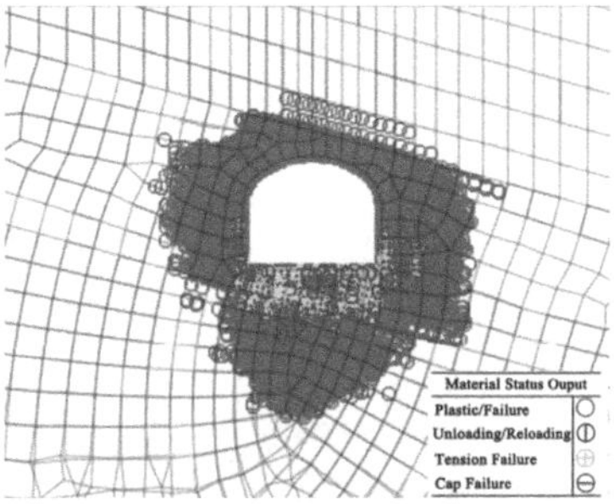

(b) 初始地下水位 50 m

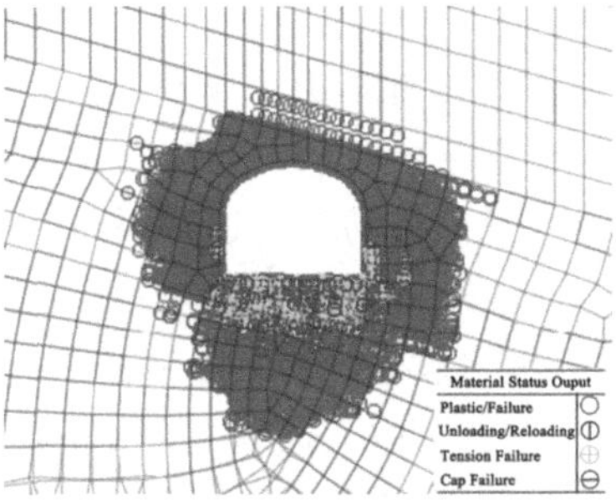

(c) 初始地下水位 100 m

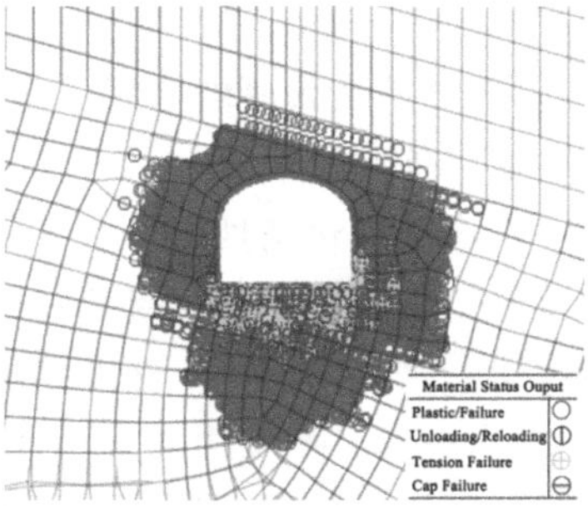

(d) 初始地下水位 200 m

图 5-46　不同初始地下水位下巷道围岩塑性区分布图

道开挖遇到复杂地质岩体的围岩稳定性较差，在集中压应力压剪作用、地下水物理化学力作用以及爆破强扰动联合作用下，软弱破碎顶板发生冒顶和塌方，而两帮岩体因出现压应力卸荷即便不支护也能保持很好的稳定性。

6 结论与展望

6.1 主要结论

昆阳磷矿二矿是云南磷化集团有限公司首座地下开采矿山，位于滇池流域周边，矿山地质条件复杂，区内不仅广泛分布有断层、褶皱，还存在大量隐伏溶洞和破碎带，岩体质量较差且深受地下水困扰，开挖扰动下巷道冒顶和垮塌等事故频发，严重威胁巷道施工安全与围岩稳定，滇池流域磷矿资源开发与生态保护矛盾突出，亟须研究复杂地质条件下磷矿巷道围岩破坏机理与控制技术。对此，本研究基于昆阳磷矿二矿工程背景，采用现场调研、理论分析、室内试验、数值模拟和现场试验等方法重点开展了基础岩石力学问题和巷道变形破坏机理的研究，得出的主要结论如下：

① 昆阳磷矿二矿采掘涉及的主要岩层有顶板粉砂质页岩、顶板白云岩、上矿层磷块岩、夹层凝灰质黏土岩、下矿层磷块岩和底板白云岩等 6 种，通过在 1 890 m 中段和 1 980 m 中段不同施工地点进行现场大块取样并运输到专业的岩土公司进行试样加工。首先，采用化学法和 ICP 法等方法测量了各岩层试样的化学成分，并对各类试样的微观结构进行了电镜扫描，随后还测定了各类试样的密度和波速；其次，对制备的系列岩石试样分别开展了单轴压缩试验、巴西劈裂试验、变角剪切试验，得出了试样的单轴抗压强度、弹性模量、泊松比、抗拉强度、内聚力和内摩擦角等力学参数，并分析了单轴压缩、巴西劈裂及变角剪切作用下试样的变形和破坏特征。最后，在岩石力学参数的基础上，采用广义 Hoek-Brown 准则方法确定了上述各岩层的岩体力学参数，为矿山工程设计和施工提供了基础数据。

② 分析了昆阳磷矿二矿 6 组岩层节理裂隙发育情况并绘制了产状分布图，各岩层优势裂隙方位分别为顶板粉砂质页岩（114°∠9.5°）、顶板白云岩（346°∠31°、98°∠89°、195°∠21°）、上矿层磷矿岩（161.5°∠68.5°、233°∠11.8°）、夹层凝灰质黏土岩（53°∠80.8°）、下矿层磷块岩（355°∠14.8°、9.9°∠65.1°、297°∠87°）、底板白云岩（179°∠22°、98°∠89°）。此外，还提出了一种岩体地质属

性可拓学评价方法并在昆阳磷矿二矿进行了应用，得出顶板粉砂质页岩、顶板白云岩、上矿层磷矿岩、夹层凝灰质黏土岩、下矿层磷块岩和底板白云岩等 6 组岩层的地质属性类别分别为划分Ⅱ～Ⅲ级(偏向Ⅱ级)、Ⅱ～Ⅲ级(偏向Ⅲ级)、Ⅲ～Ⅳ级(偏向Ⅲ级)、Ⅴ级、Ⅲ～Ⅳ级(偏向Ⅳ级)和Ⅱ～Ⅲ级(偏向Ⅱ级)。

③ 提出并发明了一种区域岩体地应力的反演测量方法，分析了地质构特征和成因，基于矿区构造行迹分析确定了应力分量方向。在此基础上，在矿山 1 890 m 中段和1 980 m 中段布置了 4 个应力测站共 8 个测点，通过长期监测获得了巷道围岩三维采动应力稳定值。随后，根据巷道断面形状和尺寸按照复变函数成套解法反演获得了测点三维地应力大小。最后，对各测点地应力分量与采深关系进行线性方程拟合，获得了矿山地应力分布规律。

④ 矿区变形破坏呈现以顶板冒顶片帮为主的特征，影响因素包括地质构造、岩体质量、地应力、爆破振动、巷道设计与支护设计、施工质量，矿山巷道变形破坏的主要诱因是复杂地质条件，特别是隐伏松软破碎带和地下水。通过爆破振动监测计算得出萨道夫斯基公式中 K 和 α 分别为 90.63 和 1.58，临近井巷爆破振动安全允许距离为 11.40 m，临近边坡的爆破振动安全允许距离为 17.67 m。利用 YTJ20 钻孔电视仪测定巷道围岩松动圈最大为 1.56 m。采用 Midas-FLAC3D 耦合软件分别构建了上矿层巷道和下矿层巷道数值模型，模拟巷道开挖后的力学响应。基于复变函数理论解析了不同侧压系数下 3 种墙高巷道围岩径向应力和切向应力大小，墙高对极径 1 倍范围内围岩应力分布有显著影响，地应力受巷道开挖作用影响范围约为 5 倍巷道半径。结合应力分布特征和地质因素揭示了矿区巷道变形破坏机理，即巷道开挖遇到复杂地质岩体的围岩稳定性较差，在集中压应力压剪作用、地下水物理化学力作用及爆破强扰动联合作用下，软弱破碎顶板发生冒顶和塌方，而两帮岩体因出现压应力卸荷即便不支护也能保持很好的稳定性。

6.2 研究展望

下一步将在矿山巷道变形破坏机理的基础上，结合区域地质条件，基于适宜性支护理念研发与巷道地质属性相匹配的支护工艺，建立巷道标准化支护技术体系，继而为昆阳磷矿二矿安全、高效、绿色建设保驾护航以及为云南磷化集团有限公司磷矿石保供提供重要保障。

参考文献

[1] U.S.Geological survey.Mineral commodity summaries 2025[R].Reston:[s.n.],2025:134-135.

[2] 康红普.我国煤矿巷道围岩控制技术发展70年及展望[J].岩石力学与工程学报,2021,40(1):1-30.

[3] SWANSSON S R,BROWN W S.An observation of loading path independence of fracture in rock[J].International journal of rock mechanics and mining sciences & geomechanics abstracts,1971,8(3):277-281.

[4] 李建林,王瑞红,蒋昱州,等.砂岩三轴卸荷力学特性试验研究[J].岩石力学与工程学报,2010,29(10):2034-2041.

[5] HUANG R Q,WANG X N,CHAN L S.Triaxial unloading test of rocks and its implication for rock burst[J].Bulletin of engineering geology and the environment,2001,60(1):37-41.

[6] 邱士利,冯夏庭,张传庆,等.不同卸围压速率下深埋大理岩卸荷力学特性试验研究[J].岩石力学与工程学报,2010,29(9):1807-1817.

[7] 黄达,谭清,黄润秋.高应力强卸荷条件下大理岩损伤破裂的应变能转化过程机制研究[J].岩石力学与工程学报,2012,31(12):2483-2493.

[8] 张黎明,高速,王在泉,等.大理岩加卸荷破坏过程的能量演化特征分析[J].岩石力学与工程学报,2013,32(8):1572-1578.

[9] ZHAO G Y,DAI B,DONG L J,et al.Energy conversion of rocks in process of unloading confining pressure under different unloading paths[J].Transactions of Nonferrous Metals Society of China,2015,25(5):1626-1632.

[10] 杨小彬,程虹铭,吕嘉琦,等.三轴循环荷载下砂岩损伤耗能比演化特征研究[J].岩土力学,2019,40(10):3751-3757,3166.

[11] 尤明庆,苏承东.大理岩试样循环加载强化作用的试验研究[J].固体力学学报,2008,29(1):66-72.

[12] HE M C,MIAO J L,FENG J L.Rock burst process of limestone and its

acoustic emission characteristics under true-triaxial unloading conditions [J].International journal of rock mechanics and mining sciences,2010,47(2):286-298.

[13] 苏国韶,陈智勇,蒋剑青,等.不同加载速率下岩爆碎块耗能特征试验研究[J].岩土工程学报,2016,38(8):1481-1489.

[14] 尹光志,马波,刘超,等.真三轴应力条件下加卸荷速率对砂岩力学特性与能量特征的影响[J].煤炭学报,2019,44(2):454-462.

[15] 张俊文,范文兵,宋治祥,等.真三轴不同应力路径下深部砂岩力学特性[J].中国矿业大学学报,2021,50(1):106-114.

[16] MANOUCHEHRIAN A, CAI M. Simulation of unstable rock failure under unloading conditions [J]. Canadian geotechnical journal, 2016, 53(1):22-34.

[17] FENG X T,XU H,YANG C X,et al.Influence of loading and unloading stress paths on the deformation and failure features of Jinping marble under true triaxial compression[J].Rock mechanics and rock engineering,2020,53(7):3287-3301.

[18] 赵光明,许文松,孟祥瑞,等.扰动诱发高应力岩体开挖卸荷围岩失稳机制[J].煤炭学报,2020,45(3):936-948.

[19] 李夕兵.岩石动力学基础与应用[M].北京:科学出版社,2014.

[20] HOEK E.Rock fracture under static stress conditions [R].Pretoria:University of Cape Town,1965.

[21] WONG R H C,LIN P,TANG C A.Experimental and numerical study on splitting failure of brittle solids containing single pore under uniaxial compression[J].Mechanics of materials,2006,38(1/2):142-159.

[22] DZIK E J, LAJTAI E Z. Primary fracture propagation from circular cavities loaded in compression[J].International journal of fracture,1996,79:49-64.

[23] CARTER B J, LAJTAI E Z, PETUKHOV A. Primary and remote fracture around underground cavities [J]. International journal for numerical and analytical methods in geomechanics,1991,15(1):21-40.

[24] 胡一珩.条带状磷块岩开裂破坏机理及工程应用研究[D].武汉:武汉工程大学,2018.

[25] WANG S Y, SUN L, YANG C, et al. Numerical study on static and dynamic fracture evolution around rock cavities [J]. Journal of rock

mechanics and geotechnical engineering,2013,5(4):262-276.

[26] MELLOR M,HAWKES I.Measurement of tensile strength by diametral compression of discs and annuli[J].Engineering geology,1971,5(3):173-225.

[27] LI Y H,PENG J Y,ZHANG F P,et al.Cracking behavior and mechanism of sandstone containing a pre-cut hole under combined static and dynamic loading[J].Engineering geology,2016,213:64-73.

[28] LI X B,FENG F,LI D Y.Numerical simulation of rock failure under static and dynamic loading by splitting test of circular ring[J].Engineering fracture mechanics,2018,188:184-201.

[29] WANG S H,LEE C I,RANJITH P G,et al.Modeling the effects of heterogeneity and anisotropy on the excavation damaged/disturbed zone (EDZ)[J].Rock mechanics and rock engineering,2009,42:229-258.

[30] JANEIRO R P,EINSTEIN H H.Experimental study of the cracking behavior of specimens containing inclusions (under uniaxial compression)[J].International journal of fracture,2010,164(1):83-102.

[31] ZHU W C,LIU J,TANG C A,et al.Simulation of progressive fracturing processes around underground excavations under biaxial compression[J].Tunnelling and underground space technology,2005,20(3):231-247.

[32] WENG L,WU Z J,LI X B.Mesodamage characteristics of rock with a precut opening under combined static-dynamic loads:a nuclear magnetic resonance (NMR) investigation[J].Rock mechanics and rock engineering,2018,51:2339-2354.

[33] GONG F Q,WU W X,LI T B,et al.Experimental simulation and investigation of spalling failure of rectangular tunnel under different three-dimensional stress states[J].International journal of rock mechanics and mining sciences,2019,122:104081.

[34] LIN P,WONG R H C,TANG C A.Experimental study of coalescence mechanisms and failure under uniaxial compression of granite containing multiple holes[J].International journal of rock mechanics and mining sciences,2015,77:313-327.

[35] 吴浩.不同加载方式下含孔洞缺陷岩石的力学特性及破裂演化机制[D].长沙:中南大学,2020.

[36] 边振辉.矾山磷矿岩体工程地质岩组研究[J].化工地质,1993,15(3):

206-212.
[37] 周麟,胡清淮.构造破坏对地下结构稳定性的影响[J].化工矿山技术,1997,26(3):8-12.
[38] 符军.浅析磷矿地下工程变形破坏与岩体结构关系[J].陕西煤炭,2011,30(5):15-17.
[39] 蒙光林.开阳磷矿中磷采矿的地压显现及支护技术研究[D].长沙:中南大学,2005.
[40] 刘昌涛,张国廉,田留璋,等.四川清平磷矿燕子崖矿段巷道围岩稳固性评价[J].化工地质,1989,2:115-123.
[41] 张寿.磷矿山红页岩深部巷道力学特性数值计算分析[J].化工矿物与加工,2012,41(2):31-32.
[42] 陈冲,李夕兵,冯帆.诱导巷道的围岩松动破坏区数值研究[J].黄金科学技术,2018,26(6):771-779.
[43] 李夕兵,廖九波,赵国彦,等.动力扰动下高应力巷道围岩动态响应规律[J].科技导报,2012,30(22):48-54.
[44] 阎要锋,王公忠,严敏嘉,等.地下巷道对近区爆破动荷载的响应特性研究[J].爆破,2021,38(3):75-81.
[45] 姜增国,徐长佑,黄守英,等.清平磷矿原岩应力分布与产道围岩稳定性研究[J].化工矿山技术,1991,20(1):8-11.
[46] 刘沐宇,郑泽岱.灰色预测模型及在巷道收敛位移中的应用[J].非金属矿,1992,5:10-12.
[47] 陈赞宇.磷矿深部开采岩爆机理及防治[D].武汉:武汉工程大学,2017.
[48] 邓天赐,张电吉,吝曼卿,等.某磷矿巷道岩爆机理及倾向性预测[J].矿业研究与开发,2018,38(1):80-84.
[49] 吝曼卿,柯晓苏,张电吉,等.基于“协同开采”理念的深部磷矿岩爆防控研究[J].金属矿山,2020(5):158-163.
[50] DIEDERICHS M S, KAISER P K, EBERHARDT E. Damage initiation and propagation in hard rock during tunnelling and the influence of near-face stress rotation[J].International journal of rock mechanics and mining sciences,2004,41(5):785-812.
[51] NGUEYEP MAMBOU L L, NDOP J, NDJAKA J M B. Numerical investigations of stresses and strains redistribution around the tunnel: influence of transverse isotropic behavior of granitic rock, in situ stress and shape of tunnel[J].Journal of mining science,2015,51(3):497-505.

[52] OUYANG Z H,LI C H,XU W C,et al.Measurements of in situ stress and mining-induced stress in Beiminghe Iron Mine of China[J].Journal of Central South University of Technology,2009,16:85-90.
[53] MAXWELL S C,YOUNG R P.Sequential velocity imaging and microseismic monitoring of mining-induced stress change[J].Pure and applied geophysics, 1992,139(3):421-447.
[54] QIU L M,WANG E Y,SONG D Z,et al.Measurement of the stress field of a tunnel through its rock EMR [J]. Journal of geophysics and engineering,2017,14(4):949-959.
[55] JU Y,WANG L,XIE H P,et al.Visualization and transparentization of the structure and stress field of aggregated geomaterials through 3D printing and photoelastic techniques [J]. Rock mechanics and rock engineering,2017,50:1383-1407.
[56] 付建军,刘泉声,覃正刚,等.基于粘弹性理论的巷道围岩应力场、位移场解析预测[J].金属矿山,2009(4):87-90.
[57] MANH T H,SULEM J,SUBRIN D.A closed-form solution for tunnels with arbitrary cross section excavated in elastic anisotropic ground[J]. Rock mechanics and rock engineering,2015,48:277-288.
[58] WU H,ZHAO G Y,LIANG W Z.Mechanical properties and fracture characteristics of pre-holed rocks subjected to uniaxial loading: a comparative analysis of five hole shapes [J]. Theoretical and applied fracture mechanics,2020,105:102433.
[59] TAO M,MA A,CAO W Z,et al.Dynamic response of pre-stressed rock with a circular cavity subject to transient loading[J].International journal of rock mechanics and mining sciences,2017,99:1-8.
[60] TAO M,ZHAO R,DU K,et al.Dynamic stress concentration and failure characteristics around elliptical cavity subjected to impact loading[J]. International journal of solids and structures,2020,191/192:401-417.
[61] 关兴铭.浦市磷矿锚喷支护应用概况[J].化工矿山技术,1979(4):28-30.
[62] 冯朝富.开阳磷矿破碎井巷施工技术及变形治理[J].矿业快报,2001(16): 5-7.
[63] 王其胜.深部软岩巷道矿压特征与支护技术研究[D].长沙:中南大学,2008.
[64] 林业.开阳磷矿深部高地应力软岩巷道支护技术研究[D].长沙:中南大学,2011.

[65] WANG D Y,LI X B,PENG K,et al.Geotechnical characterization of red shale and its indication for ground control in deep underground mining [J].Journal of Central South University,2018,25(12):2979-2991.

[66] 王汝井.开阳磷矿—马路坪矿深部巷道支护型式的选择及工程实践[C]//《金属矿山》杂志社,《现代矿业》杂志社,中国矿业 114 网,等.中国矿业科技文汇,[出版地不详:出版者不详]2016:37-39.

[67] 蒙光林,何涛,万串串,等.树脂锚杆支护在沙坝土矿的应用研究[J].采矿技术,2011,11(2):68-70.

[68] 桂双喜.矿山井巷支护中运用 VE[J].价值工程,1993(1):25-26.

[69] 邓天赐.地应力引起巷道变形破坏规律分析及支护对策研究[D].武汉:武汉工程大学,2017.

[70] 任红岗,王海军,李密林.条带式预支护嗣后块石胶结充填法技术研究[J].化工矿物与加工,2017,46(12):64-67.

[71] 丁万奇.高应力红页岩巷道围岩力学特性与孕灾机理研究[D].贵阳:贵州大学,2022.

[72] 谭志忠.开阳磷矿南延工程主斜坡道变形破坏综合治理方案[J].化工矿山技术,1996(3):54-56.

[73] 甄云军.某磷矿软岩巷道支护工艺实践[J].化工矿物与加工,2008,37(3):31-32.

[74] 李文成,王建华,姚华,等.磷矿山深部巷道支护应用技术研究[J].采矿技术,2011,11(5):10-11.

[75] 程宏.锚网索耦合支护技术在深部磷矿软岩巷道的应用[J].西部探矿工程,2011,23(12):127-129.

[76] 叶义成,陈虎,王其虎,等.软弱层直接顶板巷道玻璃钢锚杆支护效果研究[J].安全与环境学报,2020,20(3):913-919.

[77] 张东岳,马振乾,梁旭超,等.高应力红页岩巷道失稳机理与控制技术研究[J].中国矿业,2021,30(12):83-89.

[78] 王梅,王珊.磷矿岩溶巷道常见灾害特征及治理措施[C]//金属矿山安全技术国家重点实验室,中国有色金属学会采矿学术委员会,《矿业研究与开发》理事会,等.2012 中国矿山安全技术装备与管理大会论文集,[出版地不详:出版者不详],2012,11:41-44.

[79] 戴杰.运输胶带巷道塌方区处理及其支护特点[C]//《金属矿山》杂志社,《现代矿业》杂志社,中国矿业 114 网,等.中国矿业科技文汇,[出版地不详:出版者不详],2016:291-294.

[80] 唐建华.宿松磷矿地下采矿对地表稳定性的分析及管控方案[J].化工管理，2015(26):95.
[81] 王沛.挑水河磷矿不良地质区域巷道破坏机理及稳定性研究[D].武汉:武汉理工大学，2016.
[82] 瞿定军，郭兴忠，陈翔，等.便携式单体支柱研制及其在磷矿矿井支护中的应用[Z].宜昌:湖北杉树垭矿业科技开发有限公司，2016.
[83] 米德剑，吴永刚，谢源.东达矿业晒旗河磷矿岩爆特点及防范措施[J].有色金属(矿山部分)，2017，69(4):76-80.
[84] 韩瑞庭.深部开采岩爆机理及处理对策研究[D].武汉:武汉工程大学，2017.
[85] 中蓝长化工程科技有限公司.云南磷化集团有限公司昆阳磷矿二矿200万 t/a地下开采项目初步设计[R].昆明:[出版者不详]，2020.
[86] 华北有色工程勘察院有限公司.云南磷化集团有限公司昆阳磷矿二矿地下开采 200 万 t/a 建设项目水文地质勘探报告[R].昆明[出版者不详]，2020.
[87] HOEK E，BROWN E T.Underground excavations in rock[M].London:Institution of Mining and Metallurgy，1980.
[88] HOEK E，CARRANZA-TORRES C，CORKUM B.Hoek-Brown failure criterion-2002 edition [C]//Proceedings of NARMS-TAC Conference 2002:Mining Innovation and Technology.Toronto:University of Toronto，2002:267-273.
[89] 孙金山，卢文波.Hoek-Brown 经验强度准则的修正及应用[J].武汉大学学报(工学版)，2008，41(1):63-66，144.
[90] 彭国诚，侯克鹏，许汉华，等.Hoek-Brown 强度准则中扰动系数确定[J].科学技术与工程，2019，19(32):288-293.
[91] 王洋，宋卫东，谭玉叶，等.金山店铁矿充填法试验采场岩体力学参数的确定[J].有色近似(矿山部分)，2015，67(3):12-17.
[92] 杨泽，侯克鹏，李克钢，等.云锡大屯锡矿岩体力学参数的确定[J].岩土力学，2010，31(6):1923-1928.
[93] 谭文辉，周汝弟，王鹏，等.岩体宏观力学参数取值的 GSI 和广义 Hoek-Brown 法[J].有色金属，2002，54(4):16-18.
[94] 高颖，杜春雪，张高青.基于 Hoek-Brown 准则的岩体力学参数确定[J].粉煤灰综合利用[J].2023，37(5):7-12，19.
[95] 许梦国，杜子建，姚高辉，等.程潮铁矿深部开采岩爆预测[J].岩石力学与工程学报，2008(增刊 1):2921-2928.
[96] 吴顺川.岩石力学[M].北京:高等教育出版社，2021.

[97] 中华人民共和国住房和城乡建设部,中华人民共和国国家质量监督检验检疫总局.工程岩体分级标准:GB/T 50218—2014[S].北京:中国计划出版社,2015.

[98] 陈俊池.基于岩体质量分级的采场稳定性分析及支护技术研究[D].沈阳:东北大学,2014.

[99] 李俊平.矿山岩石力学[M].2 版.北京:冶金工业出版社,2017.

[100] 赵光明.矿山岩石力学[M].徐州:中国矿业大学出版社,2015.

[101] BRADY B H G,BROWN E T.地下采矿岩石力学[M].佘诗刚,朱万成,赵文,等译.3 版.北京:科学出版社,2011.

[102] LIU Z X,DANG W G.Rock quality classification and stability evaluation of undersea deposit based on M-IRMR[J].Tunnelling and underground space technology,2014,40:95-101.

[103] 梁桂兰,徐卫亚,谈小龙.基于熵权的可拓理论在岩体质量评价中的应用[J].岩土力学,2010,31(2):535-540.

[104] JIANG W,WANG Y C,YANG J G,et al.Surrounding rock quality evaluation and application development for highway tunnel based on engineering applicability[J].Bulletin of engineering geology and the environment,2023,82(4):115-130.

[105] RUAN Y K,CHEN J Z,FAN Z M,et al.Application of K-PSO clustering algorithm and game theory in rock mass quality evaluation of Maji hydropower station[J].Applied sciences,2023,13(14):8467.

[106] 尹会永,赵涵,徐琳,等.岩体质量分级的改进模糊综合评价法[J].金属矿山,2020,49(7):53-58.

[107] 张卫中,袁威,康钦容,等.基于综合权重—模糊物元法的岩溶地区隧道围岩质量评价[J].黄金科学技术,2023,31(3):487-496.

[108] 康志强,周辉,冯夏庭,等.大型岩质边坡岩体质量的可拓学理论评价[J].东北大学学报(自然科学版),2007,28(12):1770-1774.

[109] 胡建华,郭萌萌,周坦,等.基于改进迁移学习算法的岩体质量评价模型[J].黄金科学技术,2021,29(6):826-833.

[110] 徐先锋,邢鹏飞,王岁红,等.基于博弈论 G1-EW-TOPSIS 法的岩体质量评价和应用[J].黄金科学技术,2022,30(5):704-712.

[111] 曾韬睿,王林峰,翁其能.基于理想点法与组合赋权的围岩质量评价模型[J].重庆理工大学学报(自然科学),2019,33(10):79-85.

[112] 朱旭波.地下金属矿岩体质量评价与采场结构参数优化研究[D].长沙:中

南大学,2012.
[113] 李垂泉.地下空间岩体质量评价及围岩稳定性分析[D].南京:南京理工大学,2020.
[114] 赵国彦,朱旭波,苏龙,等.基于博弈论的地下矿山岩体质量可拓评价研究[J].矿业研究与开发,2012,32(1):12-16,54.
[115] 曹琛,李会中,陈剑平,等.基于组合赋权法与云模型坝基岩体质量评价[J].东北大学学报(自然科学版),2017,38(11):1643-1647.
[116] 陈懋,姚锡文,许开立.基于AHP-EWM-云模型的金属矿井突水危险性评价[J].有色金属工程,2022,12(11):102-110.
[117] 柴乃杰,周文梁.基于优化组合权-模糊可变集的坝基岩体质量分级[J].吉林大学学报(地球科学版),2023,53(2):514-525.
[118] 肖云华,王清,陈剑平.基于优化技术的权重计算方法在岩体质量评价中的应用[J].岩土力学,2009,30(9):2686-2690.
[119] 张忠亭,景锋,杨和礼.工程实用岩石力学[M].北京:中国水利水电出版社,2009.
[120] 马春德.深部复合型破坏高应力软岩巷道支护技术[M].北京:科学出版社,2016.
[121] 王省哲,怡晓玲.弹性力学问题复变函数解法的应用与发展[J].力学与实践,2008,30(6):110-113.
[122] MUSKHELISHVILI N I.Some basic problems of the mathematical theory of elasticity[M].Dordrecht:Springer Netherlands,1977.
[123] ENGLAND A H.Complex variable methods in elasticity[M].London:Wiley-Interscience,1971.
[124] 徐芝纶.弹性力学:上册[M].4版.北京:高等教育出版社,2006.
[125] 路见可.平面弹性复变方法[M].武汉:武汉大学出版社,1986.
[126] 陈子荫.围岩力学分析中的解析方法[M].北京:煤炭工业出版社,1994.
[127] VERRUIJT A.A complex variable solution for a deforming circular tunnel in an elastic half-plane[J].International journal for numerical and analytical methods in geomechanics,1997,21(2):77-89.
[128] VERRUIJT A.Deformations of an elastic half plane with a circular cavity[J].International journal of solids and structures,1998,35(21):2795-2804.
[129] 赵凯,刘长武,张国良.用弹性力学的复变函数法求解矩形硐室周边应力[J].采矿与安全工程学报,2007,24(3):361-365.

[130] 唐治,潘一山,朱小景,等.直墙拱形巷道围岩应力场分析[J].土木建筑与环境工程,2015,37(3):79-85.

[131] ZHAO G P, YANG S L. Analytical solutions for rock stress around square tunnels using complex variable theory[J].International journal of rock mechanics and mining sciences,2015,80:302-307.

[132] 李培楠,刘俊,苏锋,等.任意形状隧道围岩应力与位移的解析延拓求解[J].同济大学学报(自然科学版),2013,41(10):1483-1489.

[133] 施高萍,祝江鸿,李保海,等.矩形巷道孔边应力的弹性分析[J].岩土力学,2015,35(9):2587-2593,2601.

[134] 刘允芳.弹性介质岩体中非圆形洞室位移反分析计算[J].岩石力学与工程学报,1986,5(1):25-39.

[135] 刘允芳,刘元坤,许静.非圆形洞室应力监测反馈分析的复变函数方法[J].岩石力学与工程学报,2012,34(10):1925-1930.

[136] GREEN A E.General bi-harmonic analysis for a plate containing circular holes [J]. Proceedings of the Royal Society of London, series A: mathematical and physical sciences,1940,176(964):121-139.

[137] UKADGAONKER V G.Stress analysis of a plate containing two circular holes having tangential stresses[J].AIAA journal,1980,18(1):125-128.

[138] 张路青,吕爱钟.双孔圆形洞室围岩应力分析的交替法研究[J].岩石力学与工程学报,1998(5):534-543.

[139] 朱大勇,蔡永祥.含多孔洞无限平面体弹性应力场解析逼近方法[J].岩石力学与工程学报,2016,35(12):2583-2592.

[140] ZENG X T,LU A Z,ZHANG N.Analytical stress solution for an infinite plate containing two oval holes[J].European journal of mechanics:A/Solids,2018,67:291-304.

[141] 曾祥太,吕爱钟.含有非圆形双孔的无限平板中应力的解析解研究[J].力学学报,2019,51(1):170-181.

[142] 吕爱钟,张路青.地下隧洞力学分析的复变函数方法[M].北京:科学出版社,2007.

[143] 国家安全生产监督管理总局.爆破安全规程:GB 6722—2014[S].北京:中国标准出版社,2015.

[144] 李治.Midas/GTS 在岩土工程中应用[M].北京:中国建筑工业出版社,2013.